智能电网与电网运营检测管理

乔 林 刘 为 夏 雨 著

吉林科学技术出版社

图书在版编目（CIP）数据

智能电网与电网运营检测管理 / 乔林，刘为，夏雨
著．-- 长春：吉林科学技术出版社，2019.10
ISBN 978-7-5578-6126-1

Ⅰ．①智… Ⅱ．①乔… ②刘… ③夏… Ⅲ．①智能控
制－电网②电网－运营－监理工作 Ⅳ．① TM7

中国版本图书馆 CIP 数据核字（2019）第 232929 号

智能电网与电网运营检测管理

著　　者　乔　林　刘　为　夏　雨
出 版 人　李　梁
责任编辑　汪雪君
封面设计　刘　华
制　　版　王　朋
开　　本　16
字　　数　340 千字
印　　张　13.25
版　　次　2019 年 10 月第 1 版
印　　次　2019 年 10 月第 1 次印刷
出　　版　吉林科学技术出版社
发　　行　吉林科学技术出版社
地　　址　长春市福祉大路 5788 号出版集团 A 座
邮　　编　130118
发行部电话 / 传真　0431—81629529　　81629530　　81629531
　　　　　　　　　　81629532　　81629533　　81629534
储运部电话　0431—86059116
编辑部电话　0431—81629517
网　　址　www.jlstp.net
印　　刷　北京宝莲鸿图科技有限公司
书　　号　ISBN 978-7-5578-6126-1
定　　价　57.00 元

前　言

　　智能电网是电力企业进入二十一世纪后，实现稳定与可持续竞争发展的客观需求与必然趋势。智能电网的改造与新建，实现了先进技术，如计算机网络技术、信息通信技术、预警技术、机械控制技术等在电力工程建设中的有效应用，促进了电力系统各部分运行稳定性、可靠性、安全性、高效性、经济性、生态环保性的提升。而随着智能电网建立力度的不断增强，电力系统结构的复杂性提升，相关数据信息呈现出多样化、大规模化发展，从而对智能电网系统数据处理能力提出了更高需求。

　　本书主要阐述智能电网基础技术理论，新能源发电及并网技术与电网输电、配电、用电这一过程中各个环节的技术理论与应用，以及电网设备状态检测与运营管理，明确智能电网发展现状与趋势，为智能电网与电网运营管理的实践应用提供有益参考，促进我国电力事业优化发展。

目　录

第一章　智能电网概述

第一节　智能电网的产生与发展

"智能电网"，最早出自美国"未来能源联盟智能电网工作组"在 2003 年 6 月份发表的报告。报告将智能电网定义为"集成了传统的现代电力工程技术、高级传感和监视技术、信息与通信技术的输配电系统，具有更加完善的性能并且能够为用户提供一系列增值服务。"在此之后，陆续有一些文章、研究报告提出智能电网的定义；此外还有类似的"Intelli Grid""Modern Grid（现代电网）"的称谓。尽管这些定义、称谓在具体的说法上有所不同，但其基本含义与以上给出的定义是一致的。

一、智能电网含义

"智能"二字，很容易使人认为智能电网是一个属于二次系统自动化范畴的概念。事实上，智能电网是未来先进电网的代名词，我们可从技术组成和功能特征两方面来理解它的含义。

1. 从技术组成方面讲，智能电网是集计算机、通信、信号传感、自动控制、电力电子、超导材料等领域新技术在输配电系统中应用的总和。这些新技术的应用不是孤立的、单方面的，不是对传统输配电系统进行简单的改进、提高，而是从提高电网整体性能、节省总体成本出发，将各种新技术与传统的输配电技术进行有机地融合，使电网的结构以及保护与运行控制方式发生革命性的变化。

2. 从功能特征上讲，智能电网在系统安全性、供电可靠性、电能质量、运行效率、资产管理等方面较传统电网有着实质性的提高；支持各种分布式发电与储能设备的即插即用；支持与用户之间的互动。

尽管智能电网的概念是在 2003 年提出的，但智能电网技术的发展最早可追溯到 20 世纪 60 年代计算机在电力系统的应用。20 世纪 80 年代发展起来的柔性交流输电（FACTS）与诞生于 20 世纪 90 年代的广域相量测量（WAMS）技术，也都属于智能电网技术的范畴。进入 21 世纪，分布式电源（Distributed Electric Resource，DER，包括分布式发电与储能）迅猛发展。人们对 DER 并网带来的技术与经济问题的关注，在一定程度上催生了智能电网。

二、智能电网的发展史

近年来，国际上对智能电网的研究可谓方兴未艾。2002 年，美国电科院创立了"Intelli Grid"联盟（原名称为 GEIDS），开展现代智能电网的研究，已提出了用于电网数据与设备集成的 Intelli2Grid 通信体系；2003 年 7 月，美国能源部发表"Grid2030"报告，提出了美国电网发展的远景设想，之后美国能源部先后资助了 GridWise、Grid2Works、MGI（现代电网）等智能电网研究计划。在实际应用方面，得克萨斯州的 CenterPoint 能源公司、圣狄戈水电公司（SDG＆E）等都在着手智能电网项目的实施或制定发展规划；作为美国盖尔文电力行动计划（GEI）的一部分，伊利诺斯工学院（IIT）正在实施"理想电力（Perfect Pow2er）"项目。

欧洲国家也在积极推动智能电网技术研发与应用工作。欧盟于 2005 年成立了"智能电网技术论坛"；以欧洲国家为基础的国际供电会议组织（CIRED）于 2008 年 6 月召开了"智能电网"专题研讨会。在智能电网建设方面，意大利电力公司（ENEL）在 2002—2005 年投资了 21 亿欧元实施智能读表项目，使高峰负荷降低约 5%，据报道每年可节省投资近 5 亿欧元；法国电力公司（EDF）以智能电网作为设计方针，改造其配电自动化系统。

我国对智能电网的研究与讨论起步相对较晚，但在具体的智能电网技术研发与应用方面基本与世界先进水平同步。我国地区级以上电网都实现了调度自动化，35kV 以上变电站基本都实现了变电站综合自动化，有 200 多个地级城市建设了配电自动化。广域相量测量系统（WMAS）、FACTS 等技术的研发与应用都有突破性进展。最近，国家电网公司提出"建设坚强的智能化电网"，极大地推动了我国智能电网研究的开展。

（一）智能配电网（Smart Distribution Grid，SDG）指智能电网中配电网部分的内容。与传统的配电网相比，SDG 具有以下功能特征。

1. 自愈能力。自愈是指 SDG 能够及时检测出已发生或正在发生的故障并进行相应的纠正性操作，使其不影响对用户的正常供电或将其影响降至最小。自愈主要是解决"供电不间断"的问题，是对供电可靠性概念的发展，其内涵要大于供电可靠性。例如目前的供电可靠性管理不计及一些持续时间较短的断电，但这些供电短时中断往往都会使一些敏感的高科技设备损坏或长时间停运。

2. 具有更高的安全性。SDG 能够很好地抵御战争攻击、恐怖袭击与自然灾害的破坏，避免出现大面积停电；能够将外部破坏限制在一定范围内，保障重要用户的正常供电。

3. 提供更高的电能质量。SDG 实时监测并控制电能质量，使电压有效值和波形符合用户的要求，即能够保证用户设备的正常运行并且不影响其使用寿命。

4. 支持 DER 的大量接入。这是 SDG 区别于传统配电网的重要特征。在 SDG 里，不再像传统电网那样，被动地硬性限制 DER 接入点与容量，而是从有利于可再生能源足额上网、节省整体投资出发，积极地接入 DER 并发挥其作用。通过保护控制的自适应以及系统接口的标准化，支持 DER 的"即插即用"。通过 DER 的优化调度，实现对各种能源的优化利用。

5. 支持与用户互动。与用户互动也是 SDG 区别于传统配电网的重要特征之一。主要体现在两个方面：一是应用智能电表，实行分时电价、动态实时电价，让用户自行选择用电时段，在节省电费的同时，为降低电网高峰负荷做贡献；二是允许并积极创造条件让拥有 DER（包括电动车）的用户在用电高峰时向电网送电。

6. 对配电网及其设备进行可视化管理。SDG 全面采集配电网及其设备的实时运行数据以及电能质量扰动、故障停电等数据，为运行人员提供高级的图形界面，使其能够全面掌握电网及其设备的运行状态，克服目前配电网因"盲管"造成的反应速度慢、效率低下问题。对电网运行状态进行在线诊断与风险分析，为运行人员进行调度决策提供技术支持。

7. 更高的资产利用率。SDG 实时监测电网设备温度、绝缘水平、安全裕度等，在保证安全的前提下增加传输功率，提高系统容量利用率；通过对潮流分布的优化，减少线损，进一步提高运行效率；在线监测并诊断设计的运行状态，实施状态检修，以延长设备使用寿命。

8. 配电管理与用电管理的信息化。SDG 将配电网实时运行与离线管理数据高度融合、深度集成，实现设备管理、检修管理、停电管理以及用电管理的信息化。

（二）SDG 集现代电力新技术于一体，具体内容主要有以下几个方面。

1. 配电数据通信网络。这是一个覆盖配电网中所有节点（控制中心、变电站、分段开关、用户端口等）的 IP 通信网，采用光纤、无线与载波等组网技术，支持各种配电终端与系统"上网"。它将彻底解决配电网的通信瓶颈问题，给配电网保护、监控与自动化技术带来革命性的变化，并影响一次系统技术的发展。

2. 先进的传感测量技术，如光学或电子互感器、架空线路与电缆温度测量、电力设备状态在线监测、电能质量测量等技术。

3. 先进的保护控制技术，包括广域保护、自适应保护、配电系统快速模拟仿真、网络重构等技术。

4. 高级配电自动化。目前的配电自动化技术包括配电运行自动化（安全监控和数据采集、变电所综合自动化、馈线自动化）、配电管理自动化（配电地理信息系统、设备管理、检修管理等）以及用户自动化这 3 个方面的内容。这些内容都属于 SDG 技术的范畴。

为与目前大家熟知的配电自动化区分，美国电科院提出了高级配电自动化（Advanced Distribution Automation，ADA）的概念。ADA 是传统配电自动化（DA）的发展，也可认为是 SDG 中的配电自动化。ADA 的新内容主要支持 DER 的"即插即用"，它采用 IP 技术，强调系统接口、数据模型与通信服务的标准化与开放性。

为使 SDG 技术概念更有针对性，这里建议 ADA 仅包括配电运行自动化与配电管理自动化，将用户自动化内容列入下面介绍的高级量测体系。

5. 高级量测体系（Advanced Metering Architecture，AMA）是一个使用智能电表通过多种通信介质，按需或以设定的方式测量、收集并分析用户用电数据的系统。AMA 是支持用户互动的关键技术，是传统 AMR 技术的新发展，属于用户自动化的内容。

6. DER 并网技术，包括 DER 在配电网的"即插即用"以及微网（MICro Grid）两部分技术内容。DER 的"即插即用"包括 DER 高度渗透的配电网的规划建设、DER 并网保护控制与调度管理、系统与设备接口的标准化等。微网是指接有分布式电源的配电子系统，它可在主网停电时孤立运行。

DER 并网研究内容还包括有源网络（Active Network）技术。有源网络指分布式电源大量应用、深度渗透，潮流双向流动的网络。

7. DFACTS 是柔性交流输电（FACTS）技术在配电网的延伸，包括电能质量与动态潮流控制两部分内容。DFACTS 设备包括静止无功发生器（SVC）、静止同步补偿器（STATCOM）、有源电力滤波器（APF）、动态不停电电源（UPS）、动态电压恢复器（DVR）与固态断路器（SSCB）、统一潮流控制器（UPFC）等。

8. 故障电流限制技术，指利用电力电子、高温超导技术限制短路电流的技术。

综上所述，SDG 技术包含一次系统与二次系统两方面的内容。一个具体的 SDG 功能的实现，往往涉及多项技术的综合应用。以自愈功能为例，首先一次网架的设计应该更加灵活、合理，并应用快速断路器、故障电流限制器等新设备；在二次系统中，应用广域保护、就地快速故障隔离等新技术，以及时检测出故障并进行快速自愈操作。

电力系统已诞生一百多年了，尽管其电压等级与规模与当年相比已有天壤之别，但系统的结构与运行原理并没有很大的变化。进入 21 世纪，面对当今社会与经济发展对电力系统提出的新要求和计算机、电力电子等新技术的广泛应用，有必要重新审视过去电网建设的模式，探讨未来电网的发展新方向，而智能电网正是人们对这一问题思考、研究的结果。智能电网技术的发展正在给电力系统带来一场深刻的变革。

配电网直接面向用户，是保证供电质量、提高电网运行效率、创新用户服务的关键环节。在我国，由于历史的原因，配电网投资相对不足，自动化程度比较低，在供电质量方面与国际先进水平还有一定的差距。目前电力用户遭受的停电时间，95% 以上是由于配电系统原因造成的（扣除发电不足的原因）；配电网是造成电能质量恶化的主要因素；电力系统的损耗有近一半产生在配电网；分布式电源接入对电网的影响主要是对配电网的影响；与用户互动、进行需求侧管理的着眼点也在配电网。因此，建设智能电网，必须给予配电网足够的关注。结合我国配电网实际，积极研发应用 SDG 技术，对于推动我国配电网的技术革命具有十分重要的意义。

（三）SDG 将使配电网从传统的供方主导、单向供电、基本依赖人工管理的运营模式向用户参与、潮流双向流动、高度自动化的方向转变。随着我国 SDG 建设的进展，将产生越来越明显的经济效益与社会效益，主要有以下 3 个方面。

1. 实现配电网的最优运行，达到经济高效。SDG 应用先进的监控技术，对运行状况进行实时监控并优化管理，降低系统容载比并提高其负荷率，使系统容量能够获得充分利用，从而可以延缓或减少电网一次设备的投资，产生显著的经济效益和社会效益。

2. 提供优质可靠供电，保障现代社会经济的发展。SDG 在保证供电可靠性的同时，还能够为用户提供满足其特定需求的电能质量；不仅可以克服以往故障重合闸、倒闸操作引起的短暂供电中断，而且可以消除电压骤降、谐波、不平衡的影响，为各种高科技设备的正常运行、为现代社会与经济的发展提供可靠优质的电力保障。

3.推动新能源革命，促进环保与可持续发展。传统的配电网的规划设计、保护控制与运行管理方式基本上不考虑 SER 的接入，而且为不影响配电网的正常运行，现有的标准或运行导则对接入的 DER 的容量及其并网点的选择都做出了严格的限制，制约了分布式发电的推广应用。SDG 具有很好地适应性，能够大量地接入 DER 并减少并网成本，极大地推动可再生能源发电的发展，大大降低化石燃料使用和碳排放量，在促进环保的同时，实现电力生产方式与能源结构的转变。

第二节　智能电网特点与作用

一、智能电网概念

近几年，国家陆续出台政策扶持智能电网的发展。2011 年，我国智能电网进入全面建设阶段，智能电网的发展促使智能电表招标采购活动上升，加速了我国智能电表市场的增长。全球智能电网的发展，需要使用新型电表，为我国企业带来机会。受国家政策的推动以及国外市场的刺激，未来几年我国智能电表市场将保持增长态势。行内预测，2016年智能电表的出货量将达到 9780 万个。

智能电网（Smart Power Grids），就是电网的智能化，也被称为"电网 2.0"，它是建立在集成的、高速双向通信网络的基础上，通过先进的传感和测量技术、先进的设备技术、先进的控制方法以及先进的决策支持系统技术的应用，实现电网的可靠、安全、经济、高效、环境友好和使用安全的目标；解决方案主要包括以下几个方面：一是通过传感器连接资产和设备提高数字化程度；二是数据的整合体系和数据的收集体系；三是进行分析的能力，即依据已经掌握的数据进行相关分析，以优化运行和管理。电网智能化的六大方面：智能化变电站、发电、智能输电、智能配电网、智能用电和智能调度；这次主要关注下智能电网中的智能化变电站系统。智能变电站是采用先进、可靠、集成和环保的智能设备，以全站信息数字化、通信平台网络化、信息共享标准化为基本要求，自动完成信息采集、测量、控制、保护、计量和检测等基本功能，同时，具备支持电网实时自动控制、智能调节、在线分析决策和协同互动等高级功能的变电站。

智能电网概念的发展有 3 个里程碑：

第一个就是 2006 年，美国 IBM 公司提出的"智能电网"解决方案。IBM 的智能电网主要是解决电网安全运行、提高可靠性，从其在中国发布的《建设智能电网创新运营管理——中国电力发展的新思路》白皮书可以看出该方案提供了一个大的框架，通过对电力生产、输送、零售的各个环节的优化管理，为相关企业提高运行效率及可靠性、降低成本描绘了一个蓝图。是 IBM 一个市场推广策略。

第二个是奥巴马上任后提出的能源计划，除了已公布的计划，美国还将着重集中对每年要耗费 1200 亿美元的电路损耗和故障维修的电网系统进行升级换代，建立美国横跨四个时区的统一电网；发展智能电网产业，最大限度发挥美国国家电网的价值和效率，将逐步实现美国太阳能、风能、地热能的统一入网管理；全面推进分布式能源管理，创造世界上最高的能源使用效率。

可以看出美国政府的智能电网有三个目的，一个是由于美国电网设备比较落后，急需进行更新改造，提高电网运营的可靠性；二是通过智能电网建设将美国拉出金融危机的泥潭；三是提高能源利用效率。

第三个是中国能源专家武建东提出的"互动电网"。互动电网，英文为 Interactive Smart Grid，它将智能电网的含义涵盖其中。互动电网定义为：在开放和互联的信息模式基础上，通过加载系统数字设备和升级电网网络管理系统，实现发电、输电、供电、用电、客户售电、电网分级调度、综合服务等电力产业全流程的智能化、信息化、分级化互动管理，是集合了产业革命、技术革命和管理革命的综合性的效率变革。它将再造电网的信息回路，构建用户新型的反馈方式，推动电网整体转型为节能基础设施，提高能源效率，降低客户成本，减少温室气体排放，创造电网价值的最大化。

二、特点

（一）显著特点

与现有电网相比，智能电网体现出电力流、信息流和业务流高度融合的显著特点，其先进性和优势主要表现在：

1. 具有坚强的电网基础体系和技术支撑体系，能够抵御各类外部干扰和攻击，能够适应大规模清洁能源和可再生能源的接入，电网的坚强性得到巩固和提升。

2. 信息技术、传感器技术、自动控制技术与电网基础设施有机融合，可获取电网的全景信息，及时发现、预见可能发生的故障。故障发生时，电网可以快速隔离故障，实现自我恢复，从而避免大面积停电的发生。

3. 柔性交 / 直流输电、网厂协调、智能调度、电力储能、配电自动化等技术的广泛应用，使电网运行控制更加灵活、经济，并能适应大量分布式电源、微电网及电动汽车充放电设施的接入。

4. 通信、信息和现代管理技术的综合运用，将大大提高电力设备使用效率，降低电能损耗，使电网运行更加经济和高效。

5. 实现实时和非实时信息的高度集成、共享与利用，为运行管理展示全面、完整和精细的电网运营状态图，同时能够提供相应的辅助决策支持、控制实施方案和应对预案。

6. 建立双向互动的服务模式，用户可以实时了解供电能力、电能质量、电价状况和停电信息，合理安排电器使用；电力企业可以获取用户的详细用电信息，为其提供更多的增值服务。

（二）主要特征

智能电网包括六个方面的主要特征，这些特征从功能上描述了电网的特性，而不是最终应用的具体技术，它们形成了智能电网完整的景象。

1. 自愈电网

"自愈"指的是把电网中有问题的元件从系统中隔离出来并且在很少或不用人为干预的情况下可以使系统迅速恢复到正常运行状态，从而几乎不中断对用户的供电服务。从本质上讲，自愈就是智能电网的"免疫系统"。这是智能电网最重要的特征。自愈电网进行连续不断的在线自我评估以预测电网可能出现的问题，发现已经存在的或正在发展的问题，并立即采取措施加以控制或纠正。自愈电网确保了电网的可靠性、安全性、电能质量和效率。自愈电网将尽量减少供电服务中断，充分应用数据获取技术，执行决策支持算法，避免或限制电力供应的中断，迅速恢复供电服务。基于实时测量的概率风险评估将确定最有可能失败的设备、发电厂和线路；实时应急分析将确定电网整体的健康水平，触发可能导致电网故障发展的早期预警，确定是否需要立即进行检查或采取相应的措施；和本地及远程设备的通信将帮助分析故障、电压降低、电能质量差、过载和其他不希望的系统状态，基于这些分析，采取适当的控制行动。自愈电网经常应用连接多个电源的网络设计方式。当出现故障或发生其他的问题时，在电网设备中的先进的传感器确定故障并和附近的设备进行通信，以切除故障元件或将用户迅速地切换到另外的可靠的电源上，同时传感器还有检测故障前兆的能力，在故障实际发生前，将设备状况告知系统，系统就会及时地提出预警信息。

2. 促进参与

在智能电网中，用户将是电力系统不可分割的一部分。鼓励和促进用户参与电力系统的运行和管理是智能电网的另一重要特征。从智能电网的角度来看，用户的需求完全是另一种可管理的资源，它将有助于平衡供求关系，确保系统的可靠性；从用户的角度来看，电力消费是一种经济的选择，通过参与电网的运行和管理，修正其使用和购买电力的方式，从而获得实实在在的好处。在智能电网中，用户将根据其电力需求和电力系统满足其需求的能力的平衡来调整其消费。同时需求响应（DR）计划将满足用户在能源购买中有更多选择的基本需求，减少或转移高峰电力需求的能力使电力公司尽量减少资本开支和营运开支，通过降低线损和减少效率低下的调峰电厂的运营，同时也提供了大量的环境效益。在智能电网中，和用户建立的双向实时的通信系统是实现鼓励和促进用户积极参与电力系统运行和管理的基础。实时通知用户其电力消费的成本、实时电价、电网的状况、计划停电信息以及其他一些服务的信息，同时用户也可以根据这些信息制定自己的电力使用的方案。

3. 抵御攻击

电网的安全性要求一个降低对电网物理攻击和网络攻击的脆弱性并快速从供电中断中恢复的全系统的解决方案。智能电网将展示被攻击后快速恢复的能力，甚至是从那些决心坚定和装备精良的攻击者发起的攻击。智能电网的设计和运行都将阻止攻击，最大限度地降低其后果和快速恢复供电服务。智能电网也能同时承受对电力系统的几个部分的攻击和在一段时间内多重协调的攻击。智能电网的安全策略将包含威慑、预防、检测、反应，以尽量减少和减轻对电网和经济发展的影响。不管是物理攻击还是网络攻击，智能电网要通过加强电力企业与政府之间重大威胁信息的密切沟通，在电网规划中强调安全风险，加强网络安全等手段，提高智能电网抵御风险的能力。

4. 特殊优势

智能电网将安全、无缝地容许各种不同类型的发电和储能系统接入系统，简化联网的过程，类似于"即插即用"，这一特征对电网提出了严峻的挑战。改进的互联标准将使各种各样的发电和储能系统容易接入。从小到大各种不同容量的发电和储能在所有的电压等级上都可以互联，包括分布式电源如光伏发电、风电、先进的电池系统、即插式混合动力汽车和燃料电池。商业用户安装自己的发电设备（包括高效热电联产装置）和电力储能设施将更加容易和更加有利可图。在智能电网中，大型集中式发电厂包括环境友好型电源，如风电和大型太阳能电厂和先进的核电厂将继续发挥重要的作用。加强输电系统的建设使这些大型电厂仍然能够远距离输送电力。同时各种各样的分布式电源的接入一方面减少对外来能源的依赖，另一方面提高供电可靠性和电能质量，特别是对应对战争和恐怖袭击具有重要的意义。

5. 蓬勃发展

在智能电网中，先进的设备和广泛的通信系统在每个时间段内支持市场的运作，并为市场参与者提供了充分的数据，因此电力市场的基础设施及其技术支持系统是电力市场蓬勃发展的关键因素。智能电网通过市场上供给和需求的互动，可以最有效地管理如能源、容量、容量变化率、潮流阻塞等参量，降低潮流阻塞，扩大市场，汇集更多的买家和卖家。用户通过实时报价来感受到价格的增长从而降低电力需求，推动成本更低的解决方案，并促进新技术的开发，新型洁净的能源产品也将给市场提供更多选择的机会。

6. 优化资产

智能电网优化调整其电网资产的管理和运行以实现用最低的成本提供所期望的功能。这并不意味着资产将被连续不断地用到其极限，而是有效地管理需要什么资产以及何时要，每个资产将和所有其他资产进行很好的整合，以最大限度地发挥其功能，同时降低成本。智能电网将应用最新技术以优化其资产的应用。例如，通过动态评估技术以使资产发挥其最佳的能力，通过连续不断地监测和评价其能力使资产能够在更大的负荷下使用。

智能电网通过高速通信网络实现对运行设备的在线状态监测，以获取设备的运行状态，在最恰当的时间给出需要维修设备的信号，实现设备的状态检修，同时使设备运行在最佳状态。系统的控制装置可以被调整到降低损耗和消除阻塞的状态。通过对系统控制装置的这些调整，选择最小成本的能源输送系统，提高运行的效率。最佳的容量、最佳的状态和最佳的运行将大大降低电网运行的费用。此外，先进的信息技术将提供大量的数据和资料，并将集成到现有的企业范围的系统中，大大加强其能力，以优化运行和维修过程。这些信息将为设计人员提供更好的工具，创造出最佳的设计来，为规划人员提供所需的数据，从而提高其电网规划的能力和水平。这样，运行和维护费用以及电网建设投资将得到更为有效的管理。

未来分时计费，分时计费、削峰填谷、合理利用电力资源成为电力系统经济运行的重要一环。通过计费差，调节波峰、波谷用电量，使用电尽量平稳。对于用电大户来说，这一举措将更具经济效益。有效的电能管理包括三个主要的步骤，监视、分析和控制。监视就是查看电能的供给、消耗和使用的效率；分析就是决定如何提高性能并实施相应的控制方案。通过监测能够使我们"看到"问题，控制就是依据这些信息可做出正确的峰谷调整，赋予电能原始数据额外的意义。最大化能源管理的关键在于将电力监视和控制器件、通信网络和可视化技术集成在统一的系统内。

电只要发出来，就消耗了能量。如果能记录用电信息，根据历史用电信息来预测发电量，使发电量与用电量相当，不产生多余的电量，才是真正的节能。用户还可以将预存的富余电力，在用电峰值时，反馈回电网，帮助电网减小发电负担，从中获得收益。

三、结构、目标与作用

（一）电网结构

从广义上来说，智能电网包括可以优先使用清洁能源的智能调度系统、可以动态定价的智能计量系统以及通过调整发电、用电设备功率优化负荷平衡的智能技术系统。电能不仅从集中式发电厂流向输电网、配电网直至用户，同时电网中还遍布各种形式的新能源和清洁能源：太阳能、风能、燃料电池、电动汽车等等；此外，高速、双向的通信系统实现了控制中心与电网设备之间的信息交互，高级的分析工具和决策体系保证了智能电网的安全、稳定和优化运行。

（二）目标

智能电网的目标是实现电网运行的可靠、安全、经济、高效、环境友好和使用安全，电网能够实现这些目标，就可以称其为智能电网。

智能电网必须更加可靠—智能电网不管用户在何时何地，都能提供可靠的电力供应。它对电网可能出现的问题提出充分的告警，并能忍受大多数的电网扰动而不会断电。它在用户受到断电影响之前就能采取有效的校正措施，以使电网用户免受供电中断的影响。

智能电网必须更加安全—智能电网能够经受物理的和网络的攻击而不会出现大面积停电或者不会付出高昂的恢复费用。它更不容易受到自然灾害的影响。智能电网必须更加经济—智能电网运行在供求平衡的基本规律之下，价格公平且供应充足。智能电网必须更加高效—智能电网利用投资，控制成本，减少电力输送和分配的损耗，电力生产和资产利用更加高效。通过控制潮流的方法，以减少输送功率拥堵和允许低成本的电源包括可再生能源的接入。

智能电网必须更加环境友好——智能电网通过在发电、输电、配电、储能和消费过程中的创新来减少对环境的影响。进一步扩大可再生能源的接入。在可能的情况下，在未来的设计中，智能电网的资产将占用更少的土地，减少对景观的实际影响。智能电网必须是使用安全的——智能电网必须不能伤害到公众或电网工人，也就是对电力的使用必须是安全的。

（三）促进作用

智能电网对世界经济社会发展的促进作用，智能电网建设对于应对全球气候变化，促进世界经济社会可持续发展具有重要作用。主要表现在：

1. 促进清洁能源的开发利用，减少温室气体排放，推动低碳经济发展。

2. 优化能源结构，实现多种能源形式的互补，确保能源供应的安全稳定。

3. 有效提高能源输送和使用效率，增强电网运行的安全性、可靠性和灵活性。

4. 推动相关领域的技术创新，促进装备制造和信息通信等行业的技术升级，扩大就业，促进社会经济可持续发展。

5. 实现电网与用户的双向互动，革新电力服务的传统模式，为用户提供更加优质、便捷的服务，提高人民生活质量。

6. 互动电网既是下一代全球电网的基本模式，也是中国电网现代化的核心。

实际上，互动电网的本质就是能源替代、兼容利用和互动经济。从技术上讲，互动电网应是最先进的通信、IT、能源、新材料、传感器等产业的集成，也是配电网技术、网络技术、通信技术、传感器技术、电力电子技术、储能技术的合成，对于推动新技术革命具有直接的综合效果。由此，智能电网具备可靠、自愈、经济、兼容、集成和安全等特点。所以互动电网学说的本质就是以信息革命的造发性标准和技术手段大规模推动工业革命最重要财产——电网体系的革新和升级，建立消费者和电网管理者之间的互动。

第三节　智能电网建设与发展前景

一、建设条件

（一）条件

1. 在电网网架建设方面，网架结构不断加强和完善，特高压交流试验示范工程和特高压直流示范工程成功投运并稳定运行；全面掌握了特高压输变电的核心技术，为电网发展奠定了坚实基础。

2. 在大电网运行控制方面，具有"统一调度"的体制优势和丰富的运行技术经验，调度技术装备水平国际领先，自主研发的调度自动化系统和继电保护装置获得广泛应用。

3. 在通信信息平台建设方面，建成了"三纵四横"的电力通信主干网络，形成了以光纤通信为主，微波、载波等多种通信方式并存的通信网络格局；SG186 工程取得阶段性成果，ERP、营销、生产等业务应用系统已完成试点建设并开始大规模推广应用。

4. 在试验检测手段方面，已根据智能电网技术发展的需要，组建了大型风电网、太阳能发电和用电技术等研究检测中心。

5. 在智能电网发展实践方面，各环节试点工作已全面开展，智能电网调度技术支持系统、智能变电站、用电信息采集系统、电动汽车充电设施、配电自动化、电力光纤到户等试点工程进展顺利。

6. 在大规模可再生能源并网及储能方面，深入开展了集中并网、电化学储能等关键技术的研究，建立了风电接入电网仿真分析平台，制定了风电场接入电力系统的相关技术标准。

7. 在电动汽车充放电技术领域，我国在充放电设施的接入、监控和计费等方面开展了大量研究，并已在部分城市建成电动汽车充电运营站点。

8. 在电网发展机制方面，我国电网企业业务范围涵盖从输电、变电、配电到用电的各个环节，在统一规划、统一标准、快速推进等方面均存在明显的优势。

（二）要素

1. 一个目标

构建以特高压为骨干网架、各级电网协调发展的统一坚强智能电网。

2. 两条主线

技术上体现信息化、自动化、互动化、构建以特高压为骨干网架、各级电网协调发展的统一坚强智能电网。

管理上体现集团化、集约化、精益化、标准化。

3. 三个阶段

国家公司对坚强智能电网的三个推进阶段做了具体定位：

2009—2010 年为规划试点阶段，重点开展智能电网发展规划的编制工作，制定技术和管理标准，开展关键技术研发和设备研制，开展各个环节的试点工作；

2011—2015 年为全面建设阶段，加快特高压电网和城乡电网建设，初步形成智能电网运行控制和互动服务体系，关键技术和设备上实现重大突破和广泛应用；

2016—2020 年为引领提升阶段，全面建成统一坚强智能电网，使电网的资源配置能力、安全水平、运行效率，以及电网与电源、用户之间的互动性显著提高。届时，电网在服务清洁能源开发，保障能源供应与安全，促进经济社会发展中将发挥更加重要的作用。

4. 四个体系

电网基础体系、技术支撑体系、智能应用体系、标准规范体系

5. 五个内涵

（1）坚强可靠，即具有坚强的网架结构、强大的电力输送能力和安全可靠的电力供应。

（2）经济高效，即提高电网运行和输送效率，降低运营成本，促进能源资源和电力资产的高效利用。

（3）清洁环保，即促进可再生能源发展与利用，降低能源消耗和污染物排放，提高清洁电能在终端能源消费中的比重。

（4）透明开放，即电网、电源和用户的信息透明共享，电网无歧视开放。

（5）友好互动，即实现电网运行方式的灵活调整，友好兼容各类电源和用户的接入与退出，促进发电企业和用户主动参与电网运行调节。

二、重要意义

（一）生活方便

坚强智能电网的建设，将推动智能小区、智能城市的发展，提升人们的生活品质。

1. 让生活更便捷。家庭智能用电系统既可以实现对空调、热水器等智能家电的实时控制和远程控制；又可以为电信网、互联网、广播电视网等提供接入服务；还能够通过智能电能表实现自动抄表和自动转账交费等功能。

2. 让生活更低碳。智能电网可以接入小型家庭风力发电和屋顶光伏发电等装置，并推动电动汽车的大规模应用，从而提高清洁能源消费比重，减少城市污染。

3. 让生活更经济。智能电网可以促进电力用户角色转变，使其兼有用电和售电两重属性；能够为用户搭建一个家庭用电综合服务平台，帮助用户合理选择用电方式，节约用能，有效降低用能费用支出。

（二）产生效益

坚强智能电网的发展，使得电网功能逐步扩展到促进能源资源优化配置、保障电力系统安全稳定运行、提供多元开放的电力服务、推动战略性新兴产业发展等多个方面。作为我国重要的能源输送和配置平台，坚强智能电网从投资建设到生产运营的全过程都将为国民经济发展、能源生产和利用、环境保护等方面带来巨大效益。

1. 在电力系统方面。可以节约系统有效装机容量；降低系统总发电燃料费用；提高电网设备利用效率，减少建设投资；提升电网输送效率，降低线损。

2. 在用电客户方面。可以实现双向互动，提供便捷服务；提高终端能源利用效率，节约电量消费；提高供电可靠性，改善电能质量。

3. 在节能与环境方面。可以提高能源利用效率，带来节能减排效益；促进清洁能源开发，实现替代减排效益；提升土地资源整体利用率，节约土地占用。

4. 其他方面。可以带动经济发展，拉动就业；保障能源供应安全；变输煤为输电，提高能源转换效率，减少交通运输压力。

（三）推进系统

1. 能有效地提高电力系统的安全性和供电可靠性。利用智能电网强大的"自愈"功能，可以准确、迅速地隔离故障元件，并且在较少人为干预的情况下使系统迅速恢复到正常状态，从而提高系统供电的安全性和可靠性。

2. 实现电网可持续发展。坚强智能电网建设可以促进电网技术创新，实现技术、设备、运行和管理等各个方面的提升，以适应电力市场需求，推动电网科学、可持续发展。

3. 减少有效装机容量。利用我国不同地区电力负荷特性差异大的特点，通过智能化的统一调度，获得错峰和调峰等联网效益；同时通过分时电价机制，引导用户低谷用电，减小高峰负荷，从而减少有效装机容量。

4. 降低系统发电燃料费用。建设坚强智能电网，可以满足煤电基地的集约化开发，优化我国电源布局，从而降低燃料运输成本；同时，通过降低负荷峰谷差，可提高火电机组使用效率，降低煤耗，减少发电成本。

5. 提高电网设备利用效率。首先，通过改善电力负荷曲线，降低峰谷差，提高电网设备利用效率；其次，通过发挥自我诊断能力，延长电网基础设施寿命。

6. 降低线损。以特高压输电技术为重要基础的坚强智能电网，将大大降低电能输送中的损失率；智能调度系统、灵活输电技术以及与用户的实时双向交互，都可以优化潮流分布，减少线损；同时，分布式电源的建设与应用，也减少了电力远距离传输的网损。

（四）分配资源

我国能源资源与能源需求呈逆向分布，80%以上的煤炭、水能和风能资源分布在西部、北部地区，而75%以上的能源需求集中在东部、中部地区。能源资源与能源需求分布不平衡的基本国情，要求我国必须在全国范围内实行能源资源优化配置。建设坚强智能电网，为能源资源优化配置提供了一个良好的平台。坚强智能电网建成后，将形成结构坚强的受端电网和送端电网，电力承载能力显著加强，形成"强交、强直"的特高压输电网络，实现大水电、大煤电、大核电、大规模可再生能源的跨区域、远距离、大容量、低损耗、高效率输送显著提升电网大范围能源资源优化配置能力。

（五）能源发展

风能、太阳能等清洁能源的开发利用以生产电能的形式为主，建设坚强智能电网可以显著提高电网对清洁能源的接入、消纳和调节能力，有力推动清洁能源的发展。

1. 智能电网应用先进的控制技术以及储能技术，完善清洁能源发电并网的技术标准，提高了清洁能源接纳能力。

2. 智能电网合理规划大规模清洁能源基地网架结构和送端电源结构，应用特高压、柔性输电等技术，满足了大规模清洁能源电力输送的要求。

3. 智能电网对大规模间歇性清洁能源进行合理、经济调度，提高了清洁能源生产运行的经济性。

4. 智能化的配用电设备，能够实现对分布式能源的接纳与协调控制，实现与用户的友好互动，使用户享受新能源电力带来的便利。

（六）节能减排

坚强智能电网建设对于促进节能减排、发展低碳经济具有重要意义：1. 支持清洁能源机组大规模入网，加快清洁能源发展，推动我国能源结构的优化调整；2. 引导用户合理安排用电时段，降低高峰负荷，稳定火电机组出力，降低发电煤耗；3. 促进特高压、柔性输电、经济调度等先进技术的推广和应用，降低输电损失率，提高电网运行经济性；4. 实现电网与用户有效互动，推广智能用电技术，提高用电效率；5. 推动电动汽车的大规模应用，促进低碳经济发展，实现减排效益。

三、关键技术

（一）通信

建立高速、双向、实时、集成的通信系统是实现智能电网的基础，没有这样的通信系统，任何智能电网的特征都无法实现，因为智能电网的数据获取、保护和控制都需要这样的通信系统的支持，因此建立这样的通信系统是迈向智能电网的第一步。同时通信系统要和电网一样深入到千家万户，这样就形成了两张紧密联系的网络—电网和通信网络，只有这样才能实现智能电网的目标和主要特征。下图显示了电网和通信网络的关系。高速、双向、实时、集成的通信系统使智能电网成为一个动态的、实时信息和电力交换互动的大型的基础设施。当这样的通信系统建成后，它可以提高电网的供电可靠性和资产的利用率，繁荣电力市场，抵御电网受到的攻击，从而提高电网价值。

高速双向通信系统的建成，智能电网通过连续不断地自我监测和校正，应用先进的信息技术，实现其最重要的特征—自愈特征。它还可以监测各种扰动，进行补偿，重新分配潮流，避免事故的扩大。高速双向通信系统使得各种不同的智能电子设备（IEDs）、智能表计、控制中心、电力电子控制器、保护系统以及用户进行网络化的通信，提高对电网的驾驭能力和优质服务的水平。在这一技术领域主要有两个方面的技术需要重点关注，其一就是开放的通信架构，它形成一个"即插即用"的环境，使电网元件之间能够进行网络化的通信；其二是统一的技术标准，它能使所有的传感器、智能电子设备（IEDs）以及应用系统之间实现无缝的通信，也就是信息在所有这些设备和系统之间能够得到完全的理解，实现设备和设备之间、设备和系统之间、系统和系统之间的互操作功能。这就需要电力公司、设备制造企业以及标准制定机构进行通力的合作，才能实现通信系统的互联互通。

（二）量测

参数量测技术是智能电网基本的组成部件，先进的参数量测技术获得数据并将其转换成数据信息，以供智能电网的各个方面使用。它们评估电网设备的健康状况和电网的完整性，进行表计的读取、消除电费估计以及防止窃电、缓减电网阻塞以及与用户的沟通。

未来的智能电网将取消所有的电磁表计及其读取系统，取而代之的是可以使电力公司与用户进行双向通信的智能固态表计。基于微处理器的智能表计将有更多的功能，除了可以计量每天不同时段电力的使用和电费外，还有储存电力公司下达的高峰电力价格信号及电费费率，并通知用户实施什么样的费率政策。更高级的功能有用户自行根据费率政策，编制时间表，自动控制用户内部电力使用的策略。

对于电力公司来说，参数量测技术给电力系统运行人员和规划人员提供更多的数据支持，包括功率因数、电能质量、相位关系（WAMS）、设备健康状况和能力、表计的损坏、故障定位、变压器和线路负荷、关键元件的温度、停电确认、电能消费和预测等数据。新的软件系统将收集、储存、分析和处理这些数据，为电力公司的其他业务所用。

未来的数字保护将嵌入计算机代理程序，极大地提高可靠性。计算机代理程序是一个自治和交互的自适应的软件模块。广域监测系统、保护和控制方案将集成数字保护、先进的通信技术以及计算机代理程序。在这样一个集成的分布式的保护系统中，保护元件能够自适应地相互通信，这样的灵活性和自适应能力将极大地提高可靠性，因为即使部分系统出现了故障，其他的带有计算机代理程序的保护元件仍然能够保护系统。

（三）设备

智能电网要广泛应用先进的设备技术，极大地提高输配电系统的性能。未来的智能电网中的设备将充分应用在材料、超导、储能、电力电子和微电子技术方面的最新研究成果，从而提高功率密度、供电可靠性和电能质量以及电力生产的效率。

未来智能电网将主要应用三个方面的先进技术：电力电子技术、超导技术以及大容量储能技术。通过采用新技术和在电网和负荷特性之间寻求最佳的平衡点来提高电能质量。通过应用和改造各种各样的先进设备，如基于电力电子技术和新型导体技术的设备，来提高电网输送容量和可靠性。配电系统中要引进许多新的储能设备和电源，同时要利用新的网络结构，如微电网。

经济的 FACTS 装置将利用比现有半导体器件更能控制的低成本的电力半导体器件，使得这些先进的设备可以广泛的推广应用。分布式发电将被广泛地应用，多台机组间通过通信系统连接起来形成一个可调度的虚拟电厂。超导技术将用于短路电流限制器、储能、低损耗的旋转设备以及低损耗电缆中。先进的计量和通信技术将使得需求响应的应用成为可能。

（四）控制

先进的控制技术是指智能电网中分析、诊断和预测状态并确定和采取适当的措施以消除、减轻和防止供电中断和电能质量扰动的装置和算法。这些技术将提供对输电、配电和用户侧的控制方法并且可以管理整个电网的有功和无功。从某种程度上说，先进控制技术紧密依靠并服务于其他四个关键技术领域，如先进控制技术监测基本的元件（参数量测技术），提供及时和适当的响应（集成通信技术；先进设备技术）并且对任何事件进行快速的诊断（先进决策技术）。另外，先进控制技术支持市场报价技术以及提高资产的管理水平。

未来先进控制技术的分析和诊断功能将引进预设的专家系统，在专家系统允许的范围内，采取自动地控制行动。这样所执行的行动将在秒一级水平上，这一自愈电网的特性将极大地提高电网的可靠性。当然先进控制技术需要一个集成的高速通信系统以及对应的通信标准，以处理大量的数据。先进控制技术将支持分布式智能代理软件、分析工具以及其他应用软件。

1. 收集数据和监测电网元件

先进控制技术将使用智能传感器、智能电子设备以及其他分析工具测量的系统和用户参数以及电网元件的状态情况，对整个系统的状态进行评估，这些数据都是准实时数据，对掌握电网整体的运行状况具有重要的意义，同时还要利用向量测量单元以及全球卫星定位系统的时间信号，来实现电网早期的预警。

2. 分析数据

准实时数据以及强大的计算机处理能力为软件分析工具提供了快速扩展和进步的能力。状态估计和应急分析将在秒级而不是分钟级水平上完成分析，这给先进控制技术和系统运行人员足够的时间来响应紧急问题；专家系统将数据转化成信息用于快速决策；负荷预测将应用这些准实时数据以及改进的天气预报技术来准确预测负荷；概率风险分析将成为例行工作，确定电网在设备检修期间、系统压力较大期间以及不希望的供电中断时的风险的水平；电网建模和仿真使运行人员认识准确的电网可能的场景。

3. 诊断和解决问题

由高速计算机处理的准实时数据使得专家诊断来确定现有的、正在发展的和潜在的问题的解决方案，并提交给系统运行人员进行判断。

4. 执行自动控制的行动

智能电网通过实时通信系统和高级分析技术的结合使得执行问题检测和响应的自动控制行动成为可能，它还可以降低已经存在问题的扩展，防止紧急问题的发生，修改系统设置、状态和潮流以防止预测问题的发生。

5. 为运行人员提供信息和选择

先进控制技术不仅给控制装置提供动作信号，而且也为运行人员提供信息。控制系统收集的大量数据不仅对自身有用，而且对系统运行人员也有很大的应用价值，而且这些数据辅助运行人员进行决策。

（五）支持

百万伏级特高压交流工程黄河大跨越工程开始紧张布线。

决策支持技术将复杂的电力系统数据转化为系统运行人员一目了然的可理解的信息，因此动画技术、动态着色技术、虚拟现实技术以及其他数据展示技术用来帮助系统运行人员认识、分析和处理紧急问题。

在许多情况下，系统运行人员做出决策的时间从小时缩短到分钟，甚至到秒，这样智能电网需要一个广阔的、无缝的、实时的应用系统、工具和培训，以使电网运行人员和管理者能够快速的做出决策。

1. 可视化—决策支持技术利用大量的数据并将其裁剪成格式化的、时间段和按技术分类的最关键的数据给电网运行人员，可视化技术将这些数据展示为运行人员可以迅速掌握的可视的格式，以便运行人员分析和决策。

2. 决策支持—决策支持技术确定了现有的、正在发展的以及预测的问题，提供决策支持的分析，并展示系统运行人员需要的各种情况、多种的选择以及每一种选择成功和失败的可能性。

3. 调度员培训—利用决策支持技术工具以及行业内认证的软件的动态仿真器将显著的提高系统调度员的技能和水平。

4. 用户决策—需求响应（DR）系统以很容易理解的方式为用户提供信息，使他们能够决定如何以及何时购买、储存或生产电力。

5. 提高运行效率—当决策支持技术与现有的资产管理过程集成后，管理者和用户就能够提高电网运行、维修和规划的效率和有效性。

四、发展前景

（一）趋势

"十二五"期间，国家电网将投资 5000 亿元，建成连接大型能源基地与主要负荷中心的"三横三纵"的特高压骨干网架和 13 回长距离支流输电工程，初步建成核心的世界一流的坚强智能电网。

国家电网制定的《坚强智能电网技术标准体系规划》，明确了坚强智能电网技术标准路线图，是世界上首个用于引导智能电网技术发展的纲领性标准。国网公司的规划是，到 2015 年基本建成具有信息化、自动化、互动化特征的坚强智能电网，形成以华北、华中、华东为受端，以西北、东北电网为送端的三大同步电网，使电网的资源配置能力、经济运行效率、安全水平、科技水平和智能化水平得到全面提升。

1. 智能电网是电网技术发展的必然趋势。通信、计算机、自动化等技术在电网中得到广泛深入的应用，并与传统电力技术有机融合，极大地提升了电网的智能化水平。传感器技术与信息技术在电网中的应用，为系统状态分析和辅助决策提供了技术支持，使电网自愈成为可能。调度技术、自动化技术和柔性输电技术的成熟发展，为可再生能源和分布式电源的开发利用提供了基本保障。通信网络的完善和用户信息采集技术的推广应用，促进了电网与用户的双向互动。随着各种新技术的进一步发展、应用并与物理电网高度集成，智能电网应运而生。

2. 发展智能电网是社会经济发展的必然选择。为实现清洁能源的开发、输送和消纳，电网必须提高其灵活性和兼容性。为抵御日益频繁的自然灾害和外界干扰，电网必须依靠智能化手段不断提高其安全防御能力和自愈能力。为降低运营成本，促进节能减排，电网运行必须更为经济高效，同时须对用电设备进行智能控制，尽可能减少用电消耗。分布式发电、储能技术和电动汽车的快速发展，改变了传统的供用电模式，促使电力流、信息流、业务流不断融合，以满足日益多样化的用户需求。

（二）计划

日本计划在 2030 年全部普及智能电网，同时官民一体全力推动在海外建设智能电网。在蓄电池领域，日本企业的全球市场占有率目标是力争达到 50%，获得约 10 万亿日元的市场。日本经济产业省已经成立"关于下一代能源系统国际标准化研究会"，日美已确立在冲绳和夏威夷进行智能电网共同实验的项目。

在中电联获悉，2020 年中国将建成以华北、华东、华中特高压同步电网为中心，东北特高压电网、西北 750 千伏电网为送端，联结各大煤电基地、大水电基地、大核电基地、大可再生能源基地，各级电网协调发展的坚强智能电网。华北、华东、华中特高压同步电网形成"五纵六横"主网架。

（三）方向

在绿色节能意识的驱动下，智能电网成为世界各国竞相发展的一个重点领域。

智能电网是电力网络，是一个自我修复，让消费者积极参与，能及时从袭击和自然灾害复原，容纳所有发电和能量储存，能接纳新产品，服务和市场，优化资产利用和经营效率，为数字经济提供电源质量。

智能电网建立在集成的、高速双向通信网络基础之上，旨在利用先进传感和测量技术、先进设备技术、先进控制方法，以及先进决策支持系统技术，实现电网可靠、安全、经济、高效、环境友好和使用安全的高效运行。

它的发展是一个渐进的逐步演变，是一场彻底的变革，是现有技术和新技术协同发展的产物，除了网络和智能电表外还饱含了更广泛的范围。

建设以特高压电网为骨干网架，各级电网协调发展，以信息化、自动化、互动化为特征的坚强智能电网，全面提高电网的安全性、经济性、适应性和互动性，坚强是基础，智能是关键。

（四）意义

其重要意义体现在以下几个方面：

1. 具备强大的资源优化配置能力。我国智能电网建成后，将实现大水电、大煤电、大核电、大规模可再生能源的跨区域、远距离、大容量、低损耗、高效率输送，区域间电力交换能力明显提升。

2. 具备更高的安全稳定运行水平。电网的安全稳定性和供电可靠性将大幅提升，电网各级防线之间紧密协调，具备抵御突发性事件和严重故障的能力，能够有效避免大范围连锁故障的发生，显著提高供电可靠性，减少停电损失。

3.适应并促进清洁能源发展。电网将具备风电机组功率预测和动态建模、低电压穿越和有功无功控制以及常规机组快速调节等控制机制，结合大容量储能技术的推广应用，对清洁能源并网的运行控制能力将显著提升，使清洁能源成为更加经济、高效、可靠的能源供给方式。

4.实现高度智能化的电网调度。全面建成横向集成、纵向贯通的智能电网调度技术支持系统，实现电网在线智能分析、预警和决策，以及各类新型发输电技术设备的高效调控和交直流混合电网的精益化控制。

5.满足电动汽车等新型电力用户的服务要求。将形成完善的电动汽车充放电配套基础设施网，满足电动汽车行业的发展需要，适应用户需求，实现电动汽车与电网的高效互动。

6.实现电网资产高效利用和全寿命周期管理。可实现电网设施全寿命周期内的统筹管理。通过智能电网调度和需求侧管理，电网资产利用小时数大幅提升，电网资产利用效率显著提高。

7.实现电力用户与电网之间的便捷互动。将形成智能用电互动平台，完善需求侧管理，为用户提供优质的电力服务。同时，电网可综合利用分布式电源、智能电能表、分时电价政策以及电动汽车充放电机制，有效平衡电网负荷，降低负荷峰谷差，减少电网及电源建设成本。

8.实现电网管理信息化和精益化。将形成覆盖电网各个环节的通信网络体系，实现电网数据管理、信息运行维护综合监管、电网空间信息服务以及生产和调度应用集成等功能，全面实现电网管理的信息化和精益化。

9.发挥电网基础设施的增值服务潜力。在提供电力的同时，服务国家"三网融合"战略，为用户提供社区广告、网络电视、语音等集成服务，为供水、热力、燃气等行业的信息化、互动化提供平台支持，拓展及提升电网基础设施增值服务的范围和能力，有力推动智能城市的发展。

10.促进电网相关产业的快速发展。电力工业属于资金密集型和技术密集型行业，具有投资大、产业链长等特点。建设智能电网，有利于促进装备制造和通信信息等行业的技术升级，为我国占领世界电力装备制造领域的制高点奠定基础。

第二章　智能电网基础技术

第一节　传感与量测技术

一、传感技术

传感技术就是传感器的技术，可以感知周围环境或者特殊物质，比如气体感知、光线感知、温湿度感知、人体感知等等，把模拟信号转化成数字信号，给中央处理器处理。最终结果形成气体浓度参数、光线强度参数、范围内是否有人探测、温度湿度数据等等，显示出来。

随着智能电网战略的实施，各种高科技被广泛应用于传统电网之中，不断推动电网向智能代方向发展。其中光导纤维和光电子器件的应用，使光纤通信和光纤传感技术真正造福于智能电网的建设。光纤作为信息传输的载体，具有传输损耗低、自身重量轻、通信容量大、通信保密性强、传输频带宽、中继距离长、造价成本低、抗电磁干扰能力性等众多优点。光纤传感器以光波为信号载体，以各种光效应为检测原理，在电网监测中有独特的应用优势。通过光传感技术来促进传统电网的转型发展，是智能电网建设的重要的发展方向。

在电网中应用的光传感器主要是指光纤传感器。光纤传感器可以用于监测电网各位置的温度、应变、位移、拉力、倾斜、电流等一系列物理量，功能十分丰富全面。除了功能方面的优势，光纤传感器在性能上也有自己的优点，即使工作在强电磁干扰的恶劣环境中仍然能保持着较高的检测灵敏度和稳定性，因此光纤传感器在电网监测方面有着很强的适应性，得到了非常广泛的应用。

光纤传感器分可以分为功能型和非功能型两大类，其中前者把光纤作为探测元件直接参与物理量的检测，而后者仅仅采用光纤作为信号的传输介质。功能型光纤传感器可以直接检测外部环境的光信号变化，例如光强、频率和颜色等，这种光纤传感器由于性能较好，因此成本也比一般的传感器要高。

目前在电网监测中应用最为成熟的是光纤温度传感器和光纤应变传感器。其中光纤温度传感器根据其工作原理又可以分为半导体吸收型光纤温度传感器和光纤光栅温度传感器。所谓半导体吸收是指外部环境温度的变化会使半导体材料对光谱的吸收性能发展改变，而光纤光栅温度传感器则以内部的精密光纤光栅为核心，当温度不同时，光纤光栅的反射波长也会发生相应的变化，从而间接检测出温度值。因此，在实际应用中，光纤光栅应变传感器通常是与温度传感器配合使用的，这样做是为了补偿温度对应变传感器的干扰。

在我国的电网监测领域，光纤传感器一般用于监测电力传输线的各种状态参数或监测变电站内的各种电气设备。传感器布点的形式可以是分布式，也可以是单点式。

二、量测技术

智能电网的关键技术包括智能电网的量测、通信、信息管理、调度、电力电子和分布式能源接入等，其中，量测技术是智能电网基本的组成部件，先进的量测技术获得数据并将其转换成数据信息，以供智能电网的各个方面使用。它们评估电网设备的健康状况和电网的完整性，进行表计的读取、消除电费估计以及防止窃电、缓减电网阻塞以及与用户的沟通。

目前智能电网的相关研究主要体现在 4 个方面，包括高级量测体系（Advanced Metering Infrastructure，AMI）、高级配电运行（Advanced Transmission Operations，ATO）、高级输电运行（Advanced Distribution Operations，ADO）和高级资产管理（Advanced Asset Management，AAM）。高级量测体系主要功能是授权给用户，使系统同负荷建立起联系，使用户能够支持电网的运行。它由安装在用户端的智能电表、位于电力公司内的计量数据管理系统（MDMS）和连接他们的通信系统组成。

（一）AMI 的关键技术和功能

AMI 是许多技术和应用集成的解决方案，其关键技术和功能主要包括：

1.智能电表

智能电表可以定时或即时取得用户带有时标的分时段的或实时的多种计量值，如用电量、功率、电压、电流、相位等，而事实上它已成为电网的传感器，它有助于在消费者和电力公司之间实现实时通信，使人们能够基于环境和价格的考虑，最大限度地优化能源用量。智能电表使智能电网具有多层智能，能够实时分析、决策、计划并做出积极的行为，同时，它还在智能电网中具备了电力的价值信号收集和发布功能，使电网能够优化所有的投资和运行费用，使发电机组与用户电器的关系更加协调。

2.通信网络

采取固定的双向通信网络，能够把采集的数据信息（包括故障报警和装置干扰报警）实时地从智能电表传到数据中心，并能够进行快速的系统故障定位和响应。高速、双向、实时、集成的通信系统使智能电网成为一个动态的、实时信息和电力交换互动的大型的基础设施。当这样的通信系统建成后，它可以提高电网的供电可靠性和资产的利用率，繁荣电力市场，抵御电网受到的攻击，从而提高电网价值。

3. 计量数据管理系统 MDMS

这是一个带有分析工具的数据库，通过与 AMI 自动数据收集系统的配合使用，处理和储存电表的计量值。

4. 用户室内网 HAN

通过网关或用户入口把智能电表和用户户内可控的电器或装置连接起来，使得用户能根据电力公司的需要，积极参与需求响应或电力市场。

5. 为用户提供服务

对参与市场的用户提供实时电价，并实现同实时电价相结合的自动负荷控制，还可实现远程接通或断开。

（二）智能仪表

智能电网的测量技术需要以下设备的支持：数据控制和数据采集（SCADA）设备；配电自动化设备；自动抄表设备和智能仪表；语音数据采集设备；地理定位系统等。其中，采用智能仪表不仅可以实现对电能质量进行监测，而且可以通过仪表的网络通信接口实现双向数据远程传输，组成分布式测控网络系统，因此，大量智能仪表的引入将使得电网的运行更富有经济性、可靠性、可持续性、安全性和灵活性。

未来的智能电网将取消所有的电磁表计及其读取系统，取而代之的是可以使电力公司与用户进行双向通信的智能表计。基于微处理器的智能表计将有更多的功能，除了可以计量每天不同时段电力的使用和电费外，还能储存电力公司下达的高峰电力价格信号及电费费率，并通知用户实施什么样的费率政策。更高级的功能有用户可以自行根据费率政策，编制时间表，自动控制用户内部电力使用的策略。

对于电力公司来说，量测技术给电力系统运行人员和规划人员提供更多的数据支持，包括功率因数、电能质量、相位关系（WAMS）、设备健康状况和能力、表计的损坏、故障定位、变压器和线路负荷、关键元件的温度、停电确认、电能消费和预测等数据。新的软件系统将收集、储存、分析和处理这些数据，为电力公司的其他业务所用。

第二节 电力电子技术

一、电力电子技术的发展及应用

（一）电力电子技术的发展历史

1. 电力电子技术的简介

电力电子技术大致可以分为两个分支，即变流技术以及电力电子器件技术，这也是现代电气化和自动电气化两项专业的基础课程。1957 年由美国研制出的晶闸管被认为是电力电子技术的产生标志，也从此时开始，电力电子技术逐步趋向成熟。而如今的电力电子技术是一门新兴学科，它建立在电子学、电工原理以及自动化控制三大学科之上，其内容主要包含电路、器件和装置系统，在家用电器以及交通运输等方面得到了广泛的应用，推动了我国经济的发展。

2. 不断提升智能化水平

随着计算机技术的快速发展，电力电子技术在电力系统中的应用也在逐渐地扩大。电力电子技术在电力系统应用的过程之中，远程自动化和智能化的技术也在飞速发展，因此，在智能化技术的支持下，电力电子技术可以对系统中出现的各项参数进行控制，使其技术上的智能化水平得到快速的发展，并将所涉及的参数进行个动态化的设计。

3. 不断完善电力电子技术的应用结构

电力电子技术的应用结构已经逐步趋向稳定性，这种特性主要体现在电力电子技术在整个电力系统中对参数的平衡化处理。与此同时，在电力电子技术的运作过程中，随着应用结构的不断完善，它对智能化水平的控制能力也在不断地提升，这也将成为未来电力电子技术发展的主要方向。因此，在进行这项技术的应用时，可以采取有针对性的完善制度，从而促进应用技术上的效果提升。

（二）电力电子技术的作用

1. 改善现在电力输出的情况

电力是现代社会的主要动力，是生活中不可缺少的科技因素。一般的交流电在电压频率输出较稳的情况下所呈现出的是正弦式波形。但是在实际情况中，不同用户所使用的电力设备存在差异，就无形中造成了电网的无功损耗，甚至出现突然停电、电压闪变等现象。如果再受到自然因素或人为因素的干扰，就会使电网中出现有害的谐波波形，造成电网的严重变形，从而影响了其正常的运行。

这时，就可以使用由电力电子器件所构成的控制器以及补偿器，即提高了电能质量，又使电网能够进行正常的运行，可谓是两全其美。我国在近年研究出了柔性交流输电系统，有效地解决了电力输出中所存在的问题，改善了电力输出的现状。

2. 对电能的使用结构进行优化

电力电子技术可以优化电能的装置结构，从而达到高效节约的电能使用目的。举个例子，在节能省电的方面，我们通过调查，分析了风机水泵、轻工造纸、化工电焊、工业窑炉和电力牵引等方面的资料，发现电力电子技术可以达到 10%~40% 的节能效果。而且电力电子技术可以缓解能源危机，促进人与自然之间的和谐共处。

3. 使产业的结构产生转变

在电力电子变频技术不断发展的今天，机电设备已经不再受到传统电力技术的限制，而是转向了高频方向，从而也缩小了机电设备的体积，提高了它们的响应速度以及工作效率，实现了无噪声的目标。

（三）电力电子技术的重要性以及未来发展

1. 电力电子技术的重要性

电力电子技术在我国科技不断进步的前提下，显现出了越来越明显的重要性。在电力电子技术的作用下，可以将电能的使用加以优化，确保了高效的节约模式。还有一点就是电力电子技术对传统的机电一体化具备着改造作用，将信息化和功率进行统一的处理，并将其与微电子技术进行结合，从而推动电子技术的改革与发展。

2. 电力电子技术的未来发展

电力电子技术最初的出现应该算是 20 世纪 50 年代所问世的晶闸管，这一科技一直持续到 70 年代，这个阶段也被称为晶闸管整流时代。到了七十年代中期，电力电子技术进入到了逆变时代。虽然电力电子技术已经经过了整流时代和逆变时代，但是它的工作频率还是不够高。到了八十年代，集成电路开始了大规模的发展，一些半导体复合器也相继出现，这也象征着电力电子技术的发展进入了关键时期。在未来的发展中，随着科技越来越发达，电力电子技术也将在性能上更加的完善，从而为用电设备提供重要基础。

（四）电力电子技术实际应用上的探究

1. 在交通运输上的实际应用

我国的电力电子技术已经被应用到了诸多领域，其中在电气化的交通中就有实例。在电气机车当中主要有两种应用模式，第一种是直流机车对整流装置进行的应用，第二种就是交流机车对变频装置进行的应用。这其中较为著名的就是磁悬浮列车，它在牵引电机以及能源辅助方面都需要电力电子技术的支持；而电动汽车在电机方面也需要电力电子技术的加入才能控制驱动；还有船舶以及飞机等方面，都需要电力电子技术为它们提供电能动力。

2. 在家用电器方面的实际应用

电力电子技术在日常的生活当中也有着非常广泛的应用，这里所要提到的就是在家用电器方面的实例。洗衣机是生活的必需品，而它的工作动力就是电力电子技术。在电力电子技术的支持下，洗衣机可以完全代替人工，人们只要简单地操纵一下按钮就可以完成整个洗衣过程，与此相似的还有洗碗机。电力电子技术在空调上也起到了关键性的作用，它可以起到明显的节能作用，同时也提高了空调的工作效率。

3. 在电力节能上的实际应用

我国在经济发展飞快地同时，在能源的消耗上也是付出了很大的代价的，其中最严重的当属于电力能源上的消耗。当前的工业要想得到发展，电力已经成为不可缺少的条件之一，而从我国的工业发展情况来看，许多方面还存在着用电不合理的现象，尤其是用电的效率不够高，造成了严重的浪费现象。因此，要想实现电力能源的可持续发展目标，就必须通过电力电子技术来降低实际应用中对电能的消耗，这样可以使电力设备得到性能上的优化，进而对电力能源进行节约控制。

4. 在发电环节中的实际应用

随着新能源的不断开发，风力发电及水力发电等都被广泛地应用到日常生活中，这其中的技术就涉及了发电机的电流频率交换。我们以水力发电来讲，它的发电功率主要取决于水头压力，而这种压力会对最佳转速的变化产生影响，为了能够实现有效功率的最大化，就需要通过电力电子技术对机组进行变速控制，从而省去其中的惯性环节。

二、电力电子技术在智能电网中的应用

（一）电力电子技术在智能电网当中的作用

尽管国内的电网技术已进入发展的过程，然而依然处在发展的初期，在该过程当中仍然有很多的问题存在，该种情况暂时难以顺应目前经济的发展，难以达到目前社会的要求，因此，在有关电网的发展当中便需要对于电力电子技术的运用进行相应的加强，增强电力电子技术的运用为智能电网的发展提供保证。仅有在智能电网当中运用电力电子技术方能保证电网发展的安全性，同时电网的安全运行也可以取得较好的维护，完善智能电网的发展，达到社会的需要。

1. 优化资源的配置

资源的消耗已成为目前社会关注的一大重点问题，我国作为一个人口大国，所需消耗的能源也十分之大，尽管在电能上还未出现过资源短缺的情形，然而能源的消耗对于环境的压力却是十分之大的，电力能源类属可再生清洁能源，因此应当在目前社会高度注重环境保护的状况下应用电力电子技术建造智能电网，完善电力能源，确保能源的可再生利用。分散性、大规模的可再生资源所固有的不确定性、间歇性等方面的问题，对于电网的稳定安全运转有了更高的需要。以建造智能电网来实现可控制、可预测的可再生资源的发电控制和调度，是推动可再生资源发展的基本所在。运用电力电子技术能够确保可再生资源发电的远距离输送及分布式、大规模接入，使智能电网对于可再生资源具备适应性与容纳性，进而为高效应对全球气候的改变所带来的挑战及提升清洁能源的比重奠定坚实的基础。

2. 电能输出质量的改善

伴随着国内社会的不断进步与经济的不断发展，人民的生活质量也随之持续提升，造成越发多的企业设施等对于电力能源的需要越大。倘若电网系统的电力能源的输出难以保持稳定的状态，质量也无法取得保证，进而会对社会的发展产生巨大的影响。为确保电力能源的稳定性与输出质量，应当在当中运用电力电子技术，对于电网的能量进行相应的改进，同时展开相对合理的配置，方可确保输出电力能源的稳定性，进而提升电力能源输出的效率，为国内经济发展带来了巨大的帮助。

3. 维护智能电网的稳定性

伴随着电力技术的迅速发展，其的运用范围也越发广泛，然而在智能电网当中的运用仍然存在一定的不足，许多电力公司均未对电力电子技术进行应用来对智能电网的稳定性进行较大规模的把控。然而在各大行业当中，始终应当将安全摆在首要位置，所以在电网的发展当中，电网安全占有着十分重要的位置。仅有对智能电网的稳定性加以保障，方可对于系统当中存有的问题展开较为高效的处理，而电力电子技术也能对于智能化电网的稳定性当中存有的问题展开较为高效的处理。当前国内电网发展的方向始终为智能化，伴随着智能电网的不断发展，其内容与结构便会越发复杂，而电力电子技术的存在为智能化电网的发展提供了相对重要的保证。再加之自然灾害会对智能电网造成影响，因此，对于往后的智能电网发展需求而言，势必要对电力电子技术进行大规模的运用，保证智能电网的稳定性所在，防止危险事件的产生。

（二）电力电子技术在智能电网中的应用

1. 在变电环节的应用

就智能电网当中的变电环节而言，其主要为在变电站当中运用有关技术，在电力电子技术的带动下变电站已逐渐向着数字化的方向展开发展，伴随着电力电子技术的不断发展，变电站在往后的发展当中便可使信息的共享运用得以实现，针对变电站的数字化运用而言，其能够较为高效地使信息化与智能化的一步到位得以实现，如制定数字展示环节与数据采集系统，运用电力电子技术对数字进行较为高效地整理与分析，运用光电技术展开相应的驱动，运用数字编程对变电站系统进行重新建设。

2. 在输电环节的应用

针对智能电网当中的输电环节而言，其一般会牵涉到许多的参数，输电方式包括柔性直流输电方式、高压直流输电方式。电力电子技术在输电环节当中的运用是十分有必要的，运用该技术可以较为高效地对电力系统进行结合，对于电力系统的控制依据具体的运转状况来进行，保证智能电网能够实现调控方面的基础功能，如此便可以对智能电网运转的稳定程度进行较大提高，进而确保了电力能源的输送水平。

3. 在能源存储环节的应用

电能作为可再生资源的重要构成部分，运用光能与风能可以使电力能源的绿色运用得到进一步的实现，针对往后的发展有着十分重要的作用，能够较为充分地对资源的重复利用进行保障。因为目前可再生能源的运用仍然不够全面，仍然有许多不确定性要素的存在，所以，在实际的运用当中必须要对有关调节负载关系的相关工作进行相对充分的注重。针对有关能源存储的环节而言，实际的操作程序指的是先利用拥有较大功率的变换器，对变换器进行运用以较为高效地对电力系统进行连接，把光能与风能转变为电力能源，同时，把电压源和存储设施进行连接，如此方能使电力能源得以实现。

4. 在发电环节的应用

目前，社会经济的迅速发展无法脱离对于能源的持久运用，怎样较为高效地实现有关能源的持久运用也是目前国内智能电网发展所面对的重大挑战。目前，国内正处于全力以赴地促进智能电网的建立的阶段，针对节约能源的目标而言，以运用电力电子技术的方式能够使其得到相对较好地实现，与此同时，运用电力电子技术能够较好地发挥保护环境的作用。在运用电力电子技术的过程当中，应当结合其他的能源展开相对充分的注重，对电力电子技术的更好运用进行相对充分的保证。目前，电力系统和电力电子技术有机融合衍生出柔性交流输电FACTS，该技术能够对电力系统的有关参数进行进一步的把控。与此同时，运用太阳能与风能等可再生能源展开发电方面的工作，在发电的环节当中运用电力电子技术能够使智能电网当中纳入电机组得以实现，对于电池展开更具把握的控制，如此便能使智能电网当中的电力能源控制得以充分保证，保证智能电网的电力供给的稳定性获得基础的保障。

（三）先进电力电子技术在智能电网中的应用

电力电子技术的应用必须要在先进的设备下进行，设备要最大限度地使用智能电网，要保证智能电网工作的效率高，要对目前我国的用电国情进行改善。

1. 高压直流输电技术在智能电网中的应用

目前的电网输电技术仍处于传统阶段，而且使用直流电工作的只有输电环节，而使用交流电源的则比较多，比如像用电系统或者发电系统。在输电过程中，交流系统运输的电能量将会通过设备的一系列操作而成为合适的电流，在一些远距离的地方会经常使用到直流输电技术，在今后的岁月里，我国还会研制出更加高级的电力电子技术，以此更好的助力我国用电事业。

2. 柔性直流技术在智能电网中的应用

新型能源大规模的接入到电网系统中最为关键的一种技术就是柔性直流输电技术，柔性直流输电系统的应用可以很好地将功率进行调节，进行切换，由于目前中国智能电网应用基础是高压输变电技术，而且在此基础上也要考虑到一些新能源的加入，因此，目前智能电网系统对柔性直流技术的需求量越来越大。

3. 能量转化技术在智能电网系统中的应用

未来社会发展的模式一定是低碳环保节能绿色的，未来社会发展的核心内容就是能量转换技术的应用与创新，目前社会上依据自然可再生资源已经逐渐地成为人们所关注的对象，能量转化技术未来在智能电网中的应用将会逐渐地向着风能、太阳能这种可再生资源与一些规模比较大的间接性电源与微网等并网发展，为了能够很好地适应智能电网的发展，需要将电网的布局和结构合理的建立，因此先进的能量转化技术就派上用场了，而且还会占据非常重要的地位，必将受到依赖，同时也要构建坚强的实体电网设备，使优化电网运行的系统能力不断地提高，在基本上实现新能源的发电标准化接入及和电网运行之间的互动化。

4. 电能质量技术在智能电网中的应用

智能电网中的电能质量技术应用的首要条件就是要将电能质量评估的方法以及等级划分体系逐渐地完善起来，并且基于从经济性的角度分析供用电接口，我们可以建立企业内部的等级评估体系，同时也可以建立用户经济性评估体系，颁发相关的法律法规，并且逐步地完善。因为电能质量技术在运行过程中会造成非常严重的损失，所以对其进行综合治理是不可避免的事情，同时也是相关工作者的首要任务。能够实现电网质量综合治理工作的做法有一项就是改进控制器，使控制器的使用效率逐渐地提高。采用合适的技术对电网的运行进行管理可以很好地保证用户的用电稳定性，保证他们的用电安全。通过连续对电力系统进行调控，从而可以有效地节约大量资源，使电力的使用效率更高，输送更加便捷更加顺畅，从而提高整个用电系统的使用情况。

第三节　超导技术

一、超导

人们把处于超导状态的导体称之为"超导体"。超导体的直流电阻率在一定的低温下突然消失，被称作零电阻效应。导体没有了电阻，电流流经超导体时就不发生热损耗，电流可以毫无阻力地在导线中形成强大的电流，从而产生超强磁场。

超导是指某些物质在一定温度条件下（一般为较低温度）电阻降为零的性质。1911年荷兰物理学家 H·卡茂林·昂内斯发现汞在温度降至 4.2K 附近时突然进入一种新状态，其电阻小到实际上测不出来，他把汞的这一新状态称为超导态。以后又发现许多其他金属也具有超导电性。

1933 年，荷兰的迈斯纳和奥森菲尔德共同发现了超导体的另一个极为重要的性质——当金属处在超导状态时，超导体内的磁感应强度为零，却把原来存在于体内的磁场排挤出去。对单晶锡球进行实验发现：锡球过渡到超导态时，锡球周围的磁场突然发生变化，磁力线似乎一下子被排斥到超导体之外去了，人们将这种现象称之为"迈斯纳效应"。

后来人们还做过这样一个实验：在一个浅平的锡盘中，放入一个体积很小但磁性很强的永久磁体，然后把温度降低，使锡盘出现超导性，这时可以看到，小磁铁竟然离开锡盘表面，慢慢地飘起，悬浮不动。

迈斯纳效应有着重要的意义，它可以用来判别物质是否具有超导性。

为了使超导材料有实用性，人们开始了探索高温超导的历程，从 1911 年—1986 年，超导温度由水银的 4.2K 提高到 23.22K（0K=-273.15℃；K 开尔文温标，起点为绝对零度）。1986 年 1 月发现钡镧铜氧化物超导温度是 30K，12 月 30 日，又将这一纪录刷新为40.2K，1987 年 1 月升至 43K，不久美国华裔科学家朱经武与台湾物理学家吴茂昆以及大陆科学家赵忠贤相继在钇—钡—铜—氧系材料上把临界超导温度提高到 90K 以上，液氮的"温度壁垒"（77K）也被突破了。1987 年底，铊—钡—钙—铜—氧系材料又把临界超导温度的记录提高到 125K。从 1986 年—1987 年的短短一年多的时间里，临界超导温度提高了近 100K。大约 1993 年，铊—汞—铜—钡—钙—氧系材料又把临界超导温度的记录提高到 138K。高温超导体取得了巨大突破，使超导技术走向大规模应用。

超导材料和超导技术有着广阔的应用前景。超导现象中的迈斯纳效应使人们可以用此原理制造超导列车和超导船，由于这些交通工具将在悬浮无摩擦状态下运行，这将大大提高它们的速度和安静性，并有效减少机械磨损。利用超导悬浮车制造无磨损轴承，将轴承转速提高到每分钟 10 万转以上。超导列车已于 70 年代成功地进行了载人可行性试验，1987 年开始，日本开始试运行，但经常出现失效现象，出现这种现象可能是由于高速行驶产生的颠簸造成的。超导船已于 1992 年 1 月 27 日下水试航，目前尚未进入实用化阶段。利用超导材料制造交通工具在技术上还存在一定的障碍，但它势必会引发交通工具革命的一次浪潮。

超导材料的零电阻特性可以用来输电和制造大型磁体。超高压输电会有很大的损耗，而利用超导体则可最大限度地降低损耗，但由于临界温度较高的超导体还未进入实用阶段，从而限制了超导输电的采用。随着技术的发展，新超导材料的不断涌现，超导输电的希望能在不久的将来得以实现。

现有的高温超导体还处于必须用液态氮来冷却的状态，但它仍旧被认为是 20 世纪最伟大的发现之一。

二、超导技术

（一）超导输电——打造"无损能源通道"

当今社会，电力的重要性已不容置疑。然而，远距离输电电力损耗大得惊人。数据显示，我国输配电损耗占到全国发电量的 6.6% 左右，其中大部分为输配电线的电阻损失。发展超导输电技术无疑是解决大容量输配电损耗困局的一个潜在途径。

超导输电技术是利用高密度载流能力的超导材料发展起来的新型输电技术，超导输电电缆主要由超导材料、绝缘材料和维持超导状态的低温容器构成。超导材料的载流能力可以达到 100~1000 安 / 平方毫米，大约是普通铜或铝等材料的 50~500 倍。超导电缆输电的损耗几乎为零，交流输电时存在一定的交流损耗，输电总损耗可以降到常规电缆的 25%~50%。

目前超导电缆输电技术研究已经取得重要进展。超导输电的输送容量远远超过传统的架空输电线路和充油电缆输电线路，也大于充气输电管道和低温低阻电缆输电。科学家测算，如果在发电、输电、配电等环节都采用超导电力技术，那么电能资源总效率将提高大约 5% 左右。目前，我国的电能还主要来源于燃煤发电。超导电缆输电不仅能够降低电网的损耗，而且还能降低污染物的排放量，因此其应用前景十分看好。同时，采用超导输电还可以简化发电机、变压器和电动机等的热绝缘，并保证输电的稳定性和安全性。

（二）超导磁体——身手不凡的"魔块"

超导技术一个很重要的途径就是用超导材料制作磁性极强的超导磁体。超导磁体实际上就是一个闭合的超导线圈，采用超导线材或者带材绕制而成。当给超导线圈通上电流之后，可以维持较强的稳恒磁场。超导磁体相较普通的磁体具有体积小、稳定度高、耗能少等多种优势。

在核聚变能的研究中，超导磁体是托卡马克装置的关键核心。粒子加速器的进步在一定程度上也依赖于超导磁体的水平。从北京正负电子对撞机到欧洲大型强子加速器，其加速磁体和探测器都采用了超导磁体。粒子加速器的超导磁体，可以增强粒子的偏转和集束能力，从而大大缩短加速器通道的长度。

将超导磁体应用于发电机而制成的超导发电机，单机发电容量可以比常规发电机提高 5~10 倍，而整机重量和体积却分别减少 1/3 和 1/2，整机发电效率提高 50% 左右。军用舰艇和飞机使用超导发电机，可以提高它们的战斗力。

超导磁悬浮列车是超导磁体应用的又一个典型案例。与常导磁悬浮技术相比，超导磁悬浮列车将更为高速、稳定和安全。由于超导磁体可以通过很大的电流，因此产生的磁场要比常规磁体更大。同时，由于超导磁体几乎没有电阻，因此一次通入电流励磁之后撤掉电源，只需维持其低温工作环境以保证其不失超即可。这样一来，超导磁体重量轻、体积小、能耗低、效率高的优势就表现出来了。

（三）超导储能——没有损耗的"储能容器"

超导储能是建立在超导技术基础之上的一种先进的储能方式，具有很好的发展前景。超导储能可以把能量储存于超导线圈的磁场当中，从而通过电磁之间的相互转换来实现储能装置的充电和放电。因此，超导储能在功率输送时不需要进行能源形式的转换，具有响应速度快、转换效率高、比容量大等特点。

超导储能的基本工作过程简单来说就是把一个超导体圆环置于一个特定的磁场当中，然后把其温度降至超导体圆环材料的临界温度以下。当把电网中的多余电能储存在这个超导体圆环之中的时候，即便是撤去磁场，圆环中仍会有感生电流产生。因此，只要温度保持在临界温度以下，电流就会不断地持续下去。可以持续多久呢？有资料显示，这种电流的衰减时间不低于10万年。不过，持续维持线圈处于超导状态所需的低温，代价却不小，这就限制了超导储能技术的应用。超导储能技术未来的普及还有赖于高温超导材料的开发。

（四）超导限流——不会断电的"保险丝"

短路电流是困扰电力系统的难题之一，在大容量电力系统中，短路电流有时可达数万安培，因此会对电力系统的正常运行造成严重的影响。高温超导限流器可以快速、平稳、有效地限制输电线路的短路电流，从而解决输电网安全稳定运行的关键技术难题。

高温超导限流器通过超导态与正常态的转变特性来限制电力系统中的短路电流。超导体的优势之一在于它的零电阻特性，因此用它输电可减少电能的损失；超导体的优势之二是具有超导态-正常态转换特性，高温超导限流器就利用了这样一个特性，即在从无阻态（超导态）向电阻态（正常态）的转变中达到限流的目的。

我国科学家研制的高温超导限流器，并入电网运行已取得满意的效果，标志着我国成为继瑞士、德国、美国之后的第4个拥有该技术的国家。高温超导限流器相当于给电网装上不用断电的"保险丝"。

（五）超导计算机——更快、更稳、更节能

超导的魔力是不可估量的，超导计算机就是孕育在"超导大树"上的一个"胚芽"。

基于半导体技术开发的电子计算机，唱主角的是硅集成电路。随着集成电路集成度的提高，进一步提高计算机的性能和速度已经遭遇到"瓶颈"。要进一步提高计算机的运行速度，必然会造成芯片的发热，而这些热量又对集成电路产生不良的影响，甚至还会使芯片发生损坏。如果用超导材料作为未来电子计算机的构成元件，那么发热问题自然就迎刃而解了，速度的提升也就是顺理成章的事了。

英国物理学家约瑟夫逊曾因发现"约瑟夫逊效应"而获得1973年诺贝尔物理学奖，他的发现开启了超导应用的新境界。如果利用超导材料先制成超导开关器件和超导存储器，那么就可以再利用这些器件来制造超导计算机。我们知道，在特定的温度条件下，超导体的电阻会消失为零，因此超导器件是零能耗的，这就意味着人们不用再为CPU温度过高发愁了。

未来的超导计算机的运行速度可达到每秒几十亿次，而电力消耗也只是传统电子计算机的千分之一。超导计算机不仅具有卓越的运算速度和节能品质，而且还能够让我们获得性能稳定、图像清晰的新体验。不过，关于超导计算机的研究还处于初步阶段，真正的商业化应用还将得益于常温超导材料的进一步突破。

（六）超导医学——更清、更准、更实用

从超导的应用领域来看，生物科学和临床医学将是吸纳超导科技成果的重要领域。目前在临床医学中广泛采用的超导核磁共振层析成像仪，大都采用超导磁体技术。其中的超导磁体可以在一个较大的空间内产生一个均匀的强磁场，从而使其具有体积小、功耗低、分辨率高等特点。

在生物体内，某些元素的自然含量往往很低，要获得非常清晰的共振谱信号，必须提高背景磁场的强度。科学家把超导磁体应用于核磁共振原理，开发出来的超导核磁共振层析成像仪，为图像清晰度的提高创造了条件，可对人体内部的结构进行精细的分析，据此判断人体组织是否发生病变。

随着超导技术向医学领域的渗透，一系列新型高精度测量仪器不断面世。利用"约瑟夫逊效应"制成的高灵敏度磁强计，可以精确测量人体的心脏跳动和人脑内部的磁场变化。科学家发明的射频超导量子干涉器，具有更高的灵敏度，能够排除地磁的影响，因此是测量人体磁图的理想仪器。利用射频超导量子干涉器可以测量出心、脑、眼等部位的磁图，从而指示出人体心、脑、眼等部位的生理和病理状态。

超导技术在生物医学领域的广泛应用，还进一步拓展了科学家的思路。有科学家提出利用超导技术治疗癌症的设想，其基本思路就是阻断局部癌变组织的营养供应，从而最终达到根治癌症的目的。为了实现这个目标，可以把超导磁体作为一个工具，来诱导一种特殊的"铁剂"在人体血液内进行流动，并准确地移动至癌变部位。然后阻塞癌变部位周围的血管，使肿瘤组织坏死，从而达到治疗的目的。由于超导磁体在人体的表面，并可以通过控制电流的方法来控制磁场的大小，同时超导磁体中没有热量的产生，对人体没有危害。

三、超导技术在未来电网中的应用

（一）未来电网所面临可再生能源发展带来的挑战

近年来，可再生能源得到了突飞猛进的进步，随着我国经济的高速发展使得电力需求日益扩大，这就使得人们认识到可再生能源的潜在力，它的主要利用方式就是发电，它也逐步使得化石能源退出历史舞台，因此，可再生能源发展对未来电网带来了严重的挑战，集中体现在以下几点：首先，常规电气设备占地大，而我国的人口密度很高，电网建设就面临着挑战；其次，我国电力网络损耗严重，因此需要提升电网的效率与降低损耗，减少远距离输送带来的传输损耗；再者，电网安全稳定性与不可预知性会导致用电事故的频发，这就需要充分整合各种绿色资源的时空互补性；最后，一般负荷中心与蕴藏丰富可再生能源地域的距离都比较远，这就使得大容量传输电力有广阔的发展前景，如果缺少新型的

电力输送技术，就会激化用地矛盾。

（二）超导技术的科学内涵与基本知识

1. 超导体的三种显著特性

这里对超导技术在未来电网中的应用进行探究分析就必须要熟知超导体的三种显著属性，主要有以下三种：一是约瑟夫森效应，它的与众不同就在于它的电子隧道效应不一样，它的应用范围主要集中在微弱电磁场测量等区域，更多的是超导电子学；二是零电阻，电子在高速运转中会与各种杂乱无章的原子发生摩擦撞击而无秩序且加剧能量的损耗，这就是所谓的电阻，一般情况下，温度的高低决定着电阻的大小，电子的运动方向在没有外加电场的干扰之下是没有方向性的；三是迈斯纳效应，它指的是超导体内部的磁场感应强度是零，它更多的应用于磁屏蔽与磁悬浮等领域中，此外，超导体还有三个临界值，即临界磁场、临界电流密度、临界温度。

2. 实用超导线材

超导技术的典型优势就是可以为我国的电网系统提供大容量与低损耗的电能流量，并能同时确保电力远距离传输的安全稳定性，而这都是与实用超导线材有着密不可分的联系，实用超导线材分为低温超导线材、高温超导体、超导线材中的交流损耗。首先，高温超导体是有陶瓷性质的金属氧化物超导体，它多分布于液氮温区，它的交流损耗与拉伸性都比较好，还可以统筹兼顾好临界磁场强度、资金成本、机械性能三者之间的动态平衡；其次，低温超导线材能提高超导的安全稳定性，它是若干根单股线绞合成通电容量更大的实用导体，加强了机械的强硬度；再者，超导线材中的交流损耗能防止细丝间的超导接触进而削弱电磁耦合，将超导体的几何尺寸控制在合理范围之内。

3. 超导体内部的电磁特性

所谓的超导体内部的电磁特性也在超导技术中发挥着重要的作用，主要集中表现在以下四个方面：第一，磁滞损耗，磁滞损耗在超导体中往往与导体几何尺寸的大小成正比例关系，磁滞是因为钉扎力而促使磁通量发生变化进而妨碍超导体的正常运转；第二，磁通运动与磁通运动阻抗，磁通线在洛伦兹力的作用下运动而感应出电势，超导材料的固有参数直接关乎着磁通运动阻抗的大小，如果阻抗过于激烈就会不利于超导态的稳定并产生热量；第三，第一类与第二类超导体，前者在外加磁场小于临界磁场时会难以进入超导体，后者在下部临界磁场大于外加磁场时会使磁化率逐步降低为零；第四，磁通跳跃与钉扎，借助于人为来制造缺陷可以有效防止磁通运动的活跃性，进而确保超导技术在电网中的电磁力平衡。

（三）超导技术在电网系统中的应用

1. 超导储能器与超导电机

针对超导技术在电网系统中的应用来讲，应用最为广泛的就是超导电机与超导储能器，二者共同为超导技术的高质量运转添砖加瓦。超导储能器指的是在电网出现波动时而反馈出来的释放能量信号，这极大地有利于增强电网系统的静态稳定性与系统电压，经过科学的调查研究资料显示，美国某些区域已经广泛应用了小型超导储能器，最终的结果是可以很好地解决电压不平稳的问题，进而消除大功率低频振荡的威胁。超导电机鲜明的优势就在于改善电网系统的稳定性，它与发电机的电抗成正比例关系，它还能释放出较高的发电效率，有助于提升定子绕组的绝缘水平，将电能耗损管控在合理范围之内，加大地节约了国家电网的资金建设成本，值得深入推广使用。

2. 超导限流器与超导变压器

就超导技术在电网系统中的应用来讲，另一大突破就是超导限流器与超导变压器，一方面，所谓的超导限流器就是一个次级绕组短路的变压器，它释放出来的磁通能够全部消除初级绕组释放的磁通，这会在一定程度上极大的限制短路电流，它的主要功能就是在有安全故障时能灵敏的截断电流，在日常的运营中降低损耗，进而良好的确保短路电流维持好电网系统的稳定性。另一方面，超导变压器的使用寿命受到温度的牵制，温度越高使用寿命越低，承载能力也就越差，一般情况下，超导变压器是把铁芯与绕组全部放到液氮容器之内并借助于流动制冷剂来实现超导技术在电网中的应用。

（四）提升超导技术在未来电网应用中质量的有效策略

1. 进一步大幅度降低高温超导材料的价格

要想从根本上提升超导技术在未来电网中的应用质量，首先就是要进一步大幅度的降低高温超导材料的价格成本，因为它的价格往往是其他材料的十倍，这就使得它的推广普及应用力度难以得到有效的支持与，高温超导材料本身存在的安全稳定性、运行维护平衡性都比较的差，希望相关的专业技术人员能对此引起广泛的关注与重视，积极采取及时有效的措施予以解决。与此同时，相关的领导者还应该注重对超导技术人员整体素质水平的提升，始终从专业理论知识与实践操作技能为出发点与落脚点，全面促进我国超导技术在各个领域的应用发展。

2. 提高辅助设备与超导材料的临界温度

首先，所谓的提高辅助设备就是提高超导材料的临界温度，极大地有利于促进电网系统中的制冷与低温效果更加便捷高效，先进发达的机械设备不仅能提高工作效率，还能降低电网设备的故障损坏率与停机安全事故率，进而确保超导技术能在未来电网中长期稳定的运转，促进经济的可持续健康发展。其次，所谓的提高超导材料临界温度就是尽可能的降低资金成本的投入，因为往往运行温度与资金成本成反比例关系，也会充分体现出超导电力设备的综合效率，还应该全面提升超导技术的改革创新，进而为电力企业提供较高质量的电力供应，确保广大居民用户的用电安全与稳定。

第四节 控制仿真决策技术

一、智能电网控制中心技术的未来发展

（一）世界智能电网控制中心技术的发展历程

谈到智能电网控制中心技术的发展，不得不先介绍早期的数据采集和监控系统。20世纪50年代，在对发电机有效功率和线路潮流的实时采集过程中，采用了模拟通信技术，通过此技术，调度员采用模拟计算机对负荷频率进行控制。随后60年代，数字计算机出现并应用于电力系统，许多的远程终端单元被开发出来，它们主要用于对电压、功率和开关状态进行实时监测，然后采集相关信息并从专门线路传输到中央计算机进行控制与处理，形成了早期的数据采集和监控系统。到20世纪70年代，由于科学技术的进步，人类思维的转变，控制中心的发展更加完善，功能逐渐增多。到90年代，随着欧美等发达国家对电力行业的改革，是控制中心的发展达到空前庞大的规模，相关技术标准被制定，为智能电网控制中心技术的全面发展铺平了道路。

近年来，我国科研工作者在电力系统控制方面的不断探索与创新，取得了许多的科研成果，提出电网实时安全预警系统、三维协调的新一代电网控制管理系统，实现自动预警和自动决策、提出基于网格服务的理念，对未来电力系统控制中心进行了概念设计等，促进调度控制中心的功能进一步发展。

（二）当前智能电网控制中心的发展面临的难题

1. 发电原料的多元化发展对智能电网控制中心的功能要求改变

当前，由于环境保护意识的增强，人类对可再生资源的利用已经有了很多的研究，电力行业作为节能减排优先控制行业，采用相关技术，利用可再生能源作为电力来源的发电企业越来越多，促使了电源结构朝着合理的方向发展。不过，目前利用可再生能源进行发电，对发电过程中的间歇性问题仍未解决，制约了相关利用可再生能源发电的电力企业的并网能力相对偏低。为了解决这个问题，现在研发出了一种微型电网，该电网采用了一种新的分布式能源组织方式，整合了分布式发电的优势，削弱了分布式发电方式对电网的负面影响。同时，该微型电网对传统配电网的单向性进行了颠覆，将传统电网由单一的辐射网变成了多源的复杂网络。为了更好地协调此类电网，智能电网控制中心必须具有强大的协调能力。

2. 智能控制中心调控集成能力面临的问题

智能电网的社会效益想要得到良好的发挥必须要借助灵活的市场。智能电网的发展与

多元化的能源和资源有密切关系，需要市场环境的支持。想要提高能源利用效率，可以借助高速双向通信和市场工具，采取实时电价的方式，快速反应电力供求关系，达到刺激各类资源积极参与电网的调控。用户之间通过此种方式参与电网调控，使电力市场交易主体从单向发展为多元化。普通的用电者，从单一的电力消费者转变为电力消费与电力供给的复合体，使得用户在选择消费时段、消费电力时具有更大的自主性，并且在消费过程中还可向电网回馈电力。由于主体的多元化，对智能电网控制中心技术实时调度能力及灵活性提出了更加积极的要求。同时，在此过程中由于竞争市场环境的影响，要求电力公司不得不实施精细化的管理与调控技术，降低企业成本，提高能效。在智能电网的控制中，要对全网设备进行实时监测，并通过相关数据分析软件及显示界面来展示相关检测结果，帮助控制人员了解相关设备的运行状态。因此，对智能电网的调控能力和管理能力提出了更高的要求，智能电网控制中心的数据处理意见存储能力均应得到提高，控制中心的集成性也应提高。

（三）智能电网控制中心技术未来的发展方向

1. 智能电网的控制形态转变

自 20 世纪 90 年代以来，电力系统控制能力提升的动力主要来源于信息技术的进步。智能电网采用将智能芯片植入电力设备，通过特有的网络互联，形成灵活有效的互动型的智能系统。

信息网和电力网在此系统中得到了较好的集成，但是在此过程中，信息流的分配与管理也是一个重要问题。在智能电网中，用电者既是电力资源的消费者也是电力资源的生产者，传统模式的单向电力流变成了双向甚至是多向流，电力流的协调控制在此过程中极其重要。智能电网控制中心必须要采取相应办法，转变控制形态，提升处理能力。现阶段物联网技术和云计算技术的发展对智能电网控制技术的未来发展提供了一定的方向，未来在智能电网的控制中，可以采用基于物联网和云服务的新型控制形态。

2. 智能电网控制中心快速仿真决策技术

当前，快速仿真决策技术较好地解决了传统型的预防性质的控制性静态安全分析和安全对策决策系统方向单一，响应时间慢的缺点。同时，该系统也对以基于 PMU 的广域测量系统有了进一步的发展，在该系统中增加了故障发展的仿真预测，并能对事态控制提出相应方案，供调度员在紧急状态中有决策支持。从当前的发展情况来看，快速仿真决策技术定会在智能电网控制中心中得到重要应用。

3. 智能电网控制中心采用知识综合决策支持技术

当前，我国智能电网的快速发展，需要处理的信息量和数据量不断增多，同时，各信息和数据之间的联系越来越紧密。因此，如何对这些有关系的海量信息和数据进行及时有效的处理与分析，方便控制与调度，将是未来智能电网控制中心发展的重要方向。采用知识综合决策支持技术能较好地解决这一问题，所以其未来在智能电网控制中心可能会广泛应用，发展潜力较大。

二、智能电网对控制技术的要求

目前，由于各国根据自身国情对智能电网的需求和考虑不尽相同，智能电网尚未有一个统一、明确的定义。在美国，智能电网的提出源于传统电网在供电可靠性方面的差距以及对信息产业提振的需求，因此，其智能电网强调信息技术的应用。欧洲诸国及日本则主要从可再生能源发展需求角度提出智能电网，其特征在于电网对可再生能源发电的兼容性。中国则依据自身电网发展的规律，提出坚强智能电网的概念，突出跨区域资源优化配置和能源多元利用的特色。

通过对比分析欧美国家对智能电网的定义，可以总结出智能电网具有以下特征。

1. 自愈。实时掌握电网运行状态，预测电网运行趋势。及时发现、快速诊断故障隐患和预防故障发生；故障发生时。在没有或少量人工干预下。能够快速隔离故障、自我恢复。避免大面积停电的发生。

2. 兼容。电网能够同时适应集中式发电和分布式发电模式，实现与负荷侧的交互，支持各种清洁、绿色、可再生能源的接入，满足电网与自然环境的协调发展。

3. 优化。优化发电、输电、配电与用电等各个环节，提高能源的利用效率，降低运行、维护和投资成本。

4. 互动。实现与用户的智能互动，有效开展电力交易，实现资源的优化配置，提供最佳的电能质量和供电可靠性。

5. 集成。实现监测、控制、保护、维护、调度和电力市场管理等数字化信息系统的全面集成，形成全面的辅助决策体系。

为实现具备上述特征的智能电网，必须满足下述控制方面的要求：在初期就能检测电网问题并实施校正措施；接受更大量的数据信息并做出响应；系统能够快速恢复；迅速适应电网变化并进行拓扑重构；为运行人员提供高级的可视化辅助系统。

智能电网的最终目标是有效整合并综合利用电力系统的稳态、动态、暂态运行信息，实现电力系统正常运行的方式转换、在线监测、优化、预警、动态安全分析，紧急状态下的协调控制，事故状态下的电网故障智能化辨识及其恢复等功能。

随着可再生能源电源装机的增加，动态频率问题、局部有功功率不平衡问题尤为突出。基于电力电子技术和储能技术采用广域监测与控制，将成为解决规模化可再生能源发电并网问题的重要技术手段。可再生能源应用的另一种重要方式为，小容量、低电压、大数量分散设置于用户或负荷附近，形成分布式电源应用方式，这种方式包括负荷波动与可再生能源电源出力波动的双随机过程。电压偏差、电压波动与闪变等电能质量问题突出，并网支路的潮流变化大，对主网的不利影响明显。为此，人们提出在区域电网与主网连接处并联设置储能装置，通过与分布式电源区域内其他电源的协调控制，构成相对稳定的局部小电网或微电网，再与主网连接，实现分布式可再生能源有效控制和利用。

分析电力系统在扰动下的动态行为、确定适当的对策、预防事故的发生或避免事故的扩大是智能电网控制的核心内容之一。信息与通信、智能分析技术及电力电子技术的发展促进了智能电网控制决策技术的进步和控制能力的提高。

三、智能电网控制相关技术及其发展

智能电网控制的实现远非只是控制技术自身的问题，信息与通信、电力电子、储能、仿真与试验等技术是实现智能电网控制不可或缺的技术，以下主要针对这些技术，论述其特性及发展趋势。

（一）信息技术

建立功能强大、高度融合的信息系统是实现智能电网的基础。高速、双向、实时、集成的通信系统使智能电网成为一个动态、实时信息和电力交换互动的大型基础设施。当通信系统建成后，智能电网通过连续不断地自我监测和校正，应用先进的信息技术，实现其自愈特征。信息系统还可通过监测各种扰动，重新分配潮流，避免事故的扩大。高速双向通信系统使得各种不同的智能电子设备、智能表计、控制中心、电力电子设备及其保护系统，以及用户进行网络化的通信，提高对电网的控制能力和服务的水平. 对于通信技术而言，需要重点发展两个方面的技术：开放的通信架构，使之形成一个"即插即用"的环境，保证电网元件之间能够进行网络化通信；统一的技术标准，使所有的传感器、智能电子设备及应用系统之间实现无缝通信，也就是信息在所有这些设备和系统之间能够得到完全理解，实现设备和设备、设备和系统之间、系统和系统之间的互操作功能。

光纤通信技术和无线通信技术构成未来智能电网的基本通信方式，电力线路载波及电力特种光缆将获得一定程度应用。光纤通信技术中的复用技术、长距离传输技术、自动交换光网络技术、分组传送网技术等将成为该领域的重要技术发展方向。传统的数字微波通信还将作为电力系统的主要通信方式，另外卫星通信、移动宽带通信也将在业务辅助支持领域获得应用。

参数量测技术是信息系统的感知环节，是实现智能电网控制功能的基本组成部件，先进的参数量测技术获得数据并将其转换成数据信息，以供智能电网的各方面使用。通过参数量测可以评估电网设备的健康状况和电网的完整性，进行表计的读取、消除电费估计、管理用电、减轻电网阻塞以及实现与用户的沟通。通过智能电表可实现对用户相关参数的测量及控制，通过相量测量单元（PMU）、广域测量系统（WAMS）、元件动态监测、各种先进的传感器及通信技术等实现系统快速仿真、智能预控、智能恢复等功能。

空间信息技术和流媒体（stream media）技术作为当代信息技术的最新成就，将在智能电网的信息处理中发挥重要作用。空间信息技术包括地理信息系统（GIS）、遥感技术及全球定位系统（GPS）。流媒体技术则指在互联网中使用流方式传输技术的连续时基媒体。

信息技术应用中，结合电力系统的知识获取与数据挖掘、数据仓库与在线联机分析处理将构成智能电网中信息处理的关键内容和技术难点。

（二）电力电子技术

电力电子设备以其灵活性、精确性和快速性，成为智能电网的有效执行单元，在智能电网控制中发挥重要作用。电力电子技术包括器件、电路与系统3个层次。其中器件的发展和应用是整个电力电子技术的基石。所谓"完美"的大功率器件到目前为止还未出现，但新的器件不断获得应用，给电能的灵活控制带来新的更好的手段。这些器件虽然特性各异。但依据控制方式可分为不可控、半控和全控器件。在过去的20多年里，电力电子器件，特别是全控型器件得到快速发展。目前市场销售的 IGBT 反向阻断电压可达 6.5KV，正向工作电流达 600a 或 5KV/2KV。4KHz/5kA 的 IGCT 已获得广泛应用。新材料、新工艺的功率器件还将不断出现，为大容量、低功耗、高频率应用提供了新的可能。

电力电子电路拓扑的发展与其应用场合密切相关，电力电子技术在电力系统中的应用，主要为处理大容量、高电压电能，对电磁兼容特性及电能质量提出了较高要求。因此，级联技术得到快速发展。实现高压大容量的级联技术可分为3类：基于器件的直接串联方式、多电平方式以及变压器多重化方式。由于静态与动态均压问题，基于器件的直接串联方式一直未得到很好应用。目前，特高压直流输电技术的发展，为大量功率器件的串联提供了技术支持，随着动态均压技术的发展，器件串联方式也将以其结构简单、控制方便、造价较低的特点获得广泛应用，基于变压器的多重化技术具有使电力电子设备与电网间隔离的作用，易于有效提高设备容量，但存在多重变压器占地大、成本高、磁非线性导致的过电压和过电流问题，因此，使其应用受到限制。多电平方式又分为二极管钳位型多电平、飞跨电容型、H 桥级联型及 DC/DC 模块级联型等多种方式。其中 H 桥级联方式基于相同的单元电路设计，易于实现模块化，已经在中压变频驱动等领域获得应用。也必将在智能电网控制设备中发挥作用。

基于高耐压、大电流、低开关损耗的电力电子器件，实现高可靠性、高灵活性的多电平拓扑及高压直流输电（HVDC）、柔性交流输电系统（FACTS）的协调控制将成为电力电子技术在智能电网中应用的难点问题，需要长期开展研究工作。

（三）储能技术

电力的特征决定了目前技术条件下，电力的产生、输配与消费必须同时完成。然而，随着电力工业的发展，这一过程面临巨大挑战：

1. 大容量火电机组、核电机组不断增加，这些机组调节特性弱，使电力系统趋于"僵直化"。温室效应的加剧和居民生活水平的提高，电化率的提高和空调负荷的增加导致负荷率逐年下降，负荷峰谷差进一步加大。负荷削峰填谷的"平准化"问题更加突出。

2. 敏感电力负荷不断增加，对供电质量的要求不断提升。自动化生产线、基于网络信息的金融系统可能因为供电短时中断或暂降等电能质量问题造成无法估量的损失。主电网灾变情况下，保证重要负荷供电的连续性显得尤为重要。

3. 可再生能源并网发电得到快速发展。太阳能、风能、波浪能等依赖于自然能的电源表现出极强的随机性。电力系统承受负荷波动和电源出力波动的双随机过程的作用，使电力系统比以往更需要基于储能技术的功率的平衡和稳定控制。

大容量可变速抽水蓄能技术得到迅速发展和应用，飞轮储能随着新材料、新工艺及超导磁悬浮技术得到普遍关注；以 NAS 电池、液硫电池为代表的新型电池得到快速发展并在电网中获得应用。一直被认为可能为电力领域带来革命性变化的超导技术也以超导磁储能系统（SMES）的形式在储能领域发挥作用，超级电容则以其功率密度大、充放电寿命周期长在小容量系统中获得应用。储能技术在一定程度上改变电能产生、传输与利用的模式，成为能量缓冲、平衡及后备的重要手段，是改变电能利用的有效途径。由于上述 3 方面的挑战突出，当今电力系统对储能技术提出更为迫切的要求，储能技术的发展正在或即将在上述 3 方面问题的解决中发挥重要作用。电动汽车作为未来智能电网必须面对的挑战，一方面对电动汽车的充电站建设提出新的要求，另一方面电动汽车电池储能作用的利用可能会对电力系统的运行与控制带来新的途径。储能技术应用过程中如何实现储能容量的优化配置、如何实现储能设备的有效利用都是未来智能电网控制中需要解决的问题。

到目前为止，廉价、高效、长寿命、环境负担小的储能设备还未出现。在未来相当一段时期内，基于新材料、新结构、新变换方式的储能技术将会得到不断发展，不同领域储能设备的融合利用将成为重要的研发方向。

（四）仿真与实验技术

电力系统仿真是指根据实际电力系统建立物理或数学模型，进行计算和试验，研究电力系统在规定时间内的工作行为和特征。电力系统仿真在电力系统规划、设计、运行、试验和培训中发挥重要作用。在智能电网环境下，HVDC、FACTS、安全稳定装置等应用于电力系统，仿真问题呈多时间尺度、强非线性、高精度的要求。一些新的仿真算法和新的仿

真平台不断出现，机电暂态 - 电磁暂态混合仿真技术能够合理模拟电力电子设备的快过程与传统机电设备的慢过程。分网并行计算则将大规模电力系统分割为若干子网络，不同子网络进行并行计算，各子网间保持合理的通信数据流量，从而实现对大规模电网的实时甚至超实时计算。随着智能电网对仿真技术要求的发展，快速仿真算法研究、仿真基础数据研究、仿真模型研究、大规模电力系统数字实时仿真研究、电网可视化技术等依然是仿真技术研究的热点问题。

试验与测试技术是检测智能电网控制策略是否有效，控制过程与结果是否满足相关标准的重要环节，也是控制设备付诸实施的必经环节。基本的试验与测试平台已经在以往的电力系统控制策略研究中发挥了重要作用。智能电网的实施对试验与测试条件提出了更高的要求。平台的智能化、柔性化与示范作用将在智能电网控制策略研究中发挥重要作用。

四、智能电网控制的实现

智能电网一方面是电气技术、新能源技术及信息技术推动力的产物，另一方面又对这

些技术领域提出新的挑战。智能电网体现了未来电网发展的愿景，其既定目标的实现主要依靠技术进步。

因此，智能电网控制技术体系融合了先进设备制造技术、信息与通信技术、标准与试验评估技术等众多技术，其中信息与通信技术是实现智能电网控制功能的"中枢神经"，电力电子与储能技术扮演智能电网控制的"执行机构"，而标准与试验评估则构成智能电网控制得以顺利实施的制度与管理层面的"保障"。

第五节　信息与通信技术

信息与通信技术（ICT, information and communications technology）是一个涵盖性术语，覆盖了所有通信设备或应用软件：比如说，收音机、电视、移动电话、计算机、网络硬件和软件、卫星系统等；以及与之相关的各种服务和应用软件，例如视频会议和远程教学。此术语常常用在某个特定领域里，例如教育领域的信息通信技术，健康保健领域的信息通信技术，图书馆里的信息通信技术等等。此术语在美国之外的地方使用更普遍。

欧盟认为信息与通信技术（ICT）除了技术上的重要性，更重要的是让经济落后的国家有了更多的机会接触到先进的信息和通信技术。世界上许多国家都建立了推广信息通信技术的组织机构，因为人们害怕信息技术落后国家如果不抓紧机会追赶的话，随着信息技术的日益发展，拥有信息技术的发达国家和没有信息技术的不发达国家之间的经济差距会越来与大。联合国正在全球范围内推广信息通信技术发展计划，以弥补国家之间的信息鸿沟。

一、智能电网及通信技术的概述

智能电网是电力系统稳定持续运行的主要支柱之一，为了保障电力体统的有效运转，智能电网应运而生。几十年前，我国的智能电网蹒跚着踏上征途，历经风雨数十载，如今已成长为立体交错的通信网。无线通信技术不断地改造和革新，使无线通信系统的特性也发生前所未有的改变。信息与通信技术是当前科技研究系统里的最热门的研究课题，一般包括无线基站、无线终端、应用管理服务器。纷繁芜杂的电力体系，因为信息通信技术的引入使实现电网智能化的难度有所降低。若想提升电网智能化的程度，首要任务是深化改革通信与信息技术，处理好智能化电网与通信技术在实际中发生的不足，只有做好两者的工作才能使智能电网运转的高效性达成目标。

二、智能电网所具有的三大特征

（一）稳定的特性

通过在传统电网基础上的革新，使现有的智能化电网的稳定程度明显有所提升，在此前提的保障下，通信传输过程保证了运转的畅通性，与此同时信息也实现了完整有效的传递。即使电力网络出现一些意外情况，也会凭借有序的应对手段保证正常群众生活和社会生产的用电，促进损失的最小化。哪怕是比较严重的事故出现，电网仍会保持运行的稳定，也不会导致电网的瘫痪后果。

（二）安全的特性

发达的自动化电子信息技术有效的渗入到智能化的电力体系当中，使电网运转过程中对所有的硬件设施实行安全高效地掌控，使安全保护的目的成为现实。实际的操作程序中能屏蔽许多威胁电网安全的因素，比如预防人为的疏忽、大意、误操作等迫使电网设备的运行暂停，或者阻断外来隐患系统入侵电网计算机系统导致的中毒，还有通过自主追踪发现事故的源头。对信息数据进行处理操作时，我们可以利用密码技术保护数据信息的安全性及完整性，阻止数据丢失和被盗取现象的发生。

（三）自愈的特性

非智能化电网在意外发生时，所有的工作数据信息都会永久的丢失，而智能化电网的自愈特性使电网的信息数据自动更新优化，一旦电力网络出现意外事故，后台操作系统会对原有信息数据进行备份恢复并传输给技术操作人员，通过数据分析、找出原因及时进行修复并恢复正常供电。即使是紧急的事故，智能化电网的自愈功能也能使其保护作用发挥到极致，这也是电网智能化的独特优势。

三、智能电网信息与通信技术的运用

作为智能电网系统的两大核心技术，信息与通信技术的运用与管理水平，将极大影响智能电网的建设、运作质量。因此电网部门与企业在运行智能电网时，应注重对信息与通信技术的运用实施，通过二者的有效利用操作，来优化智能电网的运行、管理成效。具体技术的运用要点与措施主要有以下几点。

（一）电网层级模型与体系的构建规划

智能电网本身一类结构复杂的电网系统，其系统还包含有诸多的子系统与子模块，因此在智能电网运行工作中，为了有效强化对各子系统、子规模的管理力度，提升智能电网整体运行管控效率，就需要构建智能电网的层级模型与体系，这方面首先需要智能电网管理人员，对电网系统中的各个子系统与子模块做深入的研究了解，以掌握其系统、模块的结构分布。之后管理人员还应对各系统、模块的具体功能作用与特点做细致探究与熟悉，在完全掌握到各系统、模块的功能、作用与特性后，再对这些子系统、模块做层级模型的划分与构造。电网层级模型是通信技术模块作用的前提基础，其将为整个智能电网系统的运行与功能发挥提供重要的信息通信功用。

此外智能电网管理人员还应对电网系统体系做及时的改进优化工作，智能电网是以标准体系为依据运作使用的。随着科技水平的不断进步发展，旧有的智能电网体系已逐渐落后于社会供电需求，需要对其进行体系改进以克服旧有智能电网结构的弊端与局限，依据现有电网系统的运行状况，及时调整电网体系构造。令智能电网结构趋于简单并优化其运行效率，使得电网系统始终保持高效运转的工作状态，进而确保智能电网系统的功用发挥与供电质量。

（二）电网通信网络的完善与安全防护措施的建立

近年来伴随科学技术的进步发展，智能电网所应用的信息与通信技术已发展到一个新的阶段，为确保二类核心技术的运用实施效果，智能电网还需建立一个安全、稳定的网络通信环境，并建立网络安全防护措施，保证信息与通信技术的配合与使用稳定及安全性。这方面的工作首先需要智能电网管理人员积极运用系统中的其他信息技术，将这类技术与信息通信网络做整合统筹，由此达到确保通信网络优化完善，实现网络传输安全稳定的目的，进而保证电网系统数据信息的高效、稳定处理与传输作用。其次智能电网还应建立网络防御系统等安全防护措施，防止智能电网各类运行故障与问题的出现，确保电网系统运行工作的安全度。而电网运作中的安全问题，也会导致各类系统数据信息的丢失，进而给电力用户造成巨大的经济损失。因此，智能电网管理人员在二类技术的应用过程中，还应注意制定针对性的安全管理制度，指派专人对电网网络安全予以维护管理，以避免信息与通信技术在应用中所遇的安全风险隐患，保护系统网络不受外部侵入影响，确保其系统的正常运行与工作。

四、关于智能电网信息与通信技术问题

（一）层次模型

智能电网中涉及的层次模型包含设备层和网架层、管理层与应用层等，此环节中产生的通信技术问题主要为软硬件问题、信息转换问题。例如：若智能电网设备层出现硬件问题（计量表），则难以完成数据采集工作，从而对整体化模型数据通信造成影响；若为计量表软件问题，则可出现采集数据、输出数据不相符的局面；若为计量表线路故障，无法实现数据传递的目的。由此可见，倘若以智能电网层次模型的层面，解决通信技术问题，则应对软硬件、传输设备等运行状态进行根本化判断。

（二）标准体系

从整体上来看，国内智能电网中采用的传输技术具有多元化和多样化的特点。将有线通信作为案例，现阶段我国诸多区域已全面完成光纤通信，但仅少数区域仍以铜缆线为主；无线通信中，微波通信、无线扩频通信比例基本持平。在此背景下，因通信方式的差异，使其在通信协议表述中也不尽相同，甚至还易出现传输故障，增加企业和用户双向损失。其中，国内智能电网现行通信协议涉及以下几类：ANSI C12 协议、BAC net 标准、IEEE 1588 标准（用于智能电网统计时间标准，可通过核对与计时的方式，避免测量时间混乱）、IEC 62351 标准、SONET 标准、TCP/IP 协议。

（三）信息网络

智能电网是以双向互动为基准，结合企业自动化管控的方式，对电网予以标准化且严格化管理。由于电力传输具有覆盖面广、需求矛盾和投入差异等特点，从而诱发智能电网、通信技术间问题的发生。为夯实智能电网运用基础，电力企业通过资本投入，虽然构建主体化智能电网，但因受到各区域主电网、子电网的限制，使其难以实现电网调度的目的。譬如：主电网由于供电需求过大，且传输量过高，若未经合理用电协调，则可出现传输拥堵问题；子电网设备设施相对薄弱，通信系统常见各类问题。

倘若从根本上解决智能电网主干道和子电网间问题，则可通过调度优算的形式，即结合广域后备的层面，以继电保护的方式，提出系统优化的构想，即若子系统在无法完成上级调度命令时，结合继电系统电力输出，依据系统故障前电压与电流值的变化，并通过静态通信，将其作用于通信设备。

（四）通信安全

由通信技术引起的智能电网通信安全问题，涉及外部威胁和内部问题两个层面。前者分为外部攻击、用户侵入两种，其中外部攻击是以高级技术者因诸多条件与原因的约束，对通信系统进行攻击，以此产生的安全问题；用户侵入主要为信息窃取行为。后者包含系统脆弱、数据备份问题。其中系统脆弱为系统主观漏洞、软件间排斥、运作故障；数据备份问题，关键在于智能电网实时数据采集、分析与存储工作，而工作人员由于长时间运作环境，而出现操作失误或行为误差，最终造成数据丢失。

若要避免该类问题的发生，可从智能电网通信系统强化的角度入手，通过系统标准统一化的形式，优化安全监测技术，以此判断通信系统是否存在外部威胁与内部问题，并经数据强制备份的手段，以防数据丢失与损坏问题。

第三章　新能源发电及并网技术

第一节　大规模新能源发电

新能源一般是指在新技术基础上加以开发利用的可再生能源，包括太阳能、生物质能、风能、地热能、波浪能、洋流能和潮汐能等。此外，还有氢能等；而已经广泛利用的煤炭、石油、天然气、水能、核裂变能等能源，称为常规能源。新能源发电也就是利用现有的技术，通过上述的新型能源，实现发电的过程。

一、能源开发与利用

（一）能源资源

能源资源包括煤、石油、天然气、水能等，也包括太阳能、风能、生物质能、地热能、海洋能、核能等新能源。纵观社会发展史，人类经历了柴草能源时期、煤炭能源时期和石油、天然气能源时期，目前正向新能源时期过渡，并且无数学者仍在不懈地为社会进步寻找开发更新更安全的能源。但是，目前人们能利用的能源仍以煤炭、石油、天然气为主，在世界一次能源消费结构中，这三者的总和约占93%。

能源按其来源可以分为下面四类：

第一类是来自太阳能。除了直接的太阳辐射能之外，煤、石油、天然气等石化燃料以及生物质能、水能、风能、海洋能等资源都是间接来自太阳能。

第二类是以热能形式储藏于地球内部的地热能，如地下热水、地下蒸汽、干热岩体等。

第三类是地球上的铀、钍等核裂变能源和氘、氚、锂等核聚变能源。

第四类是月球、太阳等星体对地球的引力，而以月球引力为主所产生的能量，如潮汐能。

能源按使用情况进行分类，凡从自然界可直接取得而不改变其基本形态的能源称为一次能源；凡从自然界可直接取得而不改变其基本形态的能源称为一次能源。

在一定历史时期和科学技术水平下，已被人们广泛应用的能源称为常规能源。那些虽古老但需采用新的先进的科学技术才能加以广泛应用的能源称为新能源。凡在自然界中可以不断再生并有规律地得到补充的能源，称为可再生能源。经过亿万年形成的，在短期内无法恢复的能源称为非可再生能源。

（二）资源的有效利用

在能源资源中，煤炭、石油、天然气等非再生能源，在许多工业、农业部门和人民生活中既能做原料，又能做燃料，资源相当紧缺。因此，如何优化资源配置，提高能源的有效利用率，对人类的生存繁衍、对国家的经济发展都具有十分重要的意义。人类生产和生活始终面临着一个无法避免的和不可改变的事实，即资源稀缺。即使人类需要的无限性和物质资料的有限性，将伴随人类社会发展的始终。

电能是由一次能源转换的二次能源。电能既适宜于大量生产、集中管理、自动化控制和远距离输送，又使用方便、洁净、经济。用电能替代其他能源，可以提高能源的利用效率。随着国民经济的发展，最终消费中的一次能源直接消费的比重日趋减少，二次能源的消费比重越来越大，电能在一次能源消费中所占比重逐年增加。目前，我国电力的供给仍不能满足国家经济的发展、科技的进步和人民生产、生活水平的提高对用电日益增长的需求。

我国的现代化建设，面临着能源供应的大挑战。为了缓解目前能源供应的紧张局面，我们要在全社会倡导节约，建设节约型社会。节约用电，不仅是节约一次能源，而且是解决当前突出的电力供需矛盾所必需的。节电是要以一定的电能取得最大的经济效益，即合理使用电能，提高电能利用率。即使电力丰富不缺电，也应合理有效地使用，不容随意挥霍。根据同情我国制定了开源节流的能源政策，坚持能源开发与节约并重，并在当前把节能、节电放在首位。在开源方面要大力开发煤炭、石油、天然气，并加快电力建设的步伐，特别是开发水电。能源工业的开发要以电能为中心，积极发展火电，大力开发水电，有重点、有步骤地建设核电，并积极发展新能源发电。在节能方面则是大力开展节煤、节油、节电等节能工作。节电的出路在于坚持科学管理，依靠技术进步，走合理用电、节约用电、提高电能利用率的道路，大幅度地降低单位产品电耗，以最少的电能创造最大的财富。

二、新能源发电

（一）新能源之水力发电

水能是蕴藏于河川和海洋水体中的势能和动能，是洁净的一次能源，用之不竭的可再生能源。我国水力资源丰富，根据最新的勘测资料，我国水能资源理论蕴藏量达6.89亿千瓦，其中技术可开发装机容量4.93亿千瓦，经济可开发装机容量3.95亿千瓦，居世界首位。截至2012年底，全国总装机容量为11.4亿千瓦，其中水电装机容量突破2.49亿千瓦，占全国总装机容量的21.83%。

水电站是将水能转变成电能的工厂，其能量转换的基本过程是：水能—机械能—电能。

在河川的上游筑坝集中河水流量和分散的河段落差，使水库1中的水具有较高的势能，当水由压力水管2流过安装在水电站厂房3内的水轮机4排至下游时，带动水轮机旋转，水能转换成水轮机旋转的机械能；水轮机转轴带动发电机5的转子旋转，将机械能转换成电能。这就是水力发电的基本过程。

水的流量和水头（上下游水位差，也叫落差）是构成水能的两大因素。按利用能源的方式，水电站可分为：将河川中水能转换成电能的常规水电站，也是通常所说的水电站，按集中落差的方法它又有三种基本形式，即坝式、引水式和混合式；调节电力系统峰谷负荷的抽水蓄能式水电站；利用海洋能中的水流的机械能进行发电的水电站，即潮汐电站、波浪能电站、海流能电站。

水力发电主要有以下特点：

1. 水能是可再生能源，并且发过电的天然水流本身并没有损耗，一般也不会造成水体污染，仍可为下游用水部门利用。

2. 水力发电是清洁的电力生产，不排放有害气体、烟尘和灰渣，没有核废料。

3. 水力发电的效率高，常规水电站的发电效率在 80% 以上。

4. 水力发电可同时完成一次能源开发和二次能源转换。

5. 水力发电的生产成本低廉，无须燃料，所需运行人员较少、劳动生产率较高，管理和运行简便，运行可靠性较高。

6. 水力发电机组启停灵活，输出功率增减快，可变幅度大，是电力系统理想的调峰、调频和事故备用电源。

7. 水力发电开发一次性投资大，工期长。如三峡工程，1994 年 12 月开工，2003 年 7 月第一台机组并网发电。

8. 受河川天然径流丰枯变化的影响，无水库调节或水库调节能力较差的水电站，其可发电力在年内和年际变化较大，与用户用电需要不相适应。因此，一般水电站需建设水库调节径流，以适应电力系统负荷的需要。现在电力系统一般采用水、火、核电站联合供电方式，既可弥补水力发电天然径流丰枯不均的缺点，又能充分利用丰水期水电电量，节省火电站消耗的燃料。潮汐能和波浪能也随时间变化，所发电能也应与其他类型能源所发电能配合供电。

9. 水电站的水库可以综合利用，承担防洪、灌溉、航运、城乡生活和工矿生产用水、养殖、旅游等任务。如安排得当，可以做到一库多用、一水多用，获得最优的综合经济效益和社会效益。

10. 建有较大水库的水电站，有的水库淹没损失较大，移民较多，并改变了人们的生产、生活条件；水库淹没影响野生动植物的生存环境；水库调节径流，改变了原有水文情况，对生态环境有一定影响。

11. 水能资源在地理上分布不均，建坝条件较好和水库淹没损失较少的大型水电站站址往往位于远离用电负荷中心的偏僻地区，施工条件较困难并需要建设较长的输电线路，增加了造价和输电损失。

我国河川水力资源居世界首位，不过装机容量仅占可开发资源的 25% 左右，作为清洁的可再生能源，水能的开发利用对改变我国目前以煤炭为主的能源构成具有现实意义。但是，我国的河川水能资源的 70% 左右集中在西南地区，经济发达的东部沿海地区的水能资源极少，并且大规模的水电建设给生态环境造成的灾难性影响越来越受到人类的重视；而我国西南地区有着极其丰富的生物资源、壮观的自然景观资源和悠久的民族文化资源，相信在不久的将来，大规模的水电开发会慎重决策。

（二）新能源发电之太阳能发电

太阳能发电根据利用太阳能的方式主要有通过热过程的太阳能热发电（塔式发电、抛物面聚光发电、太阳能烟囱发电、热离子发电、热光伏发电及温差发电等）和不通过热过程的光伏发电、光感应发电、光化学发电及光生物发电等。目前主要应用的是直接利用太阳能的光伏发电（PV，Photo Voltaic）和间接利用太阳能的太阳能热发电（CSP，Concentrating Solar Power）两种方式。其中直接利用光能进行发电的光伏发电由光伏（PV）电池、平衡系统组成；间接利用光能是将太阳能转换成热能，由储热进行发电的太阳能热发电（光＝热 - 电），CSP 根据收集太阳能设备的布置方式可分为槽式（Linear CSP）、塔式（Power Tower CSP）和盘式（Dish/Engine CSP）三种类型。

1. 光伏发电。

光伏发电站（photovoltaic（PV）power station）是将太阳辐射能通过光伏电池组件直接转换成直流电能，并通过功率变换装置与电网连接在一起，向电网输送有功功率和无功功率的发电系统，一般包括光伏阵列（将若干个光伏电池组件根据负载容量大小要求，串、并联组成的较大供电装置）、控制器、逆变器、储能控制器、储能装置等。

并网型光伏发电系统是指将光伏电池输出的直流电力，经过并网光伏逆变器将直流电能转化为与电网同频率、同相位的正弦波交流电流，接入电网以实现并网发电功能。光伏发电的发电原理是由组成光伏方阵的光伏电池决定。光伏电池工作原理是利用光伏电池的光生伏特效应（又称光伏效应）进行的能量转换，其中光伏效应是利用半导体 p-n 结的光生伏特效应，当光照射到半导体上时，太阳光的光子将能量提供给电子，电子跳跃到更高的能带，激发出电子空穴对，电，子和空穴分别向电池的两端移动，此时光生电场除了抵消势垒电场外，还使 p 区带正电，n 区带负电，在 n 区和 p 区间形成电动势，既光照使不均匀半导体或半导体与金属结合的不同部位之间产生了电位差。这样，如果外部构成通路，就会产生电流，形成电能。

光伏电池根据其使用的材料可分为：硅系光伏电池、化合物系光伏电池、有机半导体系光伏电池。硅系光伏电池可分为结晶硅系和非晶硅系光伏电池。其中结晶硅系光伏电池又可分为单晶硅和多晶硅光伏电池。

目前比较成熟且广泛应用的是晶硅类电池。晶硅材料光伏电池优点是原材料非常丰富，可靠性较高，特性比较稳定，一般可使用 20 年以上。在能量转换效率和使用寿命等综合性能方面，晶硅光伏电池的单晶硅光伏电池在硅材料光伏电池中转换效率最高，转换效率的理论值为 24%～26%，多晶硅的转换效率略低，转换效率的理论值为 20%，但价格更便宜；同时单晶硅和多晶硅电池又优于非晶硅电池。目前大规模工业化生产条件下，单晶硅电池的转换效率已达到了 16%～18%，多晶硅电池的转换效率为 12%～14%。采用多薄层、多 p-n 结的结构形式的薄膜电池可实现 40%～50% 以上的光电转换效率，基本原理是在非硅材料衬底上铺上很薄的一层光电材料，大大减少了光电材料的硅半导体消耗，降低了光伏电池的成本。硅薄膜光伏电池由于原材料储量丰富，且无毒、无污染，因此更具持续发展的前景。

2. 太阳能热发电。

太阳能热发电，也叫聚焦型太阳能热发电（Concentrating Solar Power，CSP），与传统发电站不一样的是，它们是通过大量反射镜以聚焦的方式将太阳能光直射聚集起来，加热工质，产生高温高压的蒸汽，将热能转化成高温蒸汽驱动汽轮机来发电。当前太阳能热发电按照太阳能采集方式可划分为：槽式太阳能热发电、塔式太阳能热发电和碟式太阳能热发电。

（三）新能源发电之地热发电

地热发电是把地下热能转换成为机械能，然后再把机械能转换为电能的生产过程。根据地热能的储存形式，地热能可分为蒸汽型、热水型、干热岩型、地压型和岩浆型五大类。从地热能的开发和能量转换的角度来说，上述五类地热资源都可以用来发电，但目前开发利用得较多的是蒸汽型及热水型两类资源。

地热发电的优点是：一般不需燃料，发电成本在多数情况下比水电、火电、核电都要低，设备的利用时间长，建厂投资一般都低于水电站，且不受降雨及季节变化的影响，发电稳定，可以极大地减少环境污染。

目前利用地下热水发电主要有降压扩容法和中间介质法两种。

1. 降压扩容法。降压扩容法是根据热水的汽化温度与压力有关的原理而设计的，如在 0.3 绝对大气压下水的汽化温度是 68.7℃。通过降低压力而使热水沸腾变成蒸汽，以推动汽轮发电机转动而发电。

2. 中间介质法。中间介质法是采用双循环系统，即利用地下热水间接加热某些"低沸点物质"来推动汽轮机做功的发电方式。如在常压下水沸点温度为 100℃，而有些物质如氯乙烷和氟利昂在常压下的沸点温度分别为 12.4℃ 及 –29.8℃，这些物质被称为"低沸点物质"。根据这些物质在低温下沸腾的特性，可将它们作为中间介质进行地下热水发电。利用"中间介质"发电方既可以用 100℃ 以上的地下热水（汽），也可以用 100℃ 以下的地下热水。对于温度较低的地下热水来说，采用"降压扩容法"效率较低，而且在技术上存在一定困难，而利用"中间介质法"则较为合适。

（四）新能源发电之海洋能发电

海洋能主要包括潮汐能、波浪能、海流能、海水温差能和海水盐差能等。潮汐能是指海水涨潮和落潮形成的水的动能和势能；波浪能是指海洋表面波浪所具有的动能和势能；海流能（潮流能）是指海水流动的动能，主要指海底水道和海峡中较为稳定的水流，以及由于潮汐导致的有规律的海水水流；海水温差能指海洋表面海水和深层海水之间的温差所产生的热能；海水盐差能是指海水和淡水之间或者两种含盐浓度不同的海水之间的电位差。

海洋能发电具有以下几大特点。

1. 能量蕴藏大且可以再生。地球上海水温差能的理论蕴藏量约 500 亿千瓦，可开发利用的约 20 亿千瓦；波浪能的蕴藏量约 700 亿千瓦，可开发利用的约 30 亿千瓦；潮汐能的理论蕴藏量约 30 亿千瓦；海流能（潮流能）的总功率约 50 亿千瓦，其中可开发利用的约 0.5 亿千瓦；海水温差能蕴藏量约 300 亿千瓦，可开发利用的在 26 亿千瓦以上。

2. 能量密度低。海水温差能是低热头的，较大温差为 20~25℃；潮汐能是低水头的，较大潮差为 7~10m；海流能和潮流能是低速度的，最大流速一般仅 2m/s 左右；波浪能，即使是浪高 3m 的海面，其能量密度也比常规煤电的低 1 个数量级。

3. 稳定性比其他自然能源好。海水温差能和海流能比较稳定，潮汐能与潮流能的变化有规律可循。

4. 开发难度大，对材料和设备的技术要求高。

（五）新能源发电之生物质能发电

生物质能资源是可用于转化为能源的有机资源，主要包括薪柴、农作物秸秆、人畜粪便、食品制造工业废料和废水及有机垃圾等。利用生物质能发电的最有效的途径是将其转化为可驱动发电机的能量形式，如燃气、燃油及酒精等，然后再按照通用的发电技术发电。

生物质能发电技术的主要特点如下：

1. 要有配套的生物质能转换技术，且转换设备必须安全可靠，维修保养方便。

2. 利用当地生物质能资源发电的原料必须具有足够数量的储存，以保证持续供应。

3. 所用发电设备的装机容量一般较小，且多为独立运行方式。

4. 利用当地生物质能资源发电，就地供电，适用于居住分散、人口稀少、用电负荷较小的农牧业区及山区。

（六）新能源发电接入电网需要解决的关键技术

风能、太阳能等新能源发电具有的间歇性、波动性等特点，使得大规模接入电网后需要进行协调配合，要求电网不断提高适应性和安全稳定控制能力，降低风能、太阳能并网带来的安全稳定风险，并最终保证电网的安全稳定运行。据统计，2009 年国家电网公司系统风电装机容量达到 1700 万千瓦，其中三北电网的风电装机为 1517 万千瓦，同比增长率 93.6%；风电装机占到了公司系统总装机容量的 2.70%。由于缺乏统一规划，匆忙上马，导致在风电基地外送方面遇到了较多问题，在并网技术方面急需开展大量深入的试验研究工作。包括：

1. 建立完善的风电和光伏发电并网技术标准体系

由于我国风电和光伏发电起步较晚，在风电和光伏发电运行控制技术方面，还存在较大差距，因此需要借鉴国际先进经验，一方面是要对风电机组 / 风电场和光伏发电的调控性能提出明确的技术要求，另一方面要加快制定国家层面的并网技术导则，促进设备制造技术和运行性能的提高。

2. 建立风电和光伏发电预测系统和入网认证体系

目前，我国的风电和光伏发电实验室和认证体系建设还处于起步阶段，需要开展大量基础性工作，包括：风电和光伏发电预测理论和方法的深入研究，完善开发预测系统，并研究该系统的应用原则和方法；测试技术研究、测试标准制订和测试设备研制等等，同时要加快风电和光伏发电研究检测中心和试验基地的建设，并在此基础上尽快建立入网认证体系。

3. 加强风电场和光伏电站接入电网的系统技术研究

（1）新能源发电仿真技术。①进一步完善开发包括各类风电机组 / 风电场和光伏发电仿真模型的电力系统计算分析软件；②实现各种类型新能源发电过程的仿真建模；③仿真功能从离线向在线、实时模拟功能跨越。

（2）新能源发电的分析技术。①对大规模风电、光伏发电和其他常规电源打捆远距离输送方案、风光储一体化运行和系统调峰电源建设等问题进行技术经济分析；②对大规模风电场和光伏电站集中接入电网后的调控性能、系统有功备用、无功备用、频率控制、电压控制、系统安全稳定性等问题进行全面研究，以保证系统的安全稳定性；③突破新能源发电分布式接入运行特性的在线实时、递归、智能分析技术。

（3）新能源发电接入电网的储能技术。①对多种储能技术开展深入研究和比较分析：抽水蓄能、化学电池储能、压缩空气储能等。提高能量转换效率和降低成本是今后储能技术研究的重要方向；②目前正在建设的国家电网公司张北风光储联合示范项目，这是国内在大规模储能用于新能源接入电网的试验工程。

（4）新能源发电调度支撑技术。①实现并完善适合大规模集中接入的风电、光伏发电功率预测系统，以及分布式风电、光伏发电功率预测系统；②建立适应间歇式电源大规模集中接入的智能调度体系，掌握各种能源电力的优化调度技术；③建立适应分布式新能源电力的优化调度体系，实现含多能源的配电网能量优化管理系统，掌握微网经济运行理论与技术。

（5）新能源发电接入的运行控制技术。①掌握应对大规模间歇式电源送电功率大幅频繁波动下的大系统调频调峰广域自协调技术；大系统备用容量优化配置和辅助决策技术；②掌握大规模间歇式电源接入大电网的有功控制策略和无功电压控制技术；③掌握储能系统以及控制装置的优化控制技术；④掌握适应于新能源发电分布式接入的安全控制技术，包括通过调控将并网发电模式转变为独立发电模式的反"孤岛"技术。

（6）新能源发电的电能质量评估与控制技术。①研究新能源发电接入的电能质量评价体系和指标，提出相应的控制要求；②研究新能源发电接入对电网电能质量影响的分析方法及检测方法和治理技术；③掌握利用多种新型元器件，综合治理新能源发电接入的电能质量污染的关键技术。

（7）大规模新能源的电力输送技术。①掌握大规模新能源电力输送采用超 / 特高压交流、常规直流和柔性直流（VSC）的技术 / 经济比较分析技术；②掌握柔性直流（VSC）输电装备自主化研发、生产、工程集成与运行控制技术；提出适于大规模间歇电源的直流送出方案及控制策略；③提出大型海上风力发电接入方式及控制策略。

三、大规模新能源发电容量可信度

(一) 大规模新能源发输电系统可靠性

1. 电力系统可靠性的评估

现阶段，我国电力系统的规模相对较大，而停电事故直接影响着人们的生活与生产，因此，电力系统的可靠性得到了人们的关注，与此同时，为了提高系统的经济性与高效性，对其可靠性展开了全面的研究。

电力系统可靠性评估主要是对电力系统的相关信息进行分析，如：停电时间、停电频率与停电影响等，借助可靠性模型、可靠性指标及相关的计算方法等实现了对电力系统的研究。

当前，可靠性评估的方法主要有两种，一种为确定性方法，另一种为概率性方法，前者的计算量相对较小，并且算法具有较强的可操作性，但其缺点为系统参数具有一定的不确定性；而后者的实效性较为明显，因此，在实际计算过程中，它的应用具有普遍性。在实际计算时，具体的概率性方法有随机生产模拟与蒙特卡洛仿真法，其中蒙特卡洛仿真法主要分为三个环节，分别为系统状态抽样、状态分析与指标统计。

电力系统的可靠性研究涉及诸多的内容，如：发电系统、输电系统、配电系统等，对于不同的系统而言，对其评估的方法存在差异，该文研究的对象为发电系统与输电系统。

2. 研究的现状

在我国，新能源发电中风力发电与光伏发电扮演着重要的角色，二者的应用十分广泛，作为新能源发电形式，其优势是显著的，主要有可再生的能源、较小的环境影响，并且利于能源问题的有效解决。但在新能源并网后，二者发电功率的波动性、随机性与不可预测性等，均严重影响着电网系统的经济性、可靠性与安全性。因此，需要评估大规模新能源电力系统的可靠性。

在实际研究过程中，构建了可靠性的模型，并利用蒙特卡洛法对可靠性指标进行了计算，同时结合了风电场可靠性模型，此后对蒙特卡洛算法进行了改进，以此保证了计算效率的提高。

(二) 大规模新能源发电容量可信度

容量可信度可以称之为有效容量，它是指电源可被信用的容量。通过对电源容量可信度的研究，明确了电源容量的效益，在此基础上，可以直观的、全面的了解大规模新能源并网的综合效益。在对其进行计算时，主要的方法有解析法与仿真法两种，第一种具有一定的复杂性，而第二种的方法相对简单，因此，在大规模新能源发电容量可信度研究中主要利用了后一种方法。

在新能源应用过程中，风力发电机组在电力系统中的数量不断增多，因此，这里对风力发电技术展开了深入的研究。风力发电的特点为波动性与随机性，通过对其容量可信度的研究，使风力发电的不足得到了完善。关于风电的研究较为全面，但对于光伏发电容量可信度的研究相对较少，对其研究的类别有评估等效容量的概念、评估其有效载荷能力等。

（三）大规模新能源发输电系统的可靠性评估

风力发电与光伏发电均具有一定的不可预测性，主要是二者受原动力不可控影响，在此基础上，出力难以实现预测与控制，在大规模并网后，直接影响着系统的可靠性。在应用初期，部分人认为上述两种发电形式为完全不可靠的，但在能源危机与环境污染问题急需解决的背景下，新能源并网规模逐渐扩大，因此，在新能源并网后，对电力系统的可靠性展开了评估。

现阶段，关于电力系统可靠性的评估方法主要有两种，一种为模拟法，另一种为解析法，前者借助了蒙特卡洛模拟，在随机抽样原理的指导下，细化了蒙特卡洛法，使其形成了非序贯与序贯两种蒙特卡洛仿真，同时，它的计算主要是借助系统频率指标实现的，因此，该方法满足了大型电力系统评估的需求。后者的计算具有一定的简便性，但在系统规模不断增大的基础上，该方法的计算量不断增大，因此，该它适合小型电力系统评估的需要。

1. 评估的基础

电力系统可靠性主要是根据一定的质量或者数量标准，为用户提供不间断电力的能力，同时为了实现对此能力的衡量运用了可靠性指标。具体的可靠性评估包括安全性与充裕性。安全性可以称之为动态可靠性，它主要是指电力系统对突然扰动的承受能力，此时的扰动包括短路或者意外故障等；充裕性可以称之为静态可靠性，它主要是指保证电力系统稳态运行的基础上，对用户不间断供电能力的评估。电力系统可靠性评估主要是对发电系统与输电系统的发电容量、输电容量进行评估，此时的评估属于定量评价。

电力系统可靠性评估的方法主要有两种，一种为确定性方法，另一种为概率性方法，前者的优点为简单的算法与少量的运算，但此方法的结果误差较大，因此，不符合大规模电力系统可靠性评估的要求；后者的优点为精准的计算结果，在具体应用过程中，具体还可以分为解析法与蒙特卡洛法，前者运用了故障枚举法，后者使用了随机抽样法，其中蒙特卡洛法的应用具有一定的普遍性与高效性。

2. 蒙特卡洛仿真模型

蒙特卡洛模拟法主要是利用随机数实现了随机模拟，它借助抽样试验实现了仿真，它是统计试验方法的一种。该方法具有较强的适应性与简单性，因此满足了大规模电力系统可靠性评估的要求。

在构建蒙特卡洛仿真模型过程中，要明确其可靠性参数，主要有故障率、平均无故障工作时间、修复率与平均修复时间等。同时，对主要元件的停运模型进行构建，其中涉及的元件主要为发电机组与线路，停运模型分别为常规机组模型、风电机组停运模型、光伏阵列停运模型与线路模型等。

该文利用蒙特卡洛仿真对元件状态、持续时间等进行了采样，并获得了系统中各个组成元件的状态转移过程，此后对其进行了合并，使其构成了整个系统的状态矩阵，再利用潮流计算与统计计算，实现了可靠性指标的获取。通过计算与分析可知，新能源并网后，系统的可靠性得到了提高，此时的可靠性和新能源电源的并网有着紧密的联系。同时，风光的互补性，使风电场与光伏电站的同时接入效果明显高于单一新能源的接入效果。

（四）大规模新能源发电容量的可信度

当前，在世界范围内，均面临着严重的能源短缺与环境污染的问题，为了有效解决上述问题，对新能源展开了全面的研究，重点研究的内容为风电与光伏。在大规模新能源并网后，新能源的容量价值得到了广泛的关注。

新能源发电容量可信度可以称之为有效容量，对其评估的方法主要有两种，一种是借助被替代的常规机组容量进行计算，此方法属于等效容量法；另一种利用有效载荷能力进行计算，该方法对于风力发电与光伏发电等新能源容量可信度的计算具有高效性，它使新能源容量价值更加显著。

1. 有效载荷能力

有效载荷能力主要是指系统中新增电源后，为了促进系统可靠性的提高，使其与原电源的可靠性保持一致，此时增加的负荷值。在对有效载荷能力进行计算时，具体的方法为中断容量概率表法与中间节点法。

中断容量概率表法属于非线性计算方法，在对风电场研究过程中，以风电场中机组的强迫停运率为依据，对其进行排列组合，并对风电场出力情况下的概率进行计算，同时制定 COPT 表格，在表格制定后，对新能源的可靠性与有效载荷能力进行计算。此方法存在一定的不足，它仅关注了风电场中风机的故障情况，而未能注重输电线路的故障，在实际的输电线路故障情况下，对系统要展开潮流计算与网络拓扑判断，因此，该方法缺少适用性。

中间节点法以日负荷曲线、周负荷曲线与负荷峰值等为依据，实现了系统年负荷曲线的获取。当系统的负荷水平存在差异时，其可靠性指标也会出现相应的变化。因此，在新能源并网后，如果负荷水平不变，则系统的可靠性会得到提高。

2. 可信度

关于大规模新能源发电容量可信度的计算，其衡量指标为有效载荷能力，但在新能源并网后，系统所承担的负荷量存在差异，与常规机组相比，风电场和光伏电站二者的出力具有一定的不确定性，二者的有效容量均相对较小，但电源额定容量为确定时，其可靠性指标数值存在差异。在对大规模新能源发电容量可信度进行计算时，其方法分为两步，第一步为计算新能源多承担的负荷量；第二步为计算常规机组的额定容量。

关于新能源承担的负荷计算，其方法主要有牛顿迭代法、中间节点法与弦截法，其中弦截法的效果最为显著。因此，这里在实际计算中，运用了弦截法，其计算步骤如下：首先，对原系统的可靠性水平进行计算，并得到其负荷水平；其次，在系统中增加额定容量的新能源时，计算负荷水平未提高的可靠性指标，同时，在额定容量系能源增加后，计算负荷水平提高的可靠性指标；再次，对系统可靠性指标进行重新地计算；最后，对误差进行计算，此时要保证可靠性指标和原始可靠性指标二者间的差值要低于误差精度，同时二者的差值要高于检验条件，再利用弦截法进行求解。

通过计算明确了系统可靠性和负荷等级二者之间的关系，同时也明确了增加电源容量和系统可靠性二者间的关系。计算结果表明，新能源承担的负荷量和常规机组容量相比，二者存在一定的差距，造成此情况的原因为输电线路故障。同时新能源容量可信度、可靠性水平与系统的负荷水平有着直接的联系，如果负荷水平不同，则系统的可靠性、容量可信度等均会有所不同。因此，在实际并网过程中，要对新能源容量进行合理的选择，以此保证电网规划的高效性与可靠性。

第二节　大规模储能

一、大规模高效储能技术概述

随着风能、太阳能等可再生能源和智能电网产业的迅速崛起，储能技术已成为万众瞩目的焦点。大规模储能技术被认为是支撑可再生能源普及的战略性技术，得到各国政府和企业界的高度关注。同时，其巨大的市场潜力也迅速吸引了风投基金的目光。

（一）大规模储能技术的需求背景

1.大规模高效储能技术是实现太阳能、风能等可再生能源普及应用的关键技术

风能、太阳能和海洋能等可再生能源发电受季节、气象和地域条件的影响，具有明显的不连续、不稳定性。发出的电力波动较大，可调节性差。当电网接入的风电发电容量过多时，电网的稳定性将受到影响。目前，可再生能源发电的大规模电网接入是制约其发展的瓶颈。配套大规模高效储能装置，可以解决发电与用电的时差矛盾及间歇式可再生能源发电直接并网对电网冲击，调节电能品质。同时，储能技术在离网的太阳能、风能等可再生能源发电应用中具有不可或缺的重要作用。

2.大规模高效储能技术是构建坚强智能电网的关键

电力工业是国民经济的基础产业，为经济发展和社会进步提供了重要保障。智能电网技术是提高电力系统安全性、稳定性、可靠性和电力质量的重要技术，被奥巴马政府列为经济刺激方案的重要内容。储能技术作为提高智能电网对可再生能源发电兼容量的重要手段和实现智能电网能量双向互动的中枢和纽带，是智能电网建设中的关键技术之一。

3.高效储能系统用于高耗能企业和国家重要部门的备用电源

电解、电镀及冶金等行业，电车、轻轨和地铁等交通部门，都是集中用电大户。使用

储能电池用"谷电"对储能系统充电，在高峰期应用于生产、运营，电能的利用效率高，不仅可以减轻电网负担，还可以降低运营成本。

高效储能系统的另外一个重要应用是用作政府、医院、军事指挥部等重要部门的备用电站。在非常时期保证稳定、及时的应急电力供应。

（二）储能技术的分类

至今为止，人们已经开发了多种储能技术。主要分为物理储能、化学储能两个大类。物理储能主要包括抽水储能、压缩空气储能、飞轮储能和超导磁储能。化学储能主要包括铅酸电池、液流储能电池、二次电池（镍氢电池、锂离子电池）和钠硫电池。

根据各种应用场合对储能功率和储能容量要求的不同，各种储能技术都有其适宜的应用领域。适合于大规模储能的技术主要有液流电池、钠硫电池、铅酸电池、抽水和压缩空气储能。近几年来，随着锂离子电池技术的进步，锂离子电池也逐步向用于分散储能及规模储能领域渗透。

抽水储能是目前唯一成熟的大规模储能方式。它是指在电力负荷低谷期将水从低水位水库抽到高水位水库，将电能转化成重力势能储存起来，在电网负荷高峰期释放高水位水库中的水发电。抽水储能的释放时间可以从几个小时到几天，主要用于电力系统的调峰、调频、非常时期备用等。其突出优点是规模大、寿命长、运行费用低。但抽水储能电站的建设受地形制约，建设周期长，也会带来一定的生态问题，也受水资源的制约。因此，只能因地制宜适当发展。

（三）化学储能的优势

1. 钠硫电池储能

钠硫电池以钠和硫分别用作阳极和阴极。氧化铝陶瓷同时起隔膜和电解质的双重作用。在一定的工作温度下，钠离子透过电解质隔膜与硫之间发生的可逆反应，形成能量的释放和储存。

钠硫电池最大的特点是：比能量密度高，是铅酸电池的 3~4 倍，体积小；可大电流、高功率放电；充放电效率高。且硫和钠的原料资源储量丰富。

钠硫电池的不足之处在于：其正、负极活性物质的强腐蚀性，对电池材料、电池结构及运行条件的要求苛刻；电池的充放电状态（SOC）不能准确在线测量，需要周期性的离线度量；运行温度在 300℃ ~350℃，需要附加供热设备来维持温度；并且钠硫电池仅只在达到 300℃ 左右的温度下才能运行，由此造成启动时间很长，这在一定程度上限制了其应用。例如风力发电具有明显的季节性和随机性，在夏季风力资源不佳时，需要储能系统间歇性运行，这要求配套的储能有较好的启动特性。另外，如果陶瓷电介质一旦破损形成短路，高温的液态钠和硫就会直接接触，发生剧烈的放热反应，产生高达 2000℃ 的高温，存在严重的安全隐患。

2. 铅酸电池储能

铅酸电池是比较成熟的蓄电技术，具有价格低廉、安全性相对可靠的优点。但循环寿命短、不可深度放电、运行和维护费用高等缺点，加上失效后的回收难题，都使得铅酸电池在规模储能领域应用还有很长一段路要走。

3. 锂离子电池储能

锂离子电池分为液态锂离子电池（LIB）和聚合物锂离子电池（PLB）。其中，液态锂离子电池是指 Li+ 嵌入化合物为正、负极的二次电池。电池正极采用锂化合物 $LiCoO_2$ 或 $LiMn_2O_4$ 等，负极采用锂—碳层间化合物。

锂离子电池具有高储存能量密度，可达 200~500Wh/L，重量轻，相同体积下重量约为铅酸产品的 1/5~1/6；额定电压高（单体工作电压为 3.7V 或 3.2V），便于组成电池组。并且锂离子电池产业基础较好，这使得锂电池在车用动力电池领域备受青睐。

但锂离子电池耐过充/放电性能差，组合及保护电路复杂，电池充电状态很难精确测量，成本相对于铅酸电池等传统蓄电池偏高，单体电池一致性及安全性仍不符合要求等因素制约了锂离子电池在规模储能领域的应用。美国 A123 公司使用磷酸铁锂电池建成 1MW（0.5MWh）移动储能电站。但至今未有在大规模风电场中应用的实例。

4. 液流电池储能

液流电池是电池的正负极或某一极活性物质为液态流体氧化还原电对的一种电池。根据活性物质不同，研究较多的液流电池有锌溴电池、多硫化钠/溴电池及全钒液流电池三种。其中全钒液流电池被认为是最具应用前景的液流储能电池技术。

全钒液流储能电池具有循环寿命长（大于 16000 次）、蓄电容量大、能量转换效率高、选址自由、可深度放电、系统设计灵活、安全环保、维护费用低等优点，在输出功率为数千瓦至数十兆瓦，储能容量数小时以上级的规模化固定储能场合，液流电池储能具有明显的优势，是大规模高效储能技术的首选技术之一。2005 年，日本住友电工公司在北海道为 36MW 的风电场建造了 4MW/6MWh 全钒液流电池系统。该系统在 3 年的应用中实现充放电循环 27 万次，对于平滑风电场输出和储能发挥了重要作用。全钒液流储能电池是目前唯一一种在大规模风电场中进行了应用的储能技术。日本的示范经验表明，液流电池是最适合风力发电的储能技术。

我国大连化物所与大连融科储能技术发展有限公司联合，采用全钒液流电池实施了多项"光—储""风—光—储"应用示范工程，推动我国自主知识产权的液流电池技术进入产业化初期阶段。

但液流储能电池能量密度和功率密度低。并需要加快工程化和批量化生产技术开发，进一步降低成本、提升性能，以满足液流电池商业化需要。

（四）大规模储能系统的应用前景

循环寿命、储能效率、最大储能容量、能量密度、功率密度、响应时间、建设成本和运行维护成本、技术成熟度等是衡量各种储能技术的关键指标。在不同应用场合，关注的指标也不同。如配合风力发电应用的储能要求容量大、寿命长、建设成本和维护成本合理、并要求响应时间快。但对于电力调峰，储能的响应时间指标就不是很关键，如调峰电源的响应时间可以为分钟。因此，各种储能技术在不同领域会找到最适宜的应用。

由于我国储能行业起步比较晚，随着可再生能源的普及应用、电动汽车产业的发展及智能电网的建设，各种储能技术都面临巨大挑战和前所未有的发展机遇。加大储能研发和应用示范力度，突破关键技术；尽快明确国家的产业政策和支持措施；建立起储能产业链，推动储能行业的健康快速发展是实现我国新能源振兴和落实节能减排国策的重要保证。

二、大规模储能技术发展预测

（一）大规模储能技术发展需求

近年来，我国风电与光伏发电迅猛发展，新能源和清洁能源在总装机容量中的比例大大提高。与此同时，可再生能源的不稳定性、电网稳定运行及新能源间歇性之间的矛盾不断恶化。因此需要可再生能源同电力储能系统尽快配合起来，储能系统需要涵盖电能质量管理、过渡电源和可再生能源的周期性存放等功能。

除平抑新能源出力波动外，大规模动态和静态储能系统可以有效地防止核电机组负荷的频繁升降，一般情况下都可以确保在稳定的负荷状态下运行核电机组，将瞬时变化有效降低，确保核电机组在完好的状态下长期稳定运行。此外，储能系统也确保了在多发电状态下控制核电机组，进而有效提升核电的经济效益。

分布式发电指的是在负荷附近位置或者配电网中直接布置发电机组，从而对现存配电网的经济运行和特定用户的需求给予满足的有一种发电方式。分布式发电的特征有：同终端用户联系非常密切；容量较小，通常只有几十兆瓦；运行方式灵活，可以并网或者独立运行。在分布式发电系统中，需要电力储能系统作为应急能源及容量平衡装置。

电力系统生产和消纳的瞬时性决定了电能不可能完全储存，然而电力储能系统具有其他发电方式不具备的独特功能，例如储能系统有着较大的调峰能力，对负荷变化可以进行快速响应，从而满足削峰填谷的需求。此外，储能系统还可灵活参与频率调节、电压调节和故障启动等工作，对提高电力系统安全稳定性有十分重要的意义。

电力系统对大规模储能的需求主要包括两个方面：一是平抑风电、光伏等新能源发电的出力波动和满足分布式电源的接入要求，可以看作大规模储能系统的基础服务；二是储能系统在提高电网可靠性，提升供电质量方面的作用，比如参与系统的峰谷差调节、频率调节、电压调节等，此外还包括储能系统建设对延缓电网投资的作用，以上可以看作储能系统的辅助服务。储能系统的发展和建设要综合考虑基础服务和辅助服务两方面的需求，同时考虑全系统装机容量规模和发展速度、新能源和分布式发电接入规模和增长速度、电网规划等相关因素，制定适合的储能系统发展模型，以充分利用相应资源满足电力系统对储能装置的需要。

（二）分析技术发展方向

虽然目前几种主流的大规模储能技术都得到了相应的应用，但相对于电力系统的需求，当前的储能技术仍有很大的发展空间，未来储能技术将力争在以下两个方面获得进展：

1. 经济技术性。大规模储能技术的发展要降低建设和运营的成本，目前几种性能优良的新兴储能技术（锂电池、液流电池、超导储能）等都存在费用昂贵的问题，相比之下压缩空气储能在规模和经济性方面有着较好的平衡性，且有很大的发展空间。

2. 技术成熟性。同样的锂离子电池、液流电池和压缩空气储能等技术已经得到了应用，并且逐渐向着商业化的方向发展，然而大规模的应用还需要一段的时间，仍然需要市场与企业对它们的可靠性及成熟性进行再次检验。金属 - 空气电池、燃料电池等的前沿研究也开始步入正轨。新型储能装置在技术成熟度上还需要进一步提升和强化，这有赖于科研机构、企业和政府的共同推动。

三、大规模储能技术在电力系统中的应用

（一）在能量管理中的应用

最近几年，我国电力系统各项工作出现了较为显著的负荷峰谷差问题，这样就会增加电力生产能量管理工作的难度，建设成本管控难度增加，这时候，削峰填谷显得越发重要。为了满足用电高峰期的供电需求，可大规模应用高效储能系统，提升电力设备和电力能源利用率，减小用电负荷峰谷差，通过低储高发优化电力产业效益。

（二）在提升电力系统稳定性中的应用

只有不断提升电力系统的运行稳定性，才能有效推动电力行业的长远发展，电力系统工作效率容易受到很多因素的影响，从而造成功角振荡、电压失稳等不稳定事件。应用储能技术，能够有效解决上述问题，通过储能充电时间及交换功率的控制，快速平抑系统的振荡，通过阻尼系统振荡，切实提升系统运行稳定性。

（三）在提高电网对新能源接纳能力方面的应用

要想进一步满足电力系统的发展要求，我们重点研究了一些新型能源发电模式在电力系统中的应用，太阳能发电及风力发电等不稳定的发电形式被纳入电力系统中，使得电力能源生产平稳性受到影响。为了提升新能源供电的可靠性，可增加储能装置，高效储存电力能源，借此缓冲新能源对电网运行平稳性造成的冲击，让电力系统中能够接纳更多的大容量风电场及光伏电站，有效降低分布式发电及微电网的管控、调度难度，促进电力生产的多样化发展，使得可再生能源的可利用性增加。

（四）在电力系统调频服务工作中的应用

充分发挥大规模储能技术的自身作用，能够有效提升电力系统调频服务工作水平，还能有效提升电力生产质量。在现代化电力框架中，储能技术由于快速响应特性被应用于电

力调频领域，有效提升了这项工作的效率及精准度，在这一过程中，储能技术发挥了平抑电源、负荷波动的作用。现阶段，美国在应用储能技术提供调频服务方面的技术体系是最为阐述的，经实践其投资得到了合理的回报，为其商业化应用提供了数据支持。

四、国内最大规模储能电站并网投运

2018 年 7 月 18 日，国内目前规模最大的电池储能电站在镇江北山成功并网投运。该储能电站采用"两充两放"模式参与到电网运行中，能够解决 17 万居民高峰用电需求。厦门大学中国能源经济研究中心主任林伯强认为，储能电站方式能有效调峰填谷，是未来的发展趋势，电池成本是制约该储能方式的瓶颈，但随着电动汽车动力电池淘汰潮的到来，被替换的电池将破解储能电站电池成本较高的难题。

据了解，镇江储能电站选取磷酸铁锂电池作为储能元件，利用 8 处退役变电站场地建设完成，电站总功率 10.1 万千瓦，总容量 20.2 万千瓦时，是国内规模最大的电池储能电站项目。该电站采用"两充两放"的模式，即每天充电两次，同时分别在一天的两个用电高峰中，将电能全部释放。

林伯强认为，该项目的投运具有示范意义，有利于改变我国原有以抽水蓄能电站为主的储能方式，大大降低储能成本。以内蒙古呼和浩特抽水蓄能电站为例，项目总投资 56 亿元，共安装 4 台 30 万千瓦发电机组，但该电站 2018 年前 4 个月亏损就已达 1.68 亿元。

尽管如此，抽水蓄能电站依然是我储能电站的主流方式。相比于抽水储能方式，电池储能效率更高，放电时间更长，已经成为储能领域的发展趋势。据不完全统计，2018 年全国在建和规划建设的储能项目共有 23 个，其中电池储能的项目达 10 个。

虽然相比抽水蓄能电站成本较低，但由于目前电池成本依然高企，电池储能电站的成本依然是拦路虎。"解决成本问题，可以将新能源车替换的电池应用于储能电站。"林伯强给出了解决路径，电站对电池的要求远远低于新能源车对电池的要求。

第三节　大规模新能源集中并网

一、新能源接入条件下的电网调度

当前面对化石能源日益枯竭以及传统能源开发利用所带来的环境污染、气候变化等人类共同的难题，大规模开发利用新能源，保障能源供应与能源安全，降低能源消耗，减少环境污染，应对气候变化，已成为共识。以风电和光伏发电为主的新能源取得了大规模的发展，提供了大量的清洁能源。但是，由于风电和光伏发电等新能源出力具有波动性和不确定性的特点，当电网中新能源所占比重较小时，新能源出力波动影响不大，可以当作负荷预测误差，但是随着新能源接入容量的不断增大，当比重大到一定程度时，其出力的随

机性和波动性将不可忽视，会给电网带来许多挑战，如增大电网调峰、调频的压力；影响电网电能质量；影响系统安全稳定性；增加电网运行方式安排以及备用容量配置的难度。

（一）新能源接入对电网的影响

与广泛使用的常规能源相比，新能源是指在新技术基础上开发利用的非常规能源，主要包括风能、太阳能、生物质能、地热能、海洋能等。近年来，我国新能源发电发展十分迅猛，装机容量和发电量都有了很大的提高，促进了我国的能源结构调整。其中风力发电和太阳能发电由于具有技术成熟、便于规模化开发和商业化应用等特点，发展最为迅速。

大规模风电并网对节能减排的意义重大，但风电与常规能源不同，风电功率很大程度上取决于难以精确预测的风速，这给电网调度带来了一系列前所未有的复杂问题。传统电网规划时并未将风电接入考虑其中，若风电场风速平稳波动小，或者电网中可灵活调节的备用容量充裕，那么风电出力随机性对电网的影响就大大降低。如果仅依靠火电作为调峰容量应对风电的随机性，那么当风电渗透率增加或者负荷峰谷差增大到一定程度时，火电机组将频繁启停或处于深度调峰状态运行，严重时将对电网的安全经济运行产生影响，这是导致现阶段风电弃风、利用率不高的重要因素。因此，在大规模风电场集中接入的情况下，电网调度需要建立多元互补协调机制，以提高风能利用率，促进清洁能源的优化配置。

另外，新能源发电的发展也受到自然环境条件的限制，这也是其可测、可控、可调难度大的原因之一，但不同类型的新能源受自然条件的影响程度不同。地热能会受到自然条件的影响，但是一般情况下地热田可以相对长时间地保证稳定的能量来源；而生物质能由于热值不稳定，稳定性、经济性以及连续控制性等方面存在问题，但是受自然条件影响较小，因此相对而言较为易于控制和调度。风能和太阳能受自然环境影响最大，其不可控性导致电网产生的不稳定性是目前影响新能源发电并网的主要因素。

（二）新能源调度的特点

由于新能源发展速度快、建设集中，为保证电力系统运行安全，必须开展新能源调度，制定新能源发电计划，在保证最大限度地消纳新能源的同时确保电力系统安全运行。另外，风电、光伏等新能源发电大多采用大规模集中式接入电网，场站数量规模远超常规电源，在新能源大规模集中接入的形势下，调度运行管理问题突出。

新能源调度是电网调度的一部分，是通过对场站数量众多、随机性强的新能源开展精细化管理，保证新能源最大化消纳，确保电网安全稳定运行的有效管理手段。为促进新能源并网运行规范化管理，确保电网安全稳定运行，新能源调度应实时监测新能源场站功率和变化趋势，对风电、光伏等新能源开展发电功率预测，以此为基础，合理制定风电场、光伏电站发电计划，并对风电场、光伏电站的并网运行特性进行评价，从而加强对新能源场站的管理，统筹协调优化常规电源与新能源的调度，支撑电网安全稳定运行，提高电网新能源利用率。

（三）新能源接入电网后的应对措施

1. 优化电源结构

新能源发电功率输出的强随机波动性的本质是由一次能源特点所决定的，不能彻底改变，因此必须有备用电源来平抑其随机波动性，满足电力系统的实时供需平衡。应加强备用电源建设，利用稳定、调峰能力强的备用电源，在新能源发电功率波动时快速调峰；同时开发利用实用的储能装置，在风电等新能源出力高峰、负荷低谷时将电能储存起来，在风电等新能源出力低谷、负荷高峰时作为备用电源。这种调度方式能有效规避新能源并网带来的不确定性，但是还存在技术不够成熟，难以短时间内大范围应用，以及投资成本过高等问题。

2. 加强并网调度运行管理

针对大规模风电接入系统，应做好风电并网管理和运行管理等工作，有效制定相关管理措施，提高风电调度运行管理的水平。

（1）做好并网管理工作。在风电接入系统时，要做好前期基础管理工作，了解风电机组调节能力，确定其符合接入要求，同时做好设备技术检测工作，确保风电接入系统后可以稳定、安全运行。

（2）要做好计划管理工作。由于风电出力存在较大的不确定性，因此要加强风力发电功率预测，对于不同的天气状况，有效预估风电出力水平，确保风电调度管理时制定针对性的调度策略，提高系统运行水平。

（3）统筹结合管理火电和新能源发电，制定完善的电网调度运行方案，特别是预想事故应急预案，提高电网运行可靠性，保证安全、可靠供电。

3. 引入高效需求侧响应

随着智能电网的发展，在大规模集中或分散的新能源电源出现的同时，也会出现一部分可调度的负荷群体，通过在电网调度方案中将其统筹考虑，能够有效协调区域电网与个体单元之间的矛盾，做到资源互补。国外电网运行经验表明，针对间歇性新能源并网，引入需求侧响应机制是保证电力平衡的有效方法之一，将多类型新能源发电综合高效利用，整合资源，统筹互补，能够从整体上提高供电的可靠性和稳定性。

大规模新能源发电并网后，对电网的电能质量、调频、调压、安全性、稳定性等多方面都将造成影响。通过多目标优化电网调度模式，整合、利用电网能源资源，最大限度利用火电等常规能源调峰能力，充分发挥抽水蓄能电站作用，采用先进手段调节控制风电场出力水平，加大电网间调峰互济和跨区电力交易规模，从而充分发挥新能源绿色清洁环保、可持续利用的优点，减少其带来的负面效果，降低电网运行成本和系统旋转备用容量。但是，具体的管理办法还有待进一步探讨。

二、大规模间歇性新能源并网控制技术

（一）大规模间歇性新能源并网问题

1. 影响电网稳定特性

在并网控制系统发生故障时，会发生电压转速越限或电压越限，风电机组就有可能因为保护动作的发出而跳闸，从而导致了并网控制系统的大量风电功率突然失去的二次冲击。在电网系统发生故障时、故障清除之后的前期，双馈风电机组被大量接入并网控制系统，虽然可以使其同步风电机组功率的极限得到提高，但其功率极限会在故障清除之后的中后期迅速降低，所以这种方式对同步机组的功角快速恢复稳定具有不利的影响。所以，高电压、大容量的大规模间歇性新能源并网会在一定的程度上影响电网稳定特性。

2. 电压问题突出

在间歇性新能源开发与利用的发展初期，场站的容量小、数量少，而且处于电网系统的末端，所以其电压问题的影响仅仅局限于其场站内部，对电网系统的影响非常有限。但是，随着新能源的不断发展，电网系统中大规模间歇性新能源的所占比例逐渐加大，所以其给电网系统带来的电压问题不可忽视，对电力系统的运行产生了严重的影响。大规模间歇性新能源的集中并网、功率集中输出，有可能会导致电网系统的静态电压失去稳定性；在没有发生故障的时候，因为风电、光电的电力输出具有不确定性、波动性与随机性，从而导致了电力输送电流的不稳定、无功需求的变化速度快与幅度大，造成电网电压波动过大的现象；在电网系统中的某一个风电场站发生故障造成脱网问题的时候，因为无功补偿设备与线路轻载没有做出及时、快速的动作，在故障切除后造成了区域电压的"骤升"现象，进而形成了附近的风电场站因为过电压保护发出的动作产生连锁脱网的状况，导致大规模的连锁脱网故障的出现，造成了大量的损失。

3. 大规模新能源的送出受限

大规模间歇性新能源的送出受限是电力系统中长期、普遍存在的问题。我国在对新能源基地进行规划建设时，主要考虑的因素是当地的土地利用条件、基础设施条件与间歇性新能源的情况等方面，对于当地的电网建设比较落后、电网的送出能力受限等因素没有进行充分考虑到。在新能源发展初期，大多数新能源电站群处于电网系统的末端，接入的也是相对薄弱的电网架构，而之后的大规模风电集中接入使各类稳定问题遭到了加剧，从而导致了大规模新能源的实际送出能力比其额定送出功率低的问题。

（二）大规模间歇性新能源并网控制技术

大规模间歇性新能源在并网时面临着许多问题，同时这些问题在很大的程度上限制了新能源的发展。目前我国的许多大型的新能源基地纷纷在不同的程度上出现了"弃光""弃电"现象。面对这种问题，加强对大规模间歇性新能源并网控制技术的研究，可以有效地

缓解电网消纳与新能源发电两者之间产生的矛盾，促进新能源的开发与利用。

1. 协调控制储能与新能源

间歇性新能源具有不确定性与随机性，而且就目前来说，不精准地预测新能源的功率，从而加大了新能源的电网调度控制难度，在很大的程度上制约了新能源的快速发展。而储能技术的不断发展与进步，为解决新能源的并网问题探索出了新的渠道。近年来，相关研究单位在这一方面做出了一些探索。首先，在储能与大规模新能源联合发电的协调控制这一方面，有的设计出一种以协调控制为辅、分散控制为主的控制模式；有的提出了一种涉及风险约束的广域协调调度方式，即广域协调常规机组、储能与间歇性新能源。其次，在储能技术在新能源并入电网中的应用方面，有的提出有效地利用储能与大规模新能源联合发电系统，优化风电、光电爬坡率，来满足国家有关于新能源并网标准中对风电、光电有功功率变化方面的规定；有的则考虑到在未来风电、光电的功率波动对储能的充电、放电行为产生的影响，从而提出了超前控制的方式，在控制风电、光电功率的短期波动方面具有很好的效果。有的研究则提出使用由蓄电池和超级电容组成的储能来对新能源在不同时期的输出功率波动起到抑制作用。虽然由于经济性、实用性等方面的因素，在电力系统中储能还没有得到广泛地、大规模地应用，但其在新能源的并网提出了新的思路。

2. 风电场站集群有功控制

风电场站集群有功控制，指的是在电网安全约束得到满足的前提之下，控制风电场站集群，提高电网接纳风电的能力，有利于提高集群的经济性，在解决由于风电控制分散而产生的协调困难、资源浪费等问题方面具有良好的作用，可以实现风电利用率的提高。在目前我国在风电场站群的有功控制方面取得了许多研究成果。吉林电网根据省间联络线计划和电网负荷预测、风电功率预测产生的预测数据，再根据其区域内的不同风电场站内的有功控制对于电力系统安全约束的敏感性，安排发电计划。

3. 无功电压控制

在无功电压控制方面，大规模间歇性新能源基地所遵循的原则是：分区、分层、就地平衡，无功电压控制系统是以无功设备的特性和光伏逆变器、风电机组为基础而实现其功能的，通过统筹各种无功设备，利用各种无功设备之间在性能上的差异，从而将整个区域内的各个节点电压控制在规定范围内，从而可以保证区域内的电力系统的电压安全。我国多所高校都参与研究了无功电压控制技术。我国著名高校在无功电压控制技术方面提出了以下几点：第一，无功电压控制结合功率预测，将功率预测的结果引入到无功电压控制中来，将不一样的无功设备所产生的响应时长结合起来，通过利用静态的、大容量的调节设备，大幅调节大规模间歇性新能源场站中的无功电压，补偿小幅波动的是动态调节设备，使系统在暂态过程中也可以提供电压进行并在支撑；第二，在新能源场站群中利用无功电压控制的方式，电压控制的中枢点是场站群的汇集升压站，起到约束作用的是场站内的升压变压器所产生的高压侧电压，起到出力作用的是场站与协调变电站的无功调节装置，这种方式可以保证整个区域内的电压稳定。

三、风电新能源并网影响及对策

（一）风电场接入与运行

1. 风电场接入系统

目前，郴州电网主要并网风电场共4座（仰天湖风电场、后龙风电场、三十六湾风电场、水源风电场），机组94台，经4回110kV线路并入郴州电网西部供电区的220kV蓉城变、马托变。

2. 风电场运行特性

（1）仰天湖风电场

仰天湖风电场地处骑田岭山系之巅中枢地段，地势较高。根据风电场内加密实测资料统计，区域10m高度平均风速大于5.7m/s，70m高度平均风速大于6.8m/s。

仰天湖风电场地处高山的特质，使其也面临着季节性冰冻及高湿度问题，风能利用小时数较低。每年11月到次年3月，仰天湖风电场所在区域都会出现严重冰冻，仅以该年为例，110kV仰同线融冰达11次。

（2）后龙风电场

后龙风电场位于桂阳县荷叶镇和临武县金江镇、水东乡和大冲乡境内，属低山丘陵地带。根据桂阳县气象站长系列风速观测资料的统计分析，表明风速主要集中在2.0~9.0m/s段，而风能主要集中在6.0~12.0m/s风速段，且分布较为集中。但低风速段频率较大，故属低风速型风场。

（3）水源风电场

尚处于投运初期调试阶段。

（4）三十六湾风电场运行情况

尚处于投运初期调试阶段。

（二）风电场对郴州电网的影响

湖南电网负荷水平受气候和水电厂来水的影响较大：丰水期水电大发时，电网调峰困难，湘南地区尤其严重；水电厂集中来水时，火电机组开机方式少，容易出现极端运行方式。风电能源的网虽可在一定程度上减轻火电能源的负担，但由于风力发电的不可控性和随机性，以及风电机组运行的固有特性，影响电网安全稳定运行的不确定性因素也有所增加。

1. 对电能质量的影响

风电并网会对接入点电压造成显著影响，主要表现在受风电场有功出力的影响明显、风电并网点母线电压波动大。郴州电网在"冬大"方式下，并网点变电站母线电压从全开满发到全部脱网，电压跌落高达4kV，可能破坏系统稳定，影响电能质量。

另外，丰水期永州地区小水电大发，大量无功经 220kV 马桐线由马托变上网，马托、蓉城片电压偏高，220kV 母线电压达 230kV，110kV 母线电压也接近 120kV，且无调节手段。若此时恰逢风电大发，电压继续抬高，将严重影响该片区域电能质量，可能造成低压用户电器设备被烧坏。

2. 对电网安全的影响

负荷高峰期，蓉城供电区总负荷达 190MW，水源、后龙、仰天湖、三十六湾风电场均开机并网，在上网有功功率 120MW 的情况下，蓉祥线下网 53.8MW，苏蓉Ⅰ、Ⅱ线下网 101.9MW，马桐线下网 88.4MW，蓉城主变下网 91.2MW。若此时因风速、系统故障等因素导致各风电场突然脱网，则苏蓉Ⅰ、Ⅱ线下网和蓉城主变下网负荷骤增至 180MW，蓉祥线下网、马桐线下网负荷也均大幅增加。由此，可能引发设备过载问题，对电网的安全、稳定运行造成一定影响。

3. 对运行成本的影响

风电场的功率传输具有很强的随机性。为了保证系统运行的可靠性，需要在原有运行方式基础上，额外安排一定容量的旋转备用，以维持电力系统功率的平衡与稳定。可见，风电并网增加了电力系统的可靠性成本。随着风电并网容量的增加，该影响将愈发显著。

另外，仰天湖风电场地势较高，一年有 6 个月左右存在覆冰现象。在防冻融冰期，并网线路常需融冰。据测算，融冰电流是全开满发时正常运行电流的近 4 倍，大大增加了网络损耗。

4. 对电网调峰的影响

湘南地区本就存在电源短缺、水电大发等因素造成的调峰难度大的问题。郴州市 2、3 月系统负荷较大，此时风电亦处于高发期，在一定程度上起到了调峰作用。然而，在系统负荷最大的情况下，系统备用容量也最少，若此时风电出力突然变为零出力，那么有功功率将达到最大缺额，更加增大了电网调峰难度；在 5、6 月，负荷较小，又是丰水期，此时的风电出力正好从零出力迅速增加到最大出力，表现出无法控制的反调峰特性，同样增加了电网调峰难度。

另外，从风电日夜发电规律而言，其高功率输出主要集中在夜间，而此时电网正处于负荷低谷时期，功率波动恰恰与用电负荷波动趋势相反。换言之，风电的运行相当于产生了削谷填峰的反调峰效果，进一步加大了电网的等效峰谷差，恶化了系统的负荷特性，扩大了全网调峰的范围。

（三）待解课题

从目前来看，虽然新能源并网会对电网安全稳定运行存在一定影响，但终究因其容量不多、比例不大，故影响表象不甚显著。然而，并网机组不断增多、装机容量不断增大是必然趋势，上述影响也将日趋加重，还有很多重要课题亟待解决。

1. 谐波问题的妥善解决

目前郴州并网风电机组分为两种类型：双馈异步发电机和直驱同步发电机。前者采用软并网方式，即将并网瞬间的冲击电流值限制在规定范围内；而后者，如直驱永磁同步机等，在机组启动瞬间即向并网点注入高频电流，需考虑谐波问题。从风电机组发展趋势来看，直驱同步发电机组因体积小、可靠性高等优点，将作为风电机组主力机型，其为大规模集中并网带来的谐波问题必须引起重视。

2. 发电负荷的精准预测

由于湘南电网负荷不断增长，外区受电比例进一步加大，北电南送通道潮流不断加重，因此在高负荷时段，耒阳、东江电厂需保持一定的开机方式，方能确保湘南 500kV 主变下网功率在控制范围之内。传统发电计划是基于电源的可靠性以及负荷的可预测性，计算也是在电网稳定运行的假设之下。然而，随着系统转变为"自由运行"，发电出力随机变化、不可预测新能源装机容量不断增大，则会对发电计划的制定和实施产生较大影响。从短期来看，直接影响开机方式；从长期来看，也将影响到电网的投资计划，因为过大的负荷预测将造成电网投资浪费，而偏于保守的母线负荷预测又可能影响电网的安全可靠供电。

3. 电网接纳能力的有效改善

首先，电力外送瓶颈问题。大规模风电场集中并网、风电大发期大量上网、电网输送潮流加大，使部分线路重载运行，热稳定问题突显。

其次，系统备用容量。由于风电功率的波动对于电网而言是完全随机的，最极端的情况就是接入局部电网的风电机组全停或全开，因此为了确保电网的稳定性，局部电网内理论上要有与风电场额定容量相当的备用容量。优化网络结构，使丰富的资源不再受电网结构的制约，则成为下一步面临的主要问题。

4. 电压暂态稳定性的全面控制

在目前风电容量不大、电网比较坚强的情况下，系统发生故障后，风电机组在故障清除后能够恢复机端电压并稳定运行，暂态电压稳定性便能够得到保证。但随着风电机组容量的不断增加，则无法保证重新建立机端电压，那么风电机组运行超速，稳定性丧失，使其从额定出力状态自动退出并网，产生电网电压的突降，而机端较多的电容补偿由于抬高了脱网前风电场的运行电压，引起了更大的电网电压的下降，有可能导致全网的电压崩溃。

（四）宏观对策

风能的随机性和间歇性，使得风电机组出力频繁波动。风能的间歇性还会直接影响到风电场的容量可信度，引起电压波动和闪变等。郴州电网随着风电装机容量的不断增加，必将受到更大的影响。因此，必须同时保证正常稳态运行下的供电可靠性和事故情况下的安全稳定性。为此，希望相关部门从以下四个方面采取对策。

1. 优化网络结构、推进电网改造

郴州西部供电区风电并网过于集中。为了在电网安全、稳定、经济运行的前提下保证电力外送，优化网络结构、推进电网改造成为重中之重。建议：增加大电源支撑，提高系统备用容量；建立抽水蓄能电站，风、水、电互补，提高电网调峰能力；增加稳控、过负荷切机等装置，提高电网运行可靠性等。

2. 建立健全功率预测系统

对风电场的输出功率进行预测，被认为是提高电网调峰能力、增强电网接纳风力发电能力、改善电力系统运行安全性与经济性的最为有效的手段之一，也是合理安排电网运行方式、调整和优化常规电源发电计划的依据。建议并网风电场必须配置风功率预测系统。

3. 严把风电入网关

根据国家电网出台的《风电场接入电力系统技术规定》及《风电场无功配置及电压控制技术规定》，要求并网机组必须具备低电压穿越能力，能够在电网故障或扰动引起风电场并网点的电压跌落时，在一定跌落范围内不间断并网运行。鼓励现有风电场的合理技术改造，对于新投产的风电场，必须按照标准进行更严格的评估，保证将电网的安全、可靠运行放在第一位。

4. 优化新能源并网规划

根据最新的风电并网格局，郴州电网西部供电区并网点过于集中，对局部电网的风电消纳能力、网络结构、系统运行水平都提出了过高的要求。建议慎重选址、合理规划，尽量分散风电并网点，减少集中并网对电网的冲击和影响。

第四章　智能输电网技术

第一节　先进输电技术

一、先进输电技术创新

随着电能运输量不断增加，电网也被不断改进，然而一些电力安全事故仍在频繁发生，在这种电力事业的发展问题的影响之下，新型的输电技术被推出，新型的输电技术的使用，不仅可以实现高效输电的需求，同时还能够提升电力输送的安全度。

（一）输电技术基本应用

随着我国的输电技术在不断进行，电网建设工作也取得了接连不断的进展。构建应用价值更高的广域电网也逐渐成了电力部门的首要工作，妥善地完成了电网建设这项基础性工作之后，后续的输电以及其他电力运输工作才能继而开展。虽然现代应用的输电技术无论是从输电效率，还是从输电安全度上，都已经获得了重大进步，但是受到输电环境的影响，一些输电问题还是不可避免地出现了，包括输电效率不高、距离过远，难以实现同步输电的需求。一些相对比较先进的输电技术被研究出来，常见的输电技术包括直流柔性输电技术以及直流型的电网技术。

（二）创新情况

输电技术的创新之处主要体现在以下两个方面：

1. 直流电网技术

我国的交流电网技术已经在实践之中逐渐发展成熟，而直流电网技术研究工作还处于初步研究时期。虽然对直流电网的研究还不是很透彻，但是很多区域电网之中都对直流电网技术进行了应用，其存在的问题包括技术问题、理论研究问题等。

在对直流电网进行创新设计的时候，技术人员需要将创新点放在拓扑换流器方面，同时还要将这种电网的系统容量有效提升。传统的电网的应用劣势在于无法通过换流器来清除直流输电之中的电力安全事故。因此技术人员需要对换流器进行改进，对拓扑技术有效提升。借助当前开发出来的可再生资源，技术人员可以将原有的换流器容量切实提升，以此来推动大量电力资源的使用。技术人员同时还需要针对广域测量环节之中存在故障进行消除，优化检测这部分故障的技术，将检测时间有效缩短。

2. 直流柔性输电技术

直流柔性输电技术是当前的一种较为先进的输电技术，隶属于直流输电系统，其优势在于适应性极佳，可控性也比较高，其创新性的特点主要有以下三个方面：

首先这种特殊的直流输电系统能够同时控制无功功率与有功功率，这种同步控制也是其一大应用亮点。在应用这种输电技术时，技术人员还需要引用规模极大的电力组件，同时还需要使用相关的输电设备，借助组件以及设备，完成输电线路的设计工作，还需要应用全控器件，主要是为了控制系统之中的高压设备。

最后，这种直流输电系统选用的换流方式与传统的输电系统不同，并不需要借助开关来进行换流，其换流方式具有自动化特点，借助功率单元格就可以控制换流工作。这种换流方式可以确保在换流器之中，技术人员就可以完成交换交直流电流操作需要。

（三）特高压技术概述

特高压输电线路指的是传输的交流电压在1000kV，以及直流电压在±800kV以上标准的线路种类。此类输电线路的功用一方面为了利用特高压输送方式降低输电进程中的能量消耗，另一方面也是为了相应减少输电电线塔的架设数量，在降低电线塔占地面积的同时有效节省输电企业的运行维护成本。目前特高压输电线路是我国电力工程中的重要建设项目之一，是今后维护、促进我国经济发展与企业建设的关键的能源保证手段。但随着特高压输电线路建设规模与路程的增加，相应的运行维护也受到巨大的问题挑战，需要维护人员针对当前特高压输电线路的运行维护特征，进行针对性的维护技术改进与应用。

1. 直流输电技术

交流输电技术之所以落后，难以与现代的电网系统相契合，主要是因为直流输电系统因其自身的优势，可以取代输电交流输电技术。直流输电系统可以完成远距离运输的任务，同时还可以对大规模的电力运输需求进行满足，虽然一些其他的输电技术也能顺利完成这一类的输电工作，但是却存在耗能极高的问题，而直流输电技术可以减少输电过程中损耗量，尤其是在"西电东送"这一大型工程之中具有较好的应用效果。

在对这种直流输电技术进行应用的时候，技术人员要根据输电需求来给电力系统配置核心设备，借助核心设备来高速运转输电系统。借助这种输电系统，技术人员也可以给输电企业创收更多的实际经济效益。对其进行研究，可以通过提升实验技术水平来满足研究需要。

无论是对特高压技术水平进行提升还是输电技术进行改进，相关人员都需要增强对于相关的技术团队的建设，在进行内部交流学习的同时，还需要积极地与国外的相关专家进行沟通与练习，满足技术电力系统创新的技术需求，获取更高的电力生产收益。

2.灵活交流输电技术

目前，我国电力特高压技术在实际的发展过程中逐渐形成了超特高压灵活交流输电技术，该技术在实际的运行过程中主要借助电力电子装置以及相关的控制技术实现了对于电力系统的电压、相位等参数的控制，从而促进了电力系统稳定性以及安全性的提高。

此外，该技术在实际的运用过程中加强了对于可控串补装置以及静止同步无功补偿器的运用。可控串补装置在实际的运用过程中能够高效的促进交流输电线路的输送能力，并进一步促进电力系统的稳定性以及安全性的提高。而静止同步无功补偿器在实际的运用过程中，能够借助全控器件的运用，从而实现了对于变流器输出电压的有效控制。

二、特高压：打造电力输送"超级动脉"

中国特高压输电技术的出现，使"煤从空中走、电送全中国"成为现实，使"以电代煤、以电代油、电从远方来、来的是清洁电"成为中国能源和电力发展的新常态，为构建"全球能源互联网"、落实国家"一带一路"发展战略提供了强大基础支撑。

特殊的时间点，标识着世界电力工业发展史上的重要里程碑。电压等级的每一次跃升，见证电网发展百余年光辉历程。

1891年，世界上第一条高压输电线路诞生，它的电压只有13.8千伏；1935年，美国将220千伏电压提高到275千伏，人类社会第一次出现了超高压线路；1959年，苏联建成世界上第一条500千伏输电线路，这是人类利用电能水平的一次大跨越；20世纪70年代起，美国、苏联、日本等国家开始研究特高压输电技术，苏联还建成了一段1150千伏的特高压试验线路；2009年，世界上第一条1000千伏晋东南-南阳-荆门特高压交流试验示范工程投入商业运行。这次领先世界的是中国！截至目前，我国已累计建成20多项特高压工程，单回输电能力最高达1000万千瓦，输送距离达2400公里，不断刷新世界电网技术新纪录。

"我国成为世界首个，也是唯一一个成功掌握并实际应用特高压这项尖端技术的国家，不仅全面突破了特高压技术，率先建立了完整的技术标准体系，而且自主研制成功了全套特高压设备，实现了跨越式发展。"国家电网公司党组书记、董事长舒印彪说。

（一）"电从远方来，来的是清洁电"

——特高压破解我国能源资源与电力负荷分布极不平衡的现实难题

打开中国地图，不难发现，能源资源与生产力布局呈逆向分布，是我们国家的一大现实国情。

"80%以上的能源资源分布在西部、北部，70%以上的电力消费集中在东部、中部。在一段时期内，这就存在'冰火两重天'的局面：一头是中西部资源大省有电送不出、白白浪费掉，另一头是东中部经济大省电不够用。"国家电网公司副总工程师、中国科学院院士陈维江向我们介绍。

据测算，有多达2.7亿千瓦电力需要跨越2000多公里输送至电力负荷中心，而已有的 500 千伏输电技术，面临输电能力不足、损耗高、走廊资源稀缺等一系列突出问题，无法满足高效送出的要求。

基于这个国情，发展特高压这一更先进的输电技术成为破解难题的必由之路。

早在 2004 年，国家电网公司就联合科研院所、高校、设备制造等 160 多家单位协同攻关，开展 309 项重大关键技术研究，连续攻克了特高电压、特大电流下的绝缘特性、电磁环境、设备研制、试验技术等世界级难题，成功研制世界上通流能力最大的 6 英寸晶闸管、换流阀、变压器等一批国际领先的电工装备，在世界上率先掌握了特高压大容量输电系统集成、大电网运行控制等技术，研制成功了全套特高压设备，建立起完整的特高压输电技术标准体系。

那么，研发出来的特高压输电技术，"特"在哪儿呢？

在采访中，国家电网公司专家解答说：输电网电压等级一般分为高压、超高压（直流±500 千伏、±600 千伏等，交流 330 千伏~1000 千伏）、特高压（直流 ±800 千伏及以上、交流 1000 千伏及以上）。电压越高，输电效率就越高。特高压的"特"就特在输出的电压特高、输送的容量特大、传输的距离特远。

"与传统输电技术相比，特高压输电技术的输送容量最高提升至 3 倍，输送距离最高提升至 2.5 倍，输电损耗可降低 45%，单位容量线路走廊宽度减小 30%，单位容量造价降低 28%。可以更安全、更高效、更环保地配置能源。"中国电科院高电压研究所所长李鹏说。

另一个大家经常问到的问题是，特高压交流输电技术和特高压直流输电技术有什么不一样？

"特高压直流好比直达航班、一飞到底，中途不能'停'，而特高压交流则是高速公路，既能快速到达目的地，在中途也有出口、能'停'"。专家解答，交流与直流从来都是配合使用、相互补充的。交流输电具有输电和组网双重功能，电力的接入、传输和消纳十分灵活；直流输电只具有输电功能，不能形成网络，主要以中间落点的两端工程为主，可点对点、大功率、远距离直接将电力送往负荷中心。

2008 年底，1000 千伏晋东南 - 南阳 - 荆门特高压交流试验示范工程建成，并于次年 1 月 6 日投入商业运行。这是世界上首个实现商业化运行的特高压输电线路。

2010 年 7 月 8 日，向家坝 - 上海 ±800 千伏特高压直流输电示范工程投入运行，标志着国家电网全面进入特高压交直流混合电网时代。

两条特高压工程线路投运以来一直保持稳定运行，全面验证了特高压输电的技术可行性、设备可靠性、系统安全性和环境友好性。

国家对工程做出了高度评价。"特高压交流输电关键技术、成套设计及工程应用"和"特高压 ±800 千伏直流输电工程"分别摘得 2012 年度和 2017 年度国家科学技术进步奖特等奖。

"荣获两个国家科学技术进步奖特等奖，是鼓励更是激励。"舒印彪表示，发展特高压输电技术是 21 世纪以来我国电力工业最艰难、最成功的创新实践之一，扭转了我国电力工业长期跟随西方发达国家发展的被动局面，成为又一张亮丽的"中国名片"。

（二）"世界上唯一将特高压输电项目投入商业运营的国家"

——抢占世界电网科技制高点，带来经济、环境、社会等多重效益

8月21日9时许，长江北岸，江苏南通，巨大的"卓越号"盾构机翻卷着泥浆驶出过江隧道。这一刻，1000千伏淮南—南京—上海交流特高压输变电工程苏通GIL（气体绝缘输电线路）综合管廊隧道工程贯通。这也是特高压工程首次穿越长江隧道。

自晋东南-南阳-荆门、向家坝-上海两条特高压示范工程投运以来，特高压建设驶入快车道，一项项特高压工程犹如巨龙纵横东西南北。"运行电压最高、输送能力最强、技术水平最高"的指标一次次被刷新：2012年12月，锦屏—苏南±800千伏特高压直流输电工程投入运营；2016年7月，锡盟—山东1000千伏特高压交流输电工程投入运营；2017年9月，锡盟—泰州±800千伏特高压直流输电工程投入运营；2018年5月31日，总长3000多公里的新疆昌吉至安徽古泉±1100千伏特高压直流工程全线贯通。整个项目建成后，将是世界上电压等级最高、输送容量最大、输送距离最远、技术水平最先进的特高压输电工程。

……

目前，我国是世界上唯一一个将特高压输电项目投入商业运营的国家。截至今年9月，国家电网公司已累计建成"八交十直"特高压工程，在建"四交一直"特高压工程，在运在建23项特高压工程，线路长度达到3.3万公里，变电（换流）容量超过3.3亿千伏安（千瓦）。

"国家电网公司已初步建成了特高压电网架构，形成全国'西电东送、北电南供、水火互济、风光互补'能源互联网新格局、资源优化配置新平台，为保证电力可靠供应、推动能源转型和区域经济协调发展奠定了坚实基础。"国家电网公司特高压建设部副主任王绍武说。

特高压电网，"一头连着西部清洁能源开发利用，一头连着东中部清洁发展"。

2014年5月，包括"四交四直"特高压工程在内的12条重点输电通道纳入国家大气污染防治行动计划，并于2017年底全面建成投运，形成了一幅自北向南、自西向东的清洁电能输送蓝图：新增跨区输电能力8500万千瓦，每年可减少燃煤运输约1.9亿吨，减排二氧化碳约3.2亿吨、二氧化硫约100万吨、氮氧化物约94万吨，为打赢蓝天保卫战做出了重要贡献。

许继集团研制出世界首套±800千伏直流输电控制保护系统，完成世界首套±1100千伏控制保护系统开发，总体技术达到国际领先水平；南瑞集团研发的统一潮流控制器达到国际领先水平……依托特高压工程建设，中国电工装备制造企业技术水平大幅提升，创新能力显著增强。

特高压不仅在国内遍地开花，还走出了国门。"近年来，国家电网公司先后中标巴西美丽山±800千伏特高压直流一、二期项目，实现了特高压输电技术、标准、装备、工程总承包和运行管理全产业链、全价值链输出，带动超、特高压设备出口超过50亿人民币。"国家电网公司国际部党总支书记记于军说。

据介绍，我国在世界上率先建立了由 168 项国家标准和行业标准组成的特高压输电技术标准体系。同时，成功推动了国际电工委员会（IEC）成立专门的特高压直流和交流输电技术委员会（TC115 和 TC122），秘书处均设在中国，占据了技术和标准制高点，显著提升了我国在国际电工标准领域的话语权。

（三）"勇攀电力技术珠穆朗玛峰"

——坚定自信又冷静清醒，把特高压这张"金色名片"擦得更亮

看似寻常最奇崛，成如容易却艰辛。

谈起中国特高压输电技术发展历程，相关参与者都有着说不完的故事。

"长期以来，电力工业领域，我们一直是跟在西方发达国家后面亦步亦趋。在特高压以前，我们国家每一个电压等级的出现都至少晚了西方国家 20 年。"陈维江说。

王绍武讲了一个让他记忆犹新的画面："我是 2001 年参加工作的，当时中国只有一条高压直流输电工程，就是 ±500kV 葛洲坝—上海直流工程。这是外国公司参与建设的项目，里面几乎找不到国产设备，就连换流站里值班人员的椅子、变电站里的马桶都是国外整装进来的。"

从跟着别人、一直落后，到较短时间内研发特高压成功，并取得成熟的实际运用，靠的是什么？

"一个是我国能源资源大范围配置的迫切需要，为发展特高压注入了强大需求动力。"陈维江说，还有一个关键因素，就在于我们国家集中力量办大事的制度优势，使政府支持、企业主导、产学研联合、社会各方广泛参与的科技创新工作体系高效运转。"特高压输电在国际上没有成熟适用的经验可供借鉴，面对巨大的创新压力和工程挑战，两大电网公司集聚电力、机械行业 300 多家单位的专家和资源，开展产学研协同攻关。"

有这样一个故事。当时研制特高压变压器时，参与的两家企业一开始各自进行技术攻关，分头研制出了样品，但是在做试验时，先后都失败了。这时产学研协同攻关体系发挥了作用。国家电网公司主导，召集相关企业，联合国内外专家，一起分析会诊，很快找到了问题所在，分析出了原因，然后进行了技术上的改进，最后非常顺利地通过了试验，取得了研制成功。

研发特高压，还需要完备的试验研究体系和严谨细致的科学精神，需要敢为人先、坚定自信的精神力量。

"特高压电网不是 500 千伏高压电网的简单放大，而是关键技术和配套设备质的提升。既面临高电压、强电流的电磁与绝缘技术世界级挑战，又面临重污秽、高海拔的严酷自然环境影响，创新难度极大，一直被喻为输电领域的'珠穆朗玛峰'。"李鹏说，我们敢为人先，非常注重试验验证，用科学的态度开展研究。

2006 年 8 月以来，国家电网公司先后建成特高压直流试验基地、特高压交流试验基地、特高压工程力学试验基地、高海拔试验基地、国家电网仿真中心、特高压直流输电工程成套设计研发（试验）中心等"四基地两中心"，用大量科学严密的试验攻克了一个又一个

世界性难题。

以高海拔试验基地为例，在基地建成之前，国际上对海拔 2000 米以上的输电技术研究尚缺乏系统全面的试验数据。高海拔试验基地的建立，为海拔 4000 米及以上输变电线路、设备外绝缘和电磁环境特性的研究提供了可能，填补了世界特高压高海拔试验研究的空白。

国成为现实，一项项特高压工程崛起在华夏大地，也培育锻造出难能可贵的特高压精神：忠诚报国的负责精神、实事求是的科学精神、敢为人先的创新精神、百折不挠的奋斗精神和团结合作的集体主义精神。

征途漫漫，由中国书写的特高压传奇还在继续。

党的十九大对我国能源转型与绿色发展做出重大决策部署，强调"推进能源生产和消费革命，构建清洁低碳、安全高效的能源体系。""瞄准世界科技前沿，强化基础研究，实现前瞻性基础研究、引领性原创成果重大突破"。

"在成就面前要始终保持冷静清醒的头脑，创新的脚步不能停歇。"陈维江说，下一步我们将继续推进特高压输电技术研究，实现相关设备彻底国产化，不断提高其可靠性、经济性、环保性，建设更多符合实际需要的特高压工程，把特高压这张"金色名片"擦得更亮。

第二节　智能变电站

一、智能变电站

智能变电站是采用先进、可靠、集成和环保的智能设备，以全站信息数字化、通信平台网络化、信息共享标准化为基本要求，自动完成信息采集、测量、控制、保护、计量和检测等基本功能，同时，具备支持电网实时自动控制、智能调节、在线分析决策和协同互动等高级功能的变电站。

（一）变电站简介

智能变电站主要包括智能高压设备和变电站统一信息平台两部分。智能高压设备主要包括智能变压器、智能高压开关设备、电子式互感器等。智能变压器与控制系统依靠通信光纤相连，可及时掌握变压器状态参数和运行数据。当运行方式发生改变时，设备根据系统的电压、功率情况，决定是否调节分接头；当设备出现问题时，会发出预警并提供状态参数等，在一定程度上降低运行管理成本，减少隐患，提高变压器运行可靠性。智能高压开关设备是具有较高性能的开关设备和控制设备，配有电子设备、传感器和执行器，具有监测和诊断功能。电子式互感器是指纯光纤互感器、磁光玻璃互感器等，可有效克服传统电磁式互感器的缺点。变电站统一信息平台功能有两个，一是系统横向信息共享，主要表现为管理系统中各种上层应用对信息获得的统一化；二是系统纵向信息的标准化，主要表现为各层对其上层应用支撑的透明化。

智能即为人性化，就是把变电站做成像人在调节一样，当低压负荷量增加时变电站送出满足增加负荷量的电量，当低压负荷量减小时，变电站送出电量随之减少，确保节省能源。

（二）智能变电站的基本组成

智能变电站，采用先进、可靠、集成、低碳、环保的智能设备，以全站信息数字化、通信平台网络化、信息共享标准化为基本要求，自动完成信息采集、测量、控制、保护、计量和监测等基本功能，并可根据需要支持电网实时自动控制、智能调节、在线分析决策、协同互动等高级功能，实现与相邻变电站、电网调度等互动的变电站。

智能变电站的构成主要包括过程层（设备层）、间隔层、站控层。过程层（设备层）包含由一次设备和智能组件构成的智能设备、合并单元和智能终端，完成变电站电能分配、变换、传输及其测量、控制、保护、计量、状态监测等相关功能。间隔层设备一般指继电保护装置、测控装置等二次设备，实现使用一个间隔的数据并且作用于该间隔一次设备的功能，即与各种远方输入/输出、智能传感器和控制器通信。站控层包含自动化系统、站域控制、通信系统、对时系统等子系统，实现面向全站或一个以上一次设备的测量和控制的功能，完成数据采集和监视控制（SCADA）、操作闭锁以及同步相量采集、电能量采集、保护信息管理等相关功能。

1. 智能组件

对一次设备进行测量、控制、保护、计量、检测等一个或多个二次设备的集合。相当于原来二次设备的概念，其中包括测量单元、控制单元、保护单元、计量单元、状态监测单元。以此实现对设备各类信息进行采集并保护，更要对电能进行计量，实际上是一次设备状态监测功能的元件集合体。

2. 智能设备

一次设备与其智能组件的有机结合体，两者共同组成一台（套）完整的智能设备。

3. 全景数据

反映变电站电力系统运行是否稳定、动态数据以及变电站设备运行状态等数据的集合。以提供信息的可靠、准确和信息的安全等，并做到提供信息的最终信息是否达到信息的数字化、集成化以及网络智能化的目的。在信息安全方面，遵循国家及国际标准，以保证站内与站外的通信安全及站内信息存储及信息访问的安全，实现与上级调度中心通信的认证及加密，实现站内各系统之间的安全分区及安全隔离。

4. 顺序控制

当变电站发出整批指令后，主要系统设备状态信息变化是否到位，是实现顺序控制的主要因素，也表明设备动作执行可靠度高。而顺序控制是智能变电站的基本功能之一，其功能要求如下：（1）满足无人值班及区域监控中心站管理模式的要求。（2）可接收和执行监控中心、调度中心和本地自动化系统发出的控制指令，经安全校核正确后，自动完成符合相关运行方式变化要求的设备控制。（3）应具备自动生成不同主接线和不同运行方式下典型操作流程的功能。（4）应具备投、退保护软压板功能。（5）应具备急停功能。

5. 站域控制及站域保护

我们通过对变电站内信息的分布协同利用或者集中处理判断，以此实现站内自动控制功能的装置或系统。在进行统一采集的信息时，要集中进行分析或分布协同方式判断故障，自动调整以保护电系统。

（三）智能变电站的功能

智能化变电站应当具有以下功能特征：

1. 紧密联结全网。从智能化变电站在智能电网体系结构中的位置和作用看，智能化变电站的建设，要有利于加强全网范围各个环节间联系的紧密性，有利于体现智能电网的统一性，有利于互联电网对运行事故进行预防和紧急控制，实现在不同层次上的统一协调控制，成为形成统一坚强智能电网的关节和纽带。

2. 支撑智能电网。从智能化变电站的自动化、智能化技术上看，智能化变电站的设计和运行水平，应与智能电网保持一致，满足智能电网安全、可靠、经济、高效、清洁、环保、透明、开放等运行性能的要求。

3. 智能化变电站允许分布式电源的接入。在未来的智能电网中，一个重要的特征是大量的风能、太阳能等间歇性分布式电源的接入。

4. 远程可视化。智能化变电站的状态监测与操作运行均可利用多媒体技术实现远程可视化与自动化，以实现变电站真正的无人值班，并提高变电站的安全运行水平。

5. 程序化操作。智能变电站应具备程序化操作的功能，通过预先定义好的操作序列，每个操作序列对应一个状态到另一个状态的切换，并包含先后操作顺序的操作步骤，每个步骤包括操作前判断逻辑、操作内容、操作后确认条件。

6. 智能变电站所选用的设备应尽可能地满足"容易集成、容易扩展、容易升级、容易改造、容易维护"的工业化运用要求。建造新的智能化变电站时，所有集成化装备的一、二次功能，在出厂前完成模块化调试，运抵安装现场后只需进行联网、接线，无须大规模现场调试。一两次设备集成后标准化设计，模块化安装，对变电站的建造和设备的安装环节而言是根本性的变革。

（四）智能变电站的关键设备

1. 智能化的一次设备

首先智能设备必须是以数字化设备为主，但是并不是说基本原理就不会发生改变，而是指设备及附属部件的状态要可视化和测控数字化等。当传感器、控制器及其借口将成为高压设备必不可少的一部分，从而在智能设备时代设备本身就具有这些功能。

2.统一的信息平台

信息化作为智能变电站的基础，必须整合站内的各种业务系统，结合先进的信息存取机制和数据挖掘技术，以此实现信息的双向性传输，形成各种应用熟悉的共享，使变电站的信息系统综合性。变电站还要具备自诊断和自治功能，达到设备故障及时发现并处理，使供电损失降到最低程度。

（五）技术优点

1.智能变电站能实现很好的低碳环保效果

在智能变电站中，传统的电缆接线不再被工程所应用，取而代之的是光纤电缆，在各类电子设备中大量使用了高集成度且功耗低的电子元件，此外，传统的充油式互感器也没有逃脱被淘汰的命运，电子式互感器将其取而代之。不管是各种设备还是接线手段的改善，都有效地减少了能源的消耗和浪费，不但降低了成本，也切实地降低了变电站内部的电磁、辐射等污染对人们和环境形成的伤害，在很大程度上提高了环境的质量，实现了变电站性能的优化，使之对环境保护的能力更加显著。

2.智能变电站具有良好的交互性

智能变电站的工作特性和负担的职责，使其必须具有良好的交互性。它负责的电网运行的数据统计工作，就要求他必须具有向电网回馈安全可靠、准确细致的信息功能。智能变电站在实现信息的采集和分析功能之后，不但可以将这些信息在内部共享，还可以将其和网内更复杂、高级的系统之间进行良好的互动。智能电网的互动性确保了电网的安全、稳定运行。

3.智能变电站可靠性特点

客户对电能的基本要求之一就是可靠性，智能变电站具有高度的可靠性，在满足了客户需求的同时，也实现了电网的高质量运行。因为变电站是一个系统的存在，容易出现牵一发而动全身的现象，所以变电站自身和内部的所有设施都具有高度的可靠性，这样的特性也就要求变电站需要具有检测、管理故障的功能，只有具有该功能才可以有效地预防变电站故障的出现，并在故障出现之后能够快速的对其进行处理，使变电站中的工作状况始终保持在最佳状态。

二、智能变电站智能测控装置

（一）智能化变电站测控装置的新特征

在传统建筑中，是通过对传统的电流、电压互感器的模拟量，实现电缆传的数据转换，同时利用测控装置进行模数转换，最后利用网络将获得的信息传送到传统变电站的后台监控系统，进行数据的监测和控制。后台的监控系统和测控装置对一次设备的控制作用也只能利用电缆传输模拟信号实现，非常的复杂，且极易出现安全隐患。智能化变电站的测控装置与传统变电站的测控装置相比较，就可以避免传统变电站中测控装置的弊端，充分实现在变电站中设置测控装置的目的和意义。

智能化变电站通过对电气量数据的收集环节和控制环节的智能化使用，利用电子式互感器、合并单元和智能操作箱进行作业，把一次设备收集的电气量直接得转换为数字信号，利用光缆传输技术进行传输，运行控制的进行也通过网络通信的方法用信息保温的方法实现。由此可知，智能化变电站在以下方面对测控装置进行了创新：

1. 电气量信息可以自动化输出

自动化的电气量信息输出，确保了一次、二次系统电气上的有效隔离，从而减小了开关场、感应和电容耦合等方法对二次设备的电磁干扰。

2. 智能化变电站的测控装置工作程序简单

智能化的测控装置的数据采集源于数字量，与传统变电站测控装置中的模拟量相比，电气量的降压、滤波等各项工作都变得非常简单，使得智能化变电站的测控装置的内部构成变得非常的简单。

3. 智能化变电站测控装置结果的误差小

智能化测控装置的测量准确性，有效地减小了智能化测控装置监测结果的误差。因为传统变电站的测控装置是通过电缆传输到二次设备的，电气量的误差也因为二次回路负荷量的不断变化而难以固定。而智能变电站的电气测量误差仅仅来源于电子式互感器，对电气量测量的精准性影响很小。

（二）测控装置在智能化变电站中的重要作用

智能化变电站的工作原理是利用最先进的各种高新技术进行技术的整合，从而实现对变电站的设备以及输、配电线路的监视、控制、调度通信以及测量等自动化功能。

智能化变电站自动化系统中的间隔层设施就是测控装置。测控装置的基本功能具体包括：遥信、遥测、遥控以及遥调四大功能，简称为四遥功能。除了以上四大功能外，智能化变电站的测控装置还具有同期与间隔联闭锁的作用。利用智能化变电站的间隔联闭锁功能可以充分利用测控装置在分布式和网络化上的优点，从而保证全部数据可以通过互联网实现共享。防止防误闭锁方式的误差，同时与后台的监控系统统一进行配置，实现五防顺序控制功能的一体化运行。

（三）智能化变电站中对测控装置的新要求

智能化变电站通过三层两网的结构，有效地利用了资源的共享优势，促进了智能化变电站向集成化方向发展的目标。智能化变电站的间隔功能是由智能组件以及高压设备进行的一体化设计。智能化变电站的测控技术的集成化发展，对智能化变电站的测控装置提出了新的要求。只有实现这些要求，才能保证智能化变电站测控装置集成化发展的目的。新要求具体包括以下几个方面：太网通信接口的多样化、大流量信息处理的技能和与光电互感器和智能开关设施的接通能力、硬件平台的一体化、互可行性的条件、事故简报和间隔录波的功能以及配套工具齐全。只有满足了这 6 项新要求，智能化变电站的测控装置的发展才能更好地发挥作用，保证智能化变电站的主要功能的正常运转，为国家经济的发展和社会的进步提供电力资源的支持。6 项新要求也是推动智能化变电站测控技术进步的基本要求，只有在不断的技术进步中，才能促进智能化变电站测控技术的不断向前发展，解决智能化变电站在发展过程中遇到的难题。

（四）智能变电站的测控装置的发展方向

当前社会，智能化测控装置受技术影响的限制，测量功能还非常单纯，只是在稳态数据方面实现了测控，其他的项目中的测控还无法进行。虽然个别试点项目的测控与同步相量测量的功能进行了整合，保证了测控装置数据收集的稳态，但由于是通过不同的物理口和规约在后台执行从而保证其稳态的数据收集。由此可知，当前的智能化变电站的测控装置还没有实现完全意义上的融合。

为了促进智能化变电站测控装置的发展，需要进行以下研究。

1. 遥测测试技术

模拟量遥测：研究模拟量输入时的遥测测试技术，拟采用模拟源平台的检测技术，利用此平台产生三相可调的幅值、频率、相位的电压电流信号，提供给测控装置，模拟现场的交流信号，从而获取、分析并评定测试数据。

数字量遥测：研究数字量输入时的遥测测试技术，拟模拟合并单元的电压电流信号，通过光纤输入智能站测控装置，进而获取、分析并评定测试数据。

遥测测试技术的使用不仅可以获得数据，而且能够为遥控目标物体提供实时数据，常和遥控技术结合在一起应用，对变电站中测控装置的测试非常的有帮助。遥测测试技术作为一门综合技术，随着电子技术的发展而迅速发展，应用范围越来越广泛。

2. 谐波测试技术

研究测控装置输入波形畸变的影响的谐波测试技术。构建交流电压、电流谐波叠加系统，输出给测控装置，用来检验综自系统谐波测试功能。

谐波测试技术具有建构方案灵活、功能强大以及方便高效等优点，它在变电站测控装置中的广泛使用有效地提高了测控装置测试的准确性和科学性。

3. 防抖测试技术

由于测控装置的遥信能够独立设置防抖时间，对防抖测试技术进行研究，可以有效实现对遥信的该防抖时间测试。

虽然到目前为止，变电站中的测控装置的遥控防抖时间的确定还没有形成标准的测试程序和方法，但通过利用防抖测试技术，对遥信防抖时间进行测量，能科学的对测控时间进行预测。

三、智能变电站的智能视觉系统

（一）智能变电站的设备监控子系统

智能变电站的设备监控子系统可以对设备运行状态进行监控。监控原理是，应用红外热像仪将智能变电站处于运行状态的设备拍摄下来，形成红外图像。虽然红外图像是由于是可见光图像，设备的运行状态得以呈现，但是，如果处于运行状态的设备产生故障，使用红外图像无法定位。所以，红外图像仅仅能够提供表示设备的轮廓以及外观的数据。

在对智能变电站的设备监控子系统进行设计的时候，要做到图像与技术特征相匹配。智能变电设备的红外图像结合见光图像对产生运行故障的设备进行定位，就能够对变电站现场的运行故障设备做出准确的判断。此外，智能变电站的设备监控子系统还可以定位巡检设备，使得变电站的设备检修人员能够提前获得设备故障隐患的各项数据，并对处于运行状态的变电设备进行诊断，对设备的描述提取出来，采用特征变换尺度不变算法进行计算，根据所获得的数据信息对设备的红外图像的特征点进行描述，同时还可以将可见光图像的特征点描述出来，将红外图像与可见光图像充分结合，通过将特征点所在位置确定下来，就测算出空间尺度，使用相似性度量函数对所获得的特征点进行描述。在建立变换模型时，可以采用一致性算法估计模型的变换参数，以对几何变化以准确描述。

（二）智能变电站的环境监控子系统

如果对图像进行远距离观察，观察的质量是非常不好的，况且室外的环境比较复杂，参照物不同，所观察的图像也会存在着不同，观察目标不同，观察的结果也会发生变化。智能环境监控子系统与传统的监控环境系统有所不同，智能环境监控子系统在运行技术上所采用的是视觉跟踪技术，在数据的处理上所采用的是机器学习算法，根据所获得的数据信息对变电站的运行状态做出判断，既能够确保智能变电站的运行安全，也能够对智能变电站设备运行现场的运动物体进行识别，这是视觉跟踪系统在发挥作用。对于变电站运行现场的估计，可以根据粒子滤波算法所获得的结果做出判断。这样做可以对通过计算所获得的数据进行向量处理，并根据数据对有关信息进行描述。在应用粒子滤波算法的时候，如果存在粒子退化的问题，就会对算法的准确准确性起到了负面影响。为了避免这一现象，可以采用高斯过程回归模型，可以使得视觉跟踪技术更好地发挥作用，工作人员可以对现场工作的检修人员进行监控，并对设备的运行状况以准确识别，从而确保了视频内容完整。

（三）智能变电站的门禁子系统

电网处于运行状态的时候，如果采用传统的识别方式，如身份证识别方法、钥匙识别方法，就必然会存在局限性而导致识别有误。一旦这些识别方法遭到破解，非法入侵的现象存在，就会导致信息丢失或者资料被篡改，对智能变电站的安全性影响严重。智能变电站运行中，采用门禁子系统，就是利用智能视觉系统对人的行为特征进行识别，并能够对人的心理特征以描述，基于此而获得个人资料，经过综合分析后对人的身份加以确定。智能门禁子系统所获得的信息成为对人的特征进行判断的最基本条件，也是进入到智能变电站的重地，诸如高压室、接地变室、主控室等重要之地的有效凭证。

智能门禁子系统所采用的识别技术包括虹膜识别技术、人脸识别技术和指纹识别技术。虹膜识别技术是基于每个人都有属于自己的虹膜结构，可以基于此而对人的生理条件做出判断。人脸识别技术是通过对人脸进行分析，通过获取的图像对人脸定位，能够将人的身份快速地认证。指纹识别技术是利用了每个人的指纹都有所不同的特点进行个体身份认证，包括指纹的曲率、短纹、起点、终点、结合点等等。智能变电站采用智能门禁子系统，通过识别技术的运行可以确保智变电站的安全可靠运行。

四、智能变电站的智能监测系统

（一）智能变电站智能监测系统的定义

所谓智能化变电站，主要是对变电站的智能化一次设备（电子式互感器、智能化开关等）和网络化二次设备分层（过程层、间隔层、站控层）的构建，实现 24 小时自动监控，减少值班人员的运行监盘。而智能监测系统则是通过网络化、信息数字化、共享标准化等方法，以先进、集成、可靠的智能化设备为主要平台完成实时监测设备状态、评估检修周期、自动控制电网、在线分析决策、智能调节调度等功能。使得电站运行变得更加安全、稳定。最终实现经济效益最大化的目的。

（二）系统总体设计

1.智能监测系统结构

整个智能变电站在线智能监测系统可分成三个部分：前端系统、网络传输系统和监控中心系统。前端系统是指智能变电站在线监测系统对监控区域的图像采集和处理。工作过程是将前端摄像头采集到的信号经由模拟线缆接入到视频编码服务器中，再由视频编码服务器对相应的模拟信号进行编码和压缩，最后通过网络传输系统将压缩后的信号传往监控中心。变电站智能在线监测系统的系统结构图如图所示。

2.系统工作原理

智能变电在线智能监测系统就是把现场采集到的信号从变电站的现场采集摄像机中提取出来，再经由数据传输系统将其传输到监控中心的服务器上，也就是一个下行数据传输的过程。首先是把摄像机采集到的信号输入到各自的视频编码服务器中，然后这个服务器会对视频进行处理，先将这个信号清晰化，然后将其压缩，再把处理压缩后的信号发送到数据传输网络中，并通过数据传输网络把信号传输到监控中心。最后在监控中心的数据接收端收集来自前端的数据信息，由终端监控计算机对这些信号进行处理并进行解压缩，再通过计算机的图像电视显示墙以及声卡进行情景回放。

（三）系统分部结构设计

1. 前端子系统

变电站的监控范围称作前端现场，它主要由现场信号采集摄像机、云台和网络视频编码器三个部分组成。主要把现场摄像机采集到的模拟信号发送到视频编码服务器中，在这里视频信号会被压缩并编码成数字信号流。当变电站智能在线监测系统的监控管理中心需要查看相应的监控区域时，监控中心就会通过监控主机发出控制信号调用相应的摄像机，对前端摄像机进行控制。

2. 网络传输系统

光同步数字传输网络是把不同类型的网元设备通过光缆路线组成的，这些不同类型的网元设备可以实现光同步数字传输网络的同步复用、交叉连接和网络故障自检、自愈等功能。交叉连接系统以灵活的分插任意支路信号，因此它可以用在光同步数字传输网络中点对点的传输，也可以在环形网和链状网的传输中应用。由于光信号在传输过程中会随传输距离的增加而产生衰耗，再生器的功能就是对光信号进行放大、整形处理，主要用于光信号的长距离传输中。当 SDH 传输网络在传输过程中某一传输通道出现故障时，数字交叉连接系统可以对复接段的通道进行保护，把这一信号接入保护通道中。

3. 监控中心系统

变电站智能在线监测系统的监控中心系统主要是由图像监控服务器，监控管理系统和监控客户终端三部分组成的。由监控中心负责对远端和近端的现场监测设备进行统一管理，并且在管理中要对应好变电站的主控计算机，以便当相应的解码设备对相应的图像信息解码后，把还原后的信号发送到主控计算机中。最后在主控计算机上会显示相应的图像，并记录下变电站智能在线监测系统的各设备、仪器仪表的使用情况和对应的状态，与此同时在监控中心外配置的大屏幕上可以对屏幕进行显示。变电站智能在线监测系统的控制中心可以对监控现场摄像机进行随意切换和控制。

（四）系统相容性

智能变电站在线监测系统在智能监测的过程中不仅要做好监控工作，还要兼顾站内各系统相互间的关系，以防对监测结果产生影响。继电保护系统作为电网安全稳定工作的最后保护关口，它的安全性和可靠性都是最高的，这些特点也对自身有很高的要求，其中最基本的一点就是要保证系统的独立性。在变电站智能在线监测系统出现前电能量采集系统一般是通过拨号的方法向各监测部门发送相应的电量信息，这种方式比较落后。但是随着网络技术飞速发展和控制中心监控系统的改进，电量信息的网络传输也具有了另一种快速、方便的形式，也就是现在的电能量信息采集可以把网卡或网口连接到网络接入设备上，当数据通过电力数据网时，会自动实现网络数据的传输。

五、智能变电站智能化运维管理

(一) 完善规章制度, 加强管理

要想加强智能变电站运维管理工作, 就必须要针对已有的规章制度进行完善, 进一步的加强管理工作, 在智能化的变电站中应该要充分地考虑到, 设备的情况与实际发展的需求, 从而建立起相关的维护规定, 来保障变电站运维管理工作能够顺利地开展。首先, 运维业务应该针对管理部门, 人力部门共同审定的维护项目进行制定和生产, 其次, 要在运维工作开展的过程中, 对运维业务项目进行标准化的处理。还要要求员工必须要按照相关的规章制度来开展工作, 同时, 也要时刻的注重运维工作的动态性和管理性。在我们对规章制度进行完善的同时, 也应该加强智能设备状态的管理工作, 要针对智能设备定期的展开维修和护养, 每一个固定的时间段都应该派专门的人员对输变电设备等状态进行检修, 从而做出一个最为准确的评价效果, 根据设备自身的差异来制定不同的维护周期, 同时也要紧密的注意设备的安全故障, 应该要及时地对故障进行消除和解决, 从而保障整个智能设备能够稳定、健康的运行。

(二) 加强人才的培训力度

为了使智能变电站的运维管理工作能够更加顺利地开展, 我们就必须要加强智能变电站管理人员和工作人员的培训力度, 要定期地开展人员的培训工作, 从而为智能变电站运维管理的发展提供更多的专业化人才。首先, 我们可以通过邀请专门的技术人员或是设备生产的厂家, 来对自身的工作人员进行讲解和培训, 也可以邀请一些具有较强的专业知识人员, 来对智能变电站的运维管理工作展开深入的讲解, 从而使工作人员能够针对设备的特点以及功能进行深入的掌握, 为设备日后的稳定运行奠定基础。其次, 也可以通过派工作人员外出学习的方式, 来加强和提升自身团队的素质修养, 可以加强变电站和变电站之间的交流与沟通, 充分的交流自身的工作经验, 也可以采取联调的方式, 派遣一些工作经验较足, 专业知识较强的员工, 对设备的现场安装和调试进行验收, 从而对设备的资料进行收集, 开展更加规范的编制和学习, 不断地为智能变电站的发展培育出专业的运维人员, 从而为整个智能变电站日后的可持续发展奠定基础。

(三) 开展并推广变电站智能巡检机器人的使用

根据项目目标, 制定工作计划, 促进项目投入与建设。针对智能巡检机器人的投入应用, 应配套建立领导及推进小组, 并确立不同时期的工作目标以及安装、调试、验收等相关工作领导人和责任人。组织培训应用智能巡检机器人的相关部门人员, 实现巡检机器人控制手段的提升, 进而提高其工作效率。智能巡检机器人不仅可以在常规站投入应用, 还可以实现运维检修工作的远程监控, 巡检机器人可以投入在无人站, 满足运维部门和监控指挥中心对巡检设备的远程监测和智能操控, 可以最快地发现运行问题并采取相关措施。智能巡检机器人在投入应用前需要收集大量的检修数据, 统计相关数据以确保巡检机器人

投入后的有效应用。除此之外，还需要定期收集运检工作的实际经验，不断更新巡检机器人的设置系统，从而提高巡检工作效率及质量。编制和颁发智能巡检机器人相关制度，例如《机器人缺陷定性标准》《检修公司智能巡检机器人系统管理方法》《智能机器人巡检观测点命名原则》等等。通过这些管理制度来明确应用功能、应用设定、监控范围、自身缺陷及异常处理等方面内容，最终提高智能巡检机器人的管理水平。智能巡检机器人的投入应用，不仅可以降低检修工作的强度，还可以降低投入成本，其实现了检修工作的智能化、自动化。

第三节　智能电网调度技术

一、智能电网的调度技术

近年来现代化科学技术快速发展，也推动了电力系统的自动化、智能化发展。为了更好地满足市场发展需求，智能电网调度自动化应积极融合自动化技术、智能化技术，实现优化、集成、自愈、兼容等功能。加大对智能电网调度自动化技术的研究，有利于充分发挥调度自动化技术的优势，提高智能电网运行的可靠性、安全性和稳定性。

（一）智能电网调度自动化概述

智能电网调度自动化是指综合运用自动化技术、智能技术、传感测量技术和控制技术等，实现电网调度数据、测量、监控的自动化、数字化、集成化，利用网络信息资源共享，确保电网调度系统能够统一运行。与传统电网调度自动化相比，智能电网调度自动化系统将进一步拓展对电网全景信息（指完整的、正确的、具有精确时间断面的、标准化的电力流信息和业务流信息等）的获取能力，以坚强、可靠、通畅的实体电网架构和信息交互平台为基础，以服务生产全过程为需求，整合系统各种实时生产和运营信息，通过加强对电网业务流实时动态的分析、诊断和优化，为电网运行和管理人员提供更为全面、完整和精细的电网运营状态图，并给出相应的辅助决策支持，以及控制实施方案和应对预案，最大限度地实现更为精细、准确、及时、绩优的电网运行和管理。智能电网将进一步优化各级电网控制，构建结构扁平化、功能模块化、系统组态化的柔性体系架构，通过集中与分散相结合，灵活变换网络结构、智能重组系统架构、最佳配置系统效能、优化电网服务质量，实现与传统电网截然不同的电网构成理念和体系。由于智能电网自动化可及时获取完整的输电网信息，因此可极大地优化电网全寿命周期管理的技术体系，承载电网企业社会责任，确保电网实现最优技术经济比、最佳可持续发展、最大经济效益、最优环境保护，从而优化社会能源配置，提高能源综合投资及利用效益。

（二）智能电网调度功能

智能电网的调度需要保证发电与配电之前的平衡，进而能够保障电网运行的稳定性，同样智能电网调度系统应该能够对发电系统、电气设备的运行、配电站等进行实时监控，同时应该具有避免电压受到外界的影响。现代化调度系统中包含了远程控制、远程监控、智能化决策等功能，因而在配电网中能够对电网设备调度倒闸工作进行指挥，保障调度倒闸操作指令的正确性，智能配电网络调度系统中应该结合 GIS 地理信息平台，促使区域配电网络能够直观的反映出来，当某一部分出现问题后，能够通过 GPS 信息跟踪功能较快的确定故障位置，以保障电网运行系统的安全行以及稳定性。

此外，智能电网调度支持系统应该提供在线分析、在线计算（负荷计算、网损计算等）、智能通信等相关的专业化、信息化的功能，从而能够保证在电网中出现故障以后，系统能够快速的确定出故障位置，并进行相应的运算，如今某些地区架设的智能电网中也包含着云计算的功能，并且为了实现信息的分享，也建设了相应的云数据库平台。同时，通过智能电网调度支持系统的远程控制技术，可以负责对配电网络中继电保护以及安全自动装置进行整定计算。总之，智能电网调度支持系统应该满足电网通信自动化、控制智能化、操作简便化、经济集约化的要求。

（三）智能调度系统关键技术的实现

1.信息和支撑关键技术

基础自动化是建设智能调度的重要基础，完整、准确、一致、及时、可靠地基础信息为智能调度的监视、分析、控制、预警和辅助决策提供坚强的数据基础，建立适应各级调度信息协同共享信息支撑环境可为智能电网提供灵活开放的信息化结构和高效可靠地提供技术支撑。

2.大电网运行监控、安全预警和智能决策关键技术

基于静态、动态和继电保护安自装置信息，实现对大电网实时运行的敏锐监视和智能告警。借助于全球定位系统的相量单元能够实现对电力系统广域网进行动态监控，广域网动态测量技术能够保障调度系统在短时间内完成对电网瞬时状态的采集并且能够采用直观的图像予以展示，该监控系统借助于同步相量技术，能够实现智能通信、故障告警等功能。如果该系统能够在一定时间段（时间不超过 40ms）内，向上一级调度管理系统发送一次电网动态数据同一时间断面的数据都会存在 GPS 时标，从而能够实现对电网动态数据的监测采集、电网故障状态分析等功能。

基于电网动态安全预警系统的开发和优化，加强调度在线安全预警能力，指导电网运行操作和紧急事故处置，提高电网安全运行和风险预控的能力。并通过对极端外部条件下电网运行风险评估及综合防御进行探索性研究，提升电网抵御严重灾害事件的能力。

3. 电网安全经济优化运行关键技术

在智能电网中，电力调度系统需要对电网中母线的负荷进行准确的预测，从而能够确定出电网运行的能源支持方式，如一些较为偏远、能源结构分布不均地域可以选择风力发电、太阳能发电，智能电网构建的核心就在于采用新能源同时采用现代化技术实现对配电网络运行的管理以及故障的诊断。在某些"亏电"区域内，投入智能电网的应用，是实现能源优化以及电网整合发展的重要途径。智能电网的建设能够适应国家能源政策和特大电网发展需求，适应节能环保、成本控制、电力市场、网损优化等不同要求，满足国、网、省三级调度计划和安全核的统一协调需求，实现节能、经济、环保、安全、优化的调度计划和控制，提高能源利用效率，有效控制电网运行成本，实现大范围资源优化配置。

4. 电网优化运行关键技术

智能调度系统能够基于 EMS/SCADA 实现对电网的动态监测以及决策支持，并且能够针对近年来电网运行中常见的问题进行运算预警，实现电网的优化运行。例如当前某些地区所使用的智能调度系统能够依据 PMU 平台所传递的电网动态数据信息，进行在线低频振荡的运算分析。通过动态跟踪以及监控功能也能够实现对电压相对相角、频率和功率动态曲线的跟踪，并且能够对动态曲线的频谱进行实时计算分析，当某一位的频率范围小于要求值时，智能调度系统需对调度运行人员发出相应的告警信息，并且通过同步相量技术，对告警位置进行标注，并将告警状态进行高速采集，这样就能够保障电网维修人员能够快速确定电网运行不稳定的原因，从而实现电网的优化运行。

此外，一些电网调度系统也能够实现对电网中的电流以及电压进行限制，以降低网损，同时能够实现电网的稳定运行。例如基于的短路电流控制技术随着电网的互联以及电网结构的坚强，短路电流控制已经成为电网规划部门的电力调度运行部门需要重点关注和解决的问题传统的故障电流限制技术主要从电网结构系统运行方式和设备性能等三方面考虑这些方法的运行特性，还会增加投资，甚至降低电力系统的稳定性故障电流限制器（FCL）控制短路电流时最近提出的一种新方法在系统正常运行时，故障电流限制器呈现零阻抗或低阻抗，在系统发生故障时，故障电流限制器阻抗迅速增大，因而对电网正常运行方式的运行特性几乎没有影响。目前故障电流限制器控制短路电流目前已在华东电网获得了应用。

（四）智能电网调度运行现状与发展

1. 智能电网调度运行的现状

（1）不完善的智能调度技术平台。智能电网的运用和推广，电网规模的加大，这些则对维护工作者和设备的需求愈发的多，过去的技术系统和工作人员的知识能力已经无法满足快速发展的智能电网的需求，因而目前及需升级和优化技术系统平台。由于当前调度系统平台还不够健全，不能很好地适应电网的运行发展，所以应当运用新技术对其进行革新，从而完善调动系统平台。

（2）电网调动系统规划的不够科学合理，电压等级复杂，这就导致输变电设备的电能输送效率低。伴随着智能电网有关技术的发展和其他新能源的并网发电不停增多，这就使得要对电网实行更合理更科学的规划和调整，运用更有效的技术进行升级。

（3）电网测量的数据不够精准。针对传统电网调动而言，则需有关的操作人员操作和维护，同时要人工对检修的位置进行记录，因而很容易发生人为的记录失误，从而导致数据的不准确。智能电网在这情况上有了很大的改善，但同时也需要更先进的技术来提高测量数据的精准性。

2.智能电网中调度控制技术的应用及其发展

（1）对智能电网系统的开发需求。在目前全面改革的情况下，对智能电网调度系统科学合理的开始十分有必要。在对智能电网调度控制系统开发时，确保安全稳定是电网调度控制系统的重点内容。智能电网调度系统关键是为了确保电网的安全正常运行，这其中就包括监控复杂电网系统中的各项目顺利运行，并且供给各项设施或是措施。在对智能电网调度系统设计的时候要对其实用性和智能性充分的考虑，要确保技术的安全性。同时在智能电网调度的设计的方面，有吸取利用的方式，也有自主研发的方式。

（2）智能电网调度控制技术发展。针对新形势下的智能电网调度控制技术的运用，需要重视三维协调系统的设计，电网在时间和空间中控制目标的复杂性较为突出，就应当结合实际的技术应用情况，设计三维协调系统。其中在空间维设计时，智能电网调度控制技术运用的范围不同上下级电网管控中心。时间维是在不同时期应用计划和实现调度的动态运行方式。然而其中目标维是对电网运行的多个目标实行考量，进而拟制出确保电网调度安全的方案。

3.智能电网调度控制系统技术的长远发展

（1）要确保调度系统的安全运作，要对技术要点研发创新，同时随着国家各项科技的发展，在未来发展的过程中同时要加强智能电网调度控制系统的免疫性。

（2）当前智能电网调动控制系统技术基本上可以满足社会和市场化的需求，但由于省级以上的该系统模块还未真正使用。

因而，市场化模块里的短期电力多级和多时段优化技术会作为技术研制的重点内容，能够有效地提高调度工作的实践性。

二、智能电网调度支持系统

（一）我国电网调度机构及调度支持系统发展现状

我国电网调度支持系统经历了萌芽期、试点、起步、发展和成熟期等多个阶段。远距离动作在电网中的应用，使得电力调度不再只依靠电话指挥进行调度，能将电网运行信息传递至调度室，调度员能快速掌握和优化调整电网运行状况，减少了调度失误。在试点工作方面，东北、华北电网调度主要依靠电子计算机完成，围绕着系统有功功率进行电网自动调整。这些试点工作为之后电网调度支持系统的良好建设提供了有效借鉴。随着计算机技术广泛应用，我国电网调度自动化工作开始全面启动，逐步增加了电网监视工作，打开电网调度发展新局面。当前远动技术已经普及在电网调度系统建设中，从最初的遥测装置发展成微机运动系统，从事电网调度的人员素质也不断提高。目前，我国在借鉴国外先进经验的基础上，研发出满足我国电网运行需求的调动支持系统，电网调度系统建设整体居世界领先水平。

（二）智能电网调度支持系统的基本要求

结合电网调度特点和功能需求，对智能电网调度支持系统提出安全、稳定、可靠、实时等基本要求，只有符合上述要求，才能保证调度系统功能的实现，能为电网稳定运行提供保障，在电网调度计划有效落实的情况下提高电力资源利用率。为确保智能电网调度支持系统具备上述功能，采取安全分区、网络专用、横向隔离、纵向加密的措施，在保证支持系统间信息高效共享的同时，确保不同支持系统运行环境相对安全。并且调度系统中不同子功能模块要做到独立运行，促使各个功能模块能正常运行，发挥子系统智能告警和信息传输等功能。

除此之外，还应完善系统安全保护措施。要想保障电网系统可靠运行，需要充分利用安全防护措施，为系统运行可靠性提供有力保障。实际实施保护措施时，应从完善调度系统安全保护网络角度出发，在这个目标引导下全面进行网络运行监控，及时应对网络危害因素。另外，为了确保智能电网调度支持系统有效运行，还要求智能调度系统在建设时合理利用先进技术，以便建立功能完善的电网调度支持系统，确保电网安全平稳运行。

（三）智能电网调度支持系统的功能

智能电网调度技术支持系统指的是适应电网安全、高效优质、灵活协调、经济环保运行及调度各项管理需求的平台，构成部分主要包括基础平台、调度计划、实时监控、调度管理和安全校核等。其中基础平台能为其余功能的实现提供支持，能实现数据信息存储及管理、公共服务和系统安全维护等功能。而实时监控系统旨在对系统运行情况进行实时监控，及时收集电网系统动态、稳态等运行状态信息，并对这些信息进行分析和评估，从而根据信息反映出的系统故障问题做出预警。调度计划主要功能在于从电力市场需求和发电调度等方面着手，制定可行性较高的调度计划，从而在电力调度顺利进行下保障电力资源有效利用。而安全校核可应用在电网运行方式的安全分析中，以便及时发现其中存在的不足并解决。

（四）智能电网调度支持系统各功能对调度业务开展的影响

从数据采集层来看，电网调度业务系统共同构成了数据采集层，将图像监视及系统故障信息等集中在人机界面上，进而为电网调度工作的开展提供准确数据，在数据信息参考作用下保证电网调度合理化。将有关信息展示到人机界面上，可简化调度信息浏览操作。在智能分析层方面，可在智能化调度系统下，使得不同系统产生的信息集中在同一数据库中，还可结合专业管理和负荷保护等知识，促使调度工作人员能根据信息计算结果，做出正确的调度决策,从而保证电网调度有效开展。另外,从网络通信子系统来看,电网调度系统中的子功能系统主要起到进行数据信息传输,以及进行电网管理等作用,主要利用通信技术和计算机技术,可在子功能系统进行数据全面采集和分析的基础上,为电网调度计划充分落实提供保障。最后,在人机交互层方面,随着智能化技术在电网调度系统中的运行,使得系统人机交互层功能有所提高,有利于调度操作有效执行。自动化的调度系统下,能通过人机交互接口,将系统运行信息、调度决策方案信息一同传递给调度人员,之后调度人员需要对不同调度方案进行分析并选择出最佳方案。从这一角度来看,人机交互层能保证调度系统功能的实现,确保电网调度操作的规范化。

(五)下一代智能电网调度系统的发展方向

智能电网调度系统将逐渐朝着广泛互联、智能互动、灵活柔性、安全可控等方面发展,从而提高调度系统功能,发挥其在电网稳定运行上的作用。未来智能电网调度系统将是一个智能化系统,将系统数据及负荷数据结合起来,测量系统中主要包括智能电表、用户是外网、通信网络等。并且调度系统中将逐渐引进地理信息系统、智能巡视系统和智能输电运行系统等,可促进电网调度系统功能的不断完善,促使电力调度规划的有效实施。另外,智能调度系统朝着广大互联方向发展,使得系统中的数据互相传输,突出调度系统互动性能,保证电网调度在信息顺利传输下全面开展。并且未来调度自动化系统更多是一种功能可组、布局灵活的系统结构,能提高电网调度灵活性,使得电网信息层次清晰,有利于提高电网调度质量和效率。在进行智能化电网调度时,系统可将输电、发电和配电等信息集中在信息平台上,进而达到电力供需平衡。整体来看,未来智能电网调度支持系统能做到对用户电能需求的实时掌握,根据实际需求进行电能资源分配,从而提高电力资源利用率。

(六)智能电网调度支持系统电网风险防范措施

针对智能电网调度支持系统电网风险防范,这里主要提出以下风险防范措施:一是电网实时监控及智能告警,这一功能是在对电网运行信息和设备状态信息有明确掌握的基础上,做到对电网运行状况和运行问题的全方位监视,并在综合性分析下得到在线故障分析结果。电网监控和智能告警功能,能做到对电网运行状况、运行稳态、电力设备监测等信息的收集和整合。其中智能告警功能可根据电网运行故障实现在线报警,自动判断电网运行故障并提供事故画面。智能调度系统运行中,能综合开关动作、继电保护、故障录波信息和雷电定位等信息,进行在线故障诊断,在降低电网运行风险上有重要意义。二是电网自动控制,是指根据电网运行信息、调度计划信息等来调整设备,做到电网闭环调控,能加大对电网风险的控制。自动发电控制模块能起到维持系统频率、坚实备用容量、加大负荷频率控制和维持电网信息交换频率等作用。在自动电压控制模块运行下,可加大对电网母线电压、电网无功潮流的控制,为电网安全运行提供有力保障。

三、智能电网调度技术支持系统的电网运行安全风险

（一）智能电网调度技术支持系统的建设

1. 高效建设基础平台

在智能电网调度技术支持系统之中，基础平台主要是对各种应用的研究、运营、管理给予相应的技术支持，而在线防范电网运行安全风险是其中一种必不可缺的应用，因此，在智能电网调度技术支持系统建设中，基础平台建设非常重要。在平台建设中，相关人员应保障各项技术资源的高效运用，保障基础平台中的集成环境、开发环境、运行环境等得到基础构建；提高管理节点服务，并通过计算确定节点服务口位置，保障并行计算管理的功能齐全，提高其对电网中隐患、电网运行风险等在线评估的准确性，提高基础平台在线控制功能。

2. 在线安全稳定分析的应用

在线安全稳定分析是评估电网运行安全风险的核心。当前，我国智能电网调度技术已经能够通过网络全面监测电网运行情况，相关人员通过监测数据分析电网运转的安全性与稳定性，并通过差异性数据判断出影响电网安全运行的故障所在区域，快速解决问题，保障电网安全运行。在电网调度技术中，在线安全稳定分析的应用，进一步对影响电网安全的因素进行精确零花，缩小故障区域，提高电网的安全与稳定。

在线安全稳定分析的应用，是在线控制电网运行安全中的辅助策略。在智能电网调度技术支持系统中，在线安全稳定分析的应用，能够通过分析电网运行，得出数据，有效处理电网安全问题。并且，其的应用，完善了智能电网调度技术，满足系统对电网稳定性的需求。

（二）电网运行安全风险在线防控

1. 电网运行安全风险在线防控的定位

实际上，在智能电网调度技术支持系统中，在电网运行安全风险在线防控的定位并不仅是确定故障所在地，而是存在于实时监控与预警类应用中一个应用，与基础平台、调度计划类应用、调度管理类应用等具有一定的逻辑关系。

在智能电网调度技术支持系统中，电网运行安全风险在线防控主要有以下功能：以电网当前运行数据为依据，通过对外部自然环境的分析，分析可能存在的故障，对故障进行风险评估，针对风险不可接受情况，分析风险控制措施，提出系统满足电网运行安全风险的需求，提出最优方案建议，降低电网运行风险。

2. 电网运行安全风险在线防控的构成

电网运行安全风险在线防控，主要由三部分组成：故障概率在线评估、风险在线评估、风险在线控制辅助决策。

（1）故障概率在线评估

电网故障概率在线评估，该部分的作用主要是为风险在线评估、风险在线控制辅助决策提供概率信息，保障其能够真实反映电网运行方式，了解外部自然环境等对电网设备的影响，展现电网故障的失控差异特性。

影响电网设备故障概率高低的因素较多，尤其是输入信息的全面性与准确性，更是直接关系着故障概率的变化与可信度。如：在自然灾害影响设备故障概率评估中，大多自然灾害并非可控因素，且天气变化速度较快，气象局也很难保障天气预测的准确性，对此，详细收集信息，扩大数据采集范围，加强与气象局的联系，保障故障概率的准确性，实现电网运行安全风险在线防控。

（2）风险在线评估

风险评估能够有效识别风险，是实现风险防控不可缺少的重要构成。电网运行安全风险在线评估，主要以当前电网运行当时为基础，分析预想故障对电网安全稳定性的影响，并将所分析的结果进行量化，结合预想故障的概率信息，计算风险值，当风险值超过电网不可接受情况，电网调度技术支持系统可直接预警。在系统中，在线安全稳定分析主要包含有静态安全、频率稳定等方面，因此，风险在线评估也包含了静态安全风险、频率稳定风险、运行风险综合评估与预警等。

为实现电网运行安全风险在线评估，必须向系统中输入以下数据：电网实时运行状态相关数据、电网模型、动作逻辑模型、预想故障与概率、可接受风险值等。而风险在线评估的输出结果数据主要是电网安全稳定问题类型、风险预警信息等。

（3）风险在线控制辅助决策

风险防控的目标主要是针对出现不可接受风险情况启动，以便提前采取防范措施，消除或者降低风险。在观察电网运行安全风险在线评估结果时，若风险为不可接受情况，应及时启动电网运行安全风险控制在线辅助决策进行，采取有效措施降低风险，综合措施控制风险效果。帮助调度运行人员进行展开有效的风险防范决策。由电网运行控制角度来看，风险控制措施全面覆盖电网并包含了所有风险类型，以此提出的风险防控整体解决方案才更加高效。以技术实现角度来将，应首先展开某一范围风险控制决策，其次，逐渐加入其他类型风险控制决策，最终进行综合，简化风险控制难度，提高电网可靠性。

为实现电网运行安全风险在线控制辅助决策，相关人员需要在系统中输入以下数据：风险在线评估功能的输入数据、风险在线评估结果、预防控制可选措施等。而系统的输出结果数据主要包含有风险控制措施、控制代价、措施实施后风险变化等。

3.智能电网调度控制系统应用技术的展望

（1）多时段多级短期电力市场技术

我国电力市场的发展阶段十分复杂，在其发展过程中尽管取得了基础性改革和技术上的进步，但并没有提高我国电力市场的实际发展水平，与欧美国家电力市场发展水平比较还有很大差距，虽然近几年来我国智能电网控制调度系统的能力逐渐在提高，但是能真正支持现阶段我国电力市场发展数字信息化技术模块并没有满足实际市场发展的需要，国家省级及以上的电力网络控制调度系统是提高电网实际应用和提高电力市场发展的关键内容。我国短期电力市场的多时段多级优化技术一直是提高我国实际应用电网调度控制系统水平的重要内容，提升我国技术应用的水平是目前我国电力市场环境发展的契机，同时也是短期电力市场优化技术向着稳定性、灵活性及可靠性的方向发展。

（2）自描述动态解析技术及电网调度运行方式

电力网络运行方式和电网调配可以为电网调度及控制技术提供正确的指导，当前我国电网运行方式主要包括年运行、月运行以及日运行等，上述运行方式在技术方面基本相同，在实际工作过程中工作人员需要严格按照相关规定中的要求进行具体操作，减少人为操作错误的情况出现，同时在电网调度配置工作中专业技术人员需要对自描述动态解析技术及运行方法进行相应的指导。在未来发展过程中，电力企业需要对以上技术进行不断的改进及创新，同时需要根据自身实际需要对电网动态识别能力进行提升，进而更好地实现提升电网调度安全性及可靠性的目标。当前我国在电网调度控制技术上取得较大突破，此种情况对电网及电力系统安全运行奠定了坚实的基础，在未来发展过程中各大电力企业仍然需要对控制技术进行相应的调整及创新，进而更好地满足时代发展的各项要求，为各行各业实际生产经营及人们日常生活提供充足且稳定的电能，为电力企业带来更多的经济效益。

（3）可信计算与安全免疫技术

随着我国科学技术的不断发展，智能电网调度控制系统已经逐步趋于成熟，无论是从安全性、智能性以及自控性来说都有了较为完善的系统，同时其在电网运行安全管理过程中也发挥着重要的作用。但是从安全管理角度来说仅靠技术的发展是不够的，还需要在原有技术的基础上进行安全管理的完善，进一步确保系统运行状态的平稳性。因此在未来智能电网调度控制的过程中，需要对安全管理与系统构建技术进行有机的融合。在现阶段电网调度安全运行过程中，信息技术的发展受到了网络信息攻击能力和传播能力的冲击，这对其自身的发展来说既是机遇也是一种挑战，如何能够在意识形态以及技术形态上对其进行进一步的创新显得尤为重要。

第四节　输电线路状态监测技术

一、输电线路状态检修技术

（一）状态检修的必要性及意义

1. 输电线路实行状态检修的必要性

输电线路实行状态检修是电网迅速发展的需要，是电力企业实现现代化、科学化管理的要求，是新技术、新装置应用及发展的必然。状态检修可以避免目前定期检修中的一些盲目性，实现减员增效，进一步提高企业社会效益和经济效益。

2.输电线路实行状态检修的意义

改变输电线路单纯的以时间周期为依据的设备检修制度，实现状态检修，可以减少检修的盲目性，降低运行维护费用，提高资金利用率；提高输电线路运行可靠性；减轻工人劳动强度；促进运行维护人员知识更新。

（二）状态检修的基本原理

1.设备状态监测

设备状态监测的目的是获取设备现阶段运行的状态数据作为依据。状态检测主要可以分为在线监测与非在线监测。在线监测主要是指利用计算机技术等先进的技术手段在线采集设备的运行状态数据，采集周期可以随意选择，提高采集的准确度。非在线监测主要是根据设备的健康状态进行的常规试验，如周期性巡视。

2.设备健康诊断

设备健康诊断主要是根据采集的数据，判断设备当前的健康状况。可分为以下几种过程。

（1）设备健康模型表达

设备健康模型表达主要是全面描述当前设备运行情况，正确反应和表达设备的各种状态，通过这种表达可以及时了解设备真实情况，一旦临界故障，就可以及时检修。不同的设备，模型也会有所不同，要根据实际情况进行相应的设计。

（2）健康状态诊断

健康状态诊断根据采集的数据和信息，结合设备健康模型，运用分析算法和技术诊断设备健康状态。健康状态诊断是状态检修的关键，只有充分了解设备运行的实际情况，才能诊断出设备的健康状态。一旦诊断出设备存在故障，就要及时查明根源，及早维修，以免做无用功，延误时间。

（3）健康预测

根据设备的运行历史和当前状态，预测出设备的寿命，这样可以制定设备的最佳检修时间和检修内容。

设备健康诊断的目的是判断设备现在的健康状态，只有充分掌握设备的真实情况，才能更好地开展工作，进行调控，确保设备发挥出最大的功效，并减少故障的可能性。一旦故障处于临界状态，就可以发出信息，及时进行运行和操作，将故障的损失和影响降到最小。

（三）输电线路检修的几种方式

1.不坏不修

照此方针，线路设备一直运行到发生损坏为止，其间很少支出日常维护或检修费用。

在这种情形下，损坏是生产管理人员所完全不能控制和预料的，生产运行计划变得很困难甚至不可能。

2. 定期计划检修

按照事先定好的间隔时间，实施预防性的维修是当前线路检修中的常用做法。即按照生产计划，经过一段根据经验制定的时间之后，对线路设备进行检查并更换个别零件或整个设备。严格来说，大部分定期性的工作如定期清扫、定期检修、春秋两检和定期大修都可归入这一范畴。实行定期计划检修，可以按计划停电，整个生产流程易于控制与管理。只要按照规程要求严格执行，确保巡视与检测结果的完整准确，并确保检修质量，是基本可以保证线路安全稳定运行的。这种检修方法的缺点，一是工作强度大（过大的劳动强度和工作面有时还导致巡视和检修的质量难以保证），二是消耗大，且定期检修无法完全避免在检修中把一些尚可继续使用的设备换下，而某些已损坏的设备又换得太迟的缺点。

3. 状态检修

状态检修是根据设备的状态而进行的预防性作业。状态检修是节约费用，降低劳动强度的先进方法。在电网发展日益庞大，用户对可靠性的要求越来越高的今天，国家对电力企业的经济效益期望越来越大，状态检修更加显现出不可替代的作用。理想的状态检修要求对线路的状态给予连续的关注，运行的重要参数要时时测量，并予以评估和整理。在这方面，必须不局限于考虑实际线路状态，测得的数值趋势对推断原因也是有帮助的。

（四）输电线路状态检修的重点工作

按照理想的状态检修概念，就必须对线路实施不间断的在线监测，这方面近年来输电工区已在线路上逐步进行了应用，如线路防雷监测系统的全面应用，线路绝缘在线监测装置与监视探头逐步的安装等。目前来说，无论在人员技术、检测设备以及对设备状态的统计分析上都还和状态检修的要求存在一定的差距。因此，要使状态检修符合实际工作，长期稳定的进行下去，应先从以下几方面着手进行。

1. 应用成熟的离线监测装置和技术

在目前在线监测技术还不够成熟得足以满足状态检修需要的情况下，应充分利用成熟的离线监测装置和技术，如红外热成像技术、盐密（灰密）监测技术、绝缘子带电检测、接地摇测等预试工作对线路设备进行测试。要认识到，开展状态检修的关键是抓住设备的运行状态，而这些检（监）测工作都能帮助我们分析设备的状态，有针对性地进行检修工作，保证设备和系统的安全。因此，在今后的工作中，应给予线路预试与检测工作更为足够的重视。

（1）在高温高负荷期间以及迎峰度冬期间要大力开展红外测温工作，全面掌握所有线路接头与连接线夹的运行状态，综合运用多种判别方法分析测温数据，及时处理接头与线夹缺陷。同时，应逐步探索应用红外热成像技术判别劣质绝缘子技术。

（2）长期以来开展的严密监测工作积累了十几年的经验数据，为线路调爬与定期清扫（早期为逢停必扫）提供了依据，有力地防止了污闪事故的发生。从 2007 年开始，又按照上级要求，完成了由传统的严密监测工作向饱和盐密与灰密监测的过渡，修订了污区分布图，以期在线路绝缘配置达到相应污级要求的情况下，实现对绝缘子的免清扫维护。应注意的是，如果线路的绝缘配置尚未达到相应的饱和盐密与灰密的要求，绝缘子清扫还需按期进行。同时，应按规定对所辖线路长期监测，及时掌握污级变化情况，采取相应对策。

（3）绝缘子带电检测工作一般采用的是火花间隙仪或采用绝缘子电压分布仪检测瓷质绝缘子。而随着合成绝缘子的大量应用，必须准确掌握合成绝缘子的在线运行状态，可考虑在线测量绝缘子串的泄漏电流。根据研究，劣质绝缘子产生的原因有：污秽、电热老化和制造工艺等因素。引起悬式绝缘子闪络的因素很多，但是污秽绝缘子发生闪络之前，最终都是反映在污秽绝缘子泄漏电流的大小。因此开始出现应用在线检测绝缘子串的泄漏电流来检测绝缘子运行状态的方法。特别是随着目前合成绝缘子的大量应用，许多地方都曾发生所谓的合成绝缘子"不明原因"跳闸，迫切需要在线检测合成绝缘子运行状态的仪器。而合成绝缘子无法通过火花间隙仪或电压分布仪来检测其运行状态，因此泄漏电流检测仪开始逐渐推广应用。通过这种仪器检测出绝缘子串的泄漏电流，根据泄漏电流的大小和相应的判别方法，可检查出零值或低值瓷质和玻璃绝缘子和劣质合成绝缘子，具体判别方法如下：交直流线路瓷质、玻璃、合成污秽绝缘子的检测。在同杆塔上，检测每串污秽绝缘子泄漏电流，与邻近杆塔上污秽绝缘子泄漏电流比较，如果两个杆塔上污秽绝缘子串，泄漏电流普遍增大到异常值的上限范围，则绝缘子泄漏电流增大是由于绝缘子串污秽较严重引起的，则应进行清扫；交直流线路零值、低值绝缘子检查。在同杆塔上，检测每串绝缘子泄漏电流，与前次检测同串绝缘子泄漏电流比较，泄漏电流增大至异常值上限范围，则该串中有零值或低值绝缘子，应逐片检查；交流零值、低值绝缘子检查。不同杆塔上，检测每串绝缘子泄漏电流。两个边相同位置串，绝缘子泄漏电流比较，两相电流差值在 25A 以上时，则该串中有零值或低值绝缘子，应逐片检查；劣值合成绝缘子检查。在同杆塔上，检测每串合成绝缘子泄漏电流进行比较，泄漏电流偏大的合成绝缘子，电流在异常值范围内，则该串合成绝缘子是劣质绝缘子。

但应注意，由于该技术应用的时间不长，积累的运行经验不足，应在实践中不断地总结经验和判别方法，从而真正科学地指导绝缘子的安全运行。

（4）降低接地电阻是最直接有效地提高线路防雷水平的措施，因此接地电阻的测量工作必须按周期严格执行，并确保测量数据的准确性。同时，应积极探索应用接地电阻测量新仪器与新方法，降低测量人员劳动强度，提高工作效率与测量准确性，以实现对所辖线路接地网运行状态的全面掌握。

2. 管理与技术紧密结合

在状态检修的实践中，我们应认识到仅仅依靠技术手段作为检修的决策准则是远远不够的。这不仅仅是技术本身不成熟，还不能够完全地提供我们所需要的技术能力，而且也由于经济上的原因，我们不可能依靠技术手段而不考虑经济的因素。解决这个问题的办法除了研究更加廉价的技术手段外，必须发挥人的力量，更加有效地采用管理的手段，使检修决策工作能够适合实际的需要和可能。在这方面，作为基层单位，应在上级部门与专家指导下，着力先做好以下几方面的工作：

（1）积极应用先进的生产管理系统以及信息管理系统，在生产管理上实现创新和突破。先进的生产信息管理系统能使生产管理人员更便捷、更准确地分析线路的运行状态，及时制定与调整状态检修策略。同时应结合信息管理系统与运行经验，绘制所辖线路特殊区域图，如鸟害多发区图、雷害多发区图、冰区图、污区图、林区图等，并按期进行修订，为状态检修奠定坚实的基础。

（2）努力消除生产技术管理中的薄弱环节。如加强基础管理，为状态检修提供完整的设备档案记录及运行、检修、试验记录；各级人员重视历史记录的组织和利用，注重横向、纵向比较与发展趋势分析。

（3）着眼于取消没有必要的工作，消除多年来延续下来的定期检修制度对思想的束缚。如根据设备的运行水平延长部分线路和地段的检测周期，不断摸索更为先进的运行维护模式等。

3. 确保检修的质量

实施状态检修策略的过程中，确保检修的质量是搞好状态检修的关键。要消除状态检修就是减少工作量的片面认识，如在状态检修中，用严密监测来指导送电线路的清扫周期，那么在进行送电线路绝缘子的停电清扫时，就更应确保绝缘子的清扫质量。必须加强清扫质量的监督管理工作。否则，就无法保证线路的可靠运行。同时，一旦出现因清扫质量不合格而出现的跳闸事故，会使职工对状态检修的功效产生怀疑，甚至对状态检修失去信心。巡视工作人员每月的定期巡视是状态检修数据的重要来源，巡视质量的好坏直接关系到状态数据的真伪，因此在这个环节上要下大力气保证巡视质量。如对员工进行培训，提高他们的工作能力，增强员工的责任心，规范管理，严格考核。

4. 关注全过程的管理

抓住设备的初始状态。这个环节包括设计、订货、施工等一系列设备投入运行前的各个过程。也就是说状态检修不是单纯的检修环节的工作，而是设备整个生命周期中各个环节都必须予以关注的全过程的管理。需要特别关注的有两个方面的工作，一方面是保证设备在初始时是处于健康的状态，不应在投入运行前具有先天性的不足。另一方面，在设备运行之前，对设备就应有比较清晰的了解，掌握尽可能多的信息。包括设备的铭牌数据、型式试验及特殊试验数据、出厂试验数据、各部件的出厂试验数据及交接试验数据和施工记录等信息。

5. 带电作业

带电作业可以说是实现状态检修的重要条件。无论是对设备进行带电监测还是及时处理输电线路的异常状态，带电作业都有不可替代的作用。平时应加强对带电作业人员的培训工作，配齐必备的带电作业工具，并严格按周期对带电作业工器具进行试验，以确保在需要时能安全高效地完成带电检修工作，保证输电线路的安全稳定运行。

二、智能电网下输电线路运行状态监测技术

（一）智能电网的线路监测

智能电网可以将通信手段、信息化技术、计算要技术和物理电网整合成一个高度集成的新兴网络，提升人民的生活质量。加快建设以特高压电网为骨干网架，各级电网协调发展，具有信息化、自动化、互动化特征的坚强智能电网，是国家电网公司转变电网发展方式的核心内容。

相对于 220 千伏电网，500 千伏电网具有十分明显的优势，具体如下：

1. 传输容量大。电网每高一个等级，其输送能力就吃不开几何级数增长。500 千伏输电线路具有传输容量大、可传送距离远等特点，是跨城市间长距离送电的主要方式。

2. 节能降耗。架设一条 500 千伏线路，其输送能力相当于架设了四条 220 千伏线路，有效节约了线路走廊。500 千伏电网是主干电网潮流流向结构得到优化，降低了系统网络的损耗。

3. 坚强可靠。全省台风、洪涝等自然灾害频发，但在近年来历次自然灾害中，均未对省内的 500 千伏电网造成影响。500 千伏大环网的形成，使全省电网的安全运行水平和抵御自然灾害的能力得到极大提高。通过 500 千伏线路与华东电网形成双回路联网，两网互为备用，错峰换电，极大提高了电网的安全性、稳定性。

然而，随着我国高压输电线路的规模迅速增长，线路巡视维护工作量激增，现有的监测模式、监测技术已远远不能满足要求。此外，智能电网下的超高压输电线路的运行监测、安全管理仍面临巨大压力和挑战。

一是线树矛盾、外力破坏、违章搭盖等问题日益增大，台风、洪水、山火等自然灾害频发，新投运线路存在的缺陷较多，电网安全运行压力与日俱增，发生大面积停电事故的可能性仍然客观存在。

二是当前各线路巡检站在安全管理、规范化和准军事化管理等方面与省公司的要求仍有较大的差距；三是巡线员的思想认识、责任意识、业务能力等综合素质仍有待提高。

（二）智能化监测的内容

在智能电网下的智能化输电线路监测，应按照线路运行维护的实际需要，并结合已开展的相关工作，体现技术的前瞻性，注重监测系统的扩展性和可操作性。

应当综合运用输电线路状态监测系统和数字化信息系统，建成输电线路运行、监测、检修及管理一体化平台，实现对线路输送功率的实时监测、预测和对输电环节的集约化管理。采用静止无功补偿器等柔性输电技术提高线路输送能力，提高电网运行的灵活性、快速性，降低网损，实现理可靠、更安全、更节能、更经济的电力输送。

智能电网中，输电线路的智能化监测内容方面，主要有：绝缘子污秽的监测和评估；

导线运行状态、导线弧垂、导线温度等；输电线路运行环境监测和危险点视频监控。

（三）智能化监测技术

1. 线路覆冰预警系统

以往，覆冰区线路主要依靠护线员巡视，人工巡线时间长，耗费人力大，评断较为主观。

由某电力公司组织省电力试验研究院研发的输电线路覆冰预警系统，发布了10多条不同等级线路的蓝色预警信号，电力公司随即安排专人密切监视覆冰预警线路，覆冰预警范围内的供电局也纷纷采取有效的措施延缓覆冰的增长，或加强巡视力度，或协助林业部门对危害线路安全的覆冰树木、毛竹等进行砍伐，以保证线路和杆搭的安全。

此套输电线路覆冰预警系统是该电力公司防灾减灾指挥系统的子系统，它实现了对输电线路覆冰形成全过程的监测和预警，针对不同等级的线路覆冰情况，系统将发出"线、橙、黄、蓝"不同等级的预警信号，分别代表着"严重、较严重、较轻和轻微"的覆冰影响程度。"严重"等级覆冰容易导致线路跳闸、故障或设备损坏，并由此引起供电中断，造成停电损失。利用该系统，能提前监测线路覆冰情况，在"蓝色"轻微等级覆冰时就能及时采取措施，监控覆冰增长，防止覆冰走向"严重"等级，保证线路的安全运行。

线路覆冰预警系统试运行后，利用摄像头传输气象数据，运用覆冰成灾模型等对数据进行精确分析，预报的客观性和准确性大大提高。

2. 智能化电力巡检监测系统

该系统采用移动设备辅助 PDA 进行电力巡检。该设备体积小，便于携带，可以充当管理系统的终端，在巡检果能够预先查看电力设施的资料，必要时，也能对巡检提供一些辅助的功能，如导航、提示、GPS 坐标定位等。巡检线路的设备可以是一般的 PDA 或集电话功能一体的智能电话等移动智能设备。移动设备可以借助公共万维网、无线网络或局域网与巡检系统的服务器保持实时通信，实现实时同步数据，在输电部门的任何一台系统工作终端上，只有是在用户权限的允许范围内都可以操作生产管理系统。也就是说，可以实时查看所有巡线移动设备上传的线路、杆塔运行状况（主要指线路、杆塔存在的缺陷）。

3. 输电线路智能生产指挥系统

某电网公司研发了集动态指挥、定位调度、科学管理、智能导航、实时监测、巡视监控、数据采集、无线通信等近20项功能于一体的电力输电系统管理体系。

该系统满足了输电线路巡检工作快速、高效、准确的需要，为实现输电管理工作的标准化、规范化、电子化、信息化、智能化奠定了坚实基础。

4. 智能产品

电力行业在打造智能输电网络的过程中，不断开发新技术，一系列智能产品不断诞生，为打造坚强的智能电网，以及优化输电网络的管理提供了有力保障。

"活地图"：从 2005 年开始，技术人员运用 GPS 和照相机，不仅对每个塔基进行准确定位，而且还拍摄了近百万张实地照片，所有线路位置都被记录在电子地图上，形成了区域输电地理信息系统。使用时，只需要打开 GE 系统，输入坐标值，便能在短短几秒钟把区域内所有线路的杆塔、路径显示出来。

"千里眼"：成立专门的输电线路监控中心，配备远程视频监控设备，及时发现各种线路故障及人为的施工安全隐患。

"机器人"：智能巡检机器人，专门对一些穿山越岭、横跨江河的特殊区域，特殊地段，特殊塔形进行监测，收集数据，同时不受恶劣天气的影响，避免人工操作带来的伤亡隐患。

三、特高压输电线路状态监测技术的作用分析

（一）特高压输电线路状态监测内容

1. 绝缘子污秽监测

绝缘子污秽程度是输电线路绝缘状况的直接反映，所以我们必须采取合理的措施对绝缘子污秽加强检测。通常是利用停电操作来对绝缘子表面的污秽程度进行监测的，监测的内容包括等值盐密和灰密。部分研究单位利用在线监测的方法测量绝缘子污秽的等值盐密和灰密，但这种技术的发展当前还不够成熟。现在国内外许多相关单位都在针对绝缘子污秽的在线监测积极进行研究，希望利用这种方法对绝缘子污秽等值盐密和灰密实现有效的监测。因此为了使污秽的等值盐密和灰密监测的精确性得到保障，建议仍然利用传统的离线监测方式对特高压输电线路的绝缘子污秽进行监测。

2. 微风振动监测

微风振动现象对输电线路，特别是高压架空的输电线路有严重的影响，容易使输电线路产生疲劳和损伤，进而造成更严重的后果，并且微风振动对于输电线路的危害相对隐蔽，如果不能被及时发现，久而久之会留下较大的安全隐患，所以我们应该采取积极的措施对输电线路的微风振动加强监测。运用微风振动检测仪进行监测是有效的监测手段，微风振动检测仪通过连续有效的监测导线相对于线夹的弯曲振幅值，进而测量出实际振动数据，所以在特高压输电线路的监测过程中对输电线路的微风振动加强监测，对输电线路稳定安全的运行有重要的意义。

3. 输电线路的环境监测

输电线路的环境监测指的是分析和预测输电线路所在区域的气候特征和气候灾害，主要监测内容有气压、气温、降水、风向、风力、雷暴、冰雪等。利用输电线路的环境监测可以及时掌握输电线路的环境变化，并及时采取合理的防灾和减灾措施，使输电线路的稳定和安全得到保障。一般情况输电线路的环境监测是通过建设专门的环境监测站实现的，因为通常特高压输电线路都相对较长，为了最大限度地节省成本，可以在典型的特高压输电线路污秽地区建立输电线路的环境监测站点，不仅可以对输电线路环境加强监测，还能达到节约成本的目的。

4. 输电线路的视频监测

输电线路的视频监测指的是在输电线路出现问题较多的重要地段安装视频监测装置，进而对这些地段的环境加强实时监测，减少发生危险事故，保证输电线路的稳定和安全。一般情况，输电线路的视频监测的重要地段包括林区、施工地段、交通繁忙区、人口密集区的等，输电线路的视频监测可以实时监测输电线路和输电杆塔的状况，而且不会对输电线路的运行造成不良影响，所以在特高压输电线路出问题会较多的地方或重要的位置安装视频监测系统，可以使为特高压输电线路的稳定和安全运行提供坚实的基础保障。

（二）新式的监测技术

1. 成像法的测定

若某设备含潜在的某类故障，那么表层也伴有反常偏热的特点，红外线可用作测定反常。具体来看，红外线测定了辐射至表层的反常信号，在这种基础上去辨识故障特性、故障是否严峻、突发故障的方位等。相比其他手法，红外成像结合了多种优势，例如非触摸性、牢靠而且精准、安全且高效等。凭借红外线可详细分析过热及接触状况下的故障，测定了绝缘性的、回路导流性的其他表征。由此可见，红外检查具有实效性及独特的便捷优势，在根本上消解了故障。现有仪器包括热电视、红外热像仪、装备的测温设备。依照实际情况挑选最合适的设备，辨认关键性的线路设备表征。增设热像图谱特定的数据库，留存相对温差及温升性的数值。定时拟定解析报告，测定这个时点的异常设备。针对特高压测定的红外成像正被采纳并推广，可用做试验测定。紫外成像凭借于成像仪，分析放电性电晕表现出来的信号。成像处理之后，叠加至可见光图形，以此辨认电晕强度。待测构件及选定的仪器并未接触彼此，这种检测具有更优的敏锐特性，更便于区分放电电晕现存的真实状态。紫外成像也具有敏锐的特质，常用于断股及散落的电路、损伤的线路等。

2. 区分超声波

超声监测用作识别裂痕状态的绝缘子芯部。这是由于超声波可穿越不同的多样介质，反射并折射到各类的介质表层。超声波测定也配备了必要的发生器，可发射介质内在的脉冲。若绝缘子含有内在的裂痕，时间轴即可凸显发射波特定的细微裂纹。依照潜在缺陷以便于判别精准的超声波位置，由此也判定了绝缘子细微裂纹。超声测定这类表征有着便捷且简易的多样优势，可以抵抗干扰。然而不应忽视的是，这类监测途径也暗藏衰减、换能器的缺陷及耦合特性，并不适宜测定距离偏大的某些电路。针对实验室测定、在线性的监测，仍可选取超声波用作辨别。超声波现存范围内的测定设有复合装置，例如瞄准器、激光定位装置、远距离测定放电的装置、框架以及耳机。根本的测定机理为：绝缘子定位可选取激光方式，搜集得出精准的超声波而后转换成音频。在这之后，借助于耳机即可辨别超声波，仪表也可指示清晰的强度数值。针对现场测定，这类途径仍缺失了必备的敏锐性。与此同时，金具配备的高压端也将融汇于偏大的噪声背景内，噪声掩盖了待测构件发射出来的细微声波，由此增添了监测时的偏差。

3.辨识电场

监测线路状况可选电场法用作识别，以测定翔实的分布电场，可获取各区段的绝缘缺点。在平时运行中，轴线表现出光滑性的曲线，它展示了各时点特定的电势及电场强度。在绝缘子内部，缺陷表现为导通性的，电场针对相关位置也凸显了变形状态。由此可知，只要测定了轴向分布的绝缘子电场即可探寻潜在的隐含故障，这类故障设为导通性。从现状看，带电测定线路隐含缺陷的配套仪器已被研发出来，但仍没能推广。某种程度上说，此类仪器可测定某构架内的绝缘子缺点，但是现场不便采用。

（三）特高压输电线路监测系统的设计

1.系统的组成

特高压输电线路监测系统的设计对输电线路的监测技术进行了充分的利用，主要包括一个监测主站和多个终端设备，终端设备在输电线路的各个杆塔上安装，这些终端设备在光纤通信网络中通过无线路由器接入，便可以使终端设备和监测主站之间实现数据的传输。

2.系统的功能

特高压输电线路监测系统可以在线进行实时监测，有利于促进输电线路稳定安全的运行，主要功能包括：（1）实时监测输电线路的杆塔和通道；（2）探测输电线路的红外热像；（3）对输电线路的绝缘子污秽加强监测；（4）监测输电线路的微气候及其振动和覆冰；（5）运用表格和图形的方式表示输电线路的运行情况和发展趋势；（6）综合分析各种数据，得出评价输电线路的最终结果，并对相关问题进行预警，并利用相关电子设备对相关信息进行发布。

（四）应用特高压输电线路状态监测技术过程中注意的问题

在对输电线路状态的主要监测技术和输电线路监测系统充分的了解之后，还应该对其细节问题的处理引起重视，使特高压输电线路状态监测技术的应用效果得到提升，促进特高压输电线路稳定安全地运行。

1.对相关工作人员的技能加强培训

特高压线路的监测与维护对科学技术有较高的要求，相关工作人员想要满足特高压线路的监测与维护的需求，必须具有较好的专业技能，所以就需要相关部门对工作人员的技能加强培训，使工作人员的专业技能和综合素质得到提升，把理论学习和实际操作有效地结合起来，使所有的工作人员在巩固理论基础的过程中不断提升自己的专业技能。另外，在培训中还应该采取相应的激励措施，激发工作人员的学习积极性，并利用科学全面的培训内容，全面提高工作人员的综合素质，为有效的应用特高压输电线路状态监测技术提供重要的人力支撑。

2.提高特高压输电线路状态监测故障的诊断能力

在监测特高压输电线路状态的过程中，只有及时诊断相关设备和线路中的故障缺陷，并对这些问题和故障进行合理的预测，才能使特高压输电线路的问题得到最大程度的解决，使故障的损失减少，所以就需要努力提升特高压输电线路状态监测故障的诊断能力，并且提升特高压输电线路状态监测故障的诊断能力是全体工作人员的义务，相关工作人员应该精确的分析输电线路及设备的数据，对输电线路故障进行科学的预测和诊断。

第五章 智能配电网技术

第一节 智能型配电自动化技术

配电自动化是一个集成系统，它主要用于对配电网上的各种设备在远方进行实时监控，协调和控制，这是近年来发展的新技术和新领域。是计算机技术与通信技术在配电网监视和控制方面的结合，也是电气自动化的典型应用。

一、配电网自动化概述

（一）概念

配电系统自动化即配电网自动化，英文简称为 DSA，目前无论是国内还是国际上都尚未确立能被普遍接受的配电网自动化概念。我国的国家电网公司对配电网自动化做出了这样的定义：通过现代通信、计算机技术实现对电网在线运行设备远程监视、控制的网络系统。配电网自动化的内容有 10KV 馈线自动化、开闭所自动化、小区配电自动化、配电变压器、电容器组自动化等。国际供电会议组织 1995 第 2 工作组将配电网自动化功能定义为配网运行自动化和配网管理自动化两方面的内容。其中，运行自动化即对配网进行实时监控，自动切除、恢复故障，管理自动化即指停电管理，对离线设备、实时性要求较低设备的管理。配电网自动化的核心内容是利用计算机技术、通信技术对配电网的运行状况进行监控和自动化调节，并不断提高自动化运行、管理水平。

（二）发展

配电网自动化系统的发展阶段分为三个，这些阶段都是建立在社会需求、电力科技发展的基础上的。第一阶段，以馈线自动化为主的配电网自动化系统；第二阶段，调配一体化系统（调度自动化、配电自动化一体）。绝大多数发达国家的配电网都采用配电网管理系统实现实时应用与管理应用的结合，我国的一些大型电力企业也逐渐开始采用这一系统。我国近四十年的配电网自动化发展历程可分为以下三个阶段。首先，馈线自动化系统。馈线自动化即变电站出线与用户用电设备间馈电线路的自动化，主要具有两大功能。第一大功能，正常状态下，对用户进行监测，优化运行。第二大功能，事故状态下，对故障进行定位、隔离，转移负荷，恢复供电控制。馈线自动化系统主要有重合器、分段器这两大设备。

其次，配电网自动化系统。配电网自动化系统能对配电网进行远程监控、协调，采集配电网的数据，对系统的实时运行情况进行监视。在正常运行状态下，配电网自动化系统的功能主要是对配电网运行状况进行监视和遥控改变，故障状况下则是自动隔离故障，恢复全区供电。最后，配电网管理系统。配电网的调配工作难度随着负荷密度的增加而不断增加，为了能优化故障判断、检修，为用户提供更加可靠、安全的电源，人们发明了一种实现了实时应用、管理应用一体化的配电自动化系统。根据相关信息不难看出，配电网自动化发展遵循了由简单到复杂的规律，这一系统的发展符合了社会经济和电力企业发展的需求。

（三）配电自动化的意义与特征

1.配电自动化的意义

监测配网故障或异常运行情况，迅速查出故障区段及异常情况，快速隔离故障区段，及时恢复非故障区域的用户供电，缩短对用户的停电时间，减少停电面积，当配网正常运行时，通过监视配网的运行工况，优化配网运行方式，根据配网电压合理控制无功负荷和电压水平，改善供电质量，达到经济运行的目的，合理控制用电负荷，从而提高设备利用率。

2.自动化系统的特征

完全符合国际标准的系统构架和数据模型，可以对超量实时数据进行准确可靠的处理，具备基于配电的分析应用和实用功能，针对配网调度和故障抢修的"停电管理系统"，采用信息交换总线实相关系统的互联，各种通信方式综合应用支持配电信息传输。

（四）配电自动化技术的现状

我国的配电自动化技术主要经历了三个发展阶段，即自动化阶段，遥控遥测自动化阶段和计算机辅助自动化阶段，当前国内外的配电网自动化技术均使用这三种方式来实现。

1.柱上设备自动化

这种技术的应用，主要是考虑配电自动化的开关设备之间相互配合，其中主要的设备就是重合器，分段器和故障检测器，以此来隔离故障以及区域供电的恢复。柱上设备自动化技术的优点就是工程量和投资量小，无须配备相应的通信网络，方便在现有的配电网中继续改造。而这种技术的缺点则在于重合器必须多次进行重合操作，经过准确判断后才能扫除发生的送电或者停电用电设备很容易发生损坏。

2.遥控遥测自动化

遥控遥测自动化技术的应用主要是取决于 FTU 与通信网络，其设备是 FTU，通信网络和计算机系统，以此实现远方实时监控。这种技术是柱上设备自动化的升级应用。可以通过人工进行遥控，遥调和遥信以便及时切换电网的负荷。但是这种技术的工程量和投资金额相对较大，需要改造现有的配电网和变电所存在一定的难度。

3. 计算机辅助自动化

这是一种高级的应用，它主要的设备是 FTU 计算机系统，通信网络和高级应用软件等通过这项技术，能够实行配电管理系统及人工智能的应用。

二、配电自动化系统实施与实现

（一）实施步骤

配电网自动化系统具备效力的基本条件是坚强的配电网架，为此，建设配电网自动化系统需改造、加固配电网架。配电网自动化改造的线路应满意下列内容：首先，主干线路优先选择闭环机构及开环运行方式，各个一次设备应满足负荷转移要求；其次，主干线路设置分段开关；再次，确保开关设备的可靠性和智能控制能力。目前大部分地区的核心线路都能满足上述要求，但一些使用年限较长，比较老旧的设备不能进行三遥。配电网管理系统的架构通常是框架式的，从馈线自动化逐渐发展成为如今的配电管理系统集成。配电网自动化系统的实用性、可靠性对电网一次设备、网架结构、负荷具有重要影响作用。要实施配电网系统的自动化改造与建设应遵循以下步骤。首先，确定配电网自动化的功能需求，分析相关工作及工作人员的需求，明确各部门的核心需求、发展需求。配电网自动化管理系统应充分发挥信息技术、通信技术的作用，对现有投资提供有力的保障，减少系统运维耗费成本。其次，根据配电网的具体情况选用合适的馈线自动化方案。再次，配合馈线自动化建设。最后，实现信息系统的集成。

（二）配电自动化系统的实现模式

1. 简易型

简易型配电自动化系统是基于就地检测和控制技术的一种系统，它采用故障指示器获取配电线路上的故障信息，一般是无线公网通信方式将故障指示信号上传到相关的主站，由主站判断故障区段，再由人工处理停电故障。

2. 实用型

（1）系统简介。实用型模式是利用多种通信手段，以实现遥信和遥测功能为主，并可对具备条件的配电一次设备进行单点遥控的实时监控系统。配电自动化系统具备基本的配电 SCADA 功能，实现配电线路，设备数据的采集和监测。

（2）适用范围。适用于通信通道具备基本条件，配电一次设备具备遥信和遥测条件，但不具备实现集中型馈线自动化功能条件的地区，以配电 SCADA 监控为主要实现功能。

3. 标准型

（1）系统简介。标准型模式是在实用型的基础上实现完整的配电 SCADA 功能和集中型馈线自动化功能，能够通过配电主站和配电终端的配合，实现配电网故障区段的快速切除与自动恢复供电，并可通过与上级调度自动化系统，生产管理系统，电网 GIS 平台等其他应用系统的互连，建立完整的配网模型，实现基于配电网拓扑的各类应用功能，为配电网生产和调度提供较全面的服务。

（2）适用范围。适用于配电一次网架和设备比较完善，配电网自动化和信息化基础较好且具备实施集中型馈线自动化区域条件的供电企业。

4. 集成型

（1）系统简介。集成型模式是在标准型的基础上，通过信息交互总线实现配电自动化系统与相关应用系统的互联，整合配电信息，外延业务流程，扩展和丰富配电自动化系统的应用功能。支持配电生产，调度，运行及用电等业务的闭环管理，为配电网安全和经济指标的综合分析以及辅助决策提供服务。

（2）适用范围。适用于配电一次网架和设备条件比较成熟，配电自动化系统初具规模，各种相关应用系统运行经验较为丰富的供电企业。

（三）配电网自动化系统架构、主站设计

1. 系统架构

馈线自动化作为配电网自动化的核心功能，其实现方式对配电网自动化实现方式具有十分重要的影响。为此，对自动化系统架构进行设计的过程中，应充分考虑配电网线路接线、负荷等情况，并对线路的可靠性、项目建设投资等情况进行掌握了解。配电网自动化系统的架构模式包括简易型、实用型、标准型、集成型、智能型五种。首先，简易型的配电网自动化系统架构是一种初级的馈线自动化架构。系统架构中包含智能故障指示器，发生线路故障时指示器会翻转变色，维修人员可通过指示器的状态辅助确定故障情况。智能故障指示器会将故障信号传递到相关主站，而后让主站对故障区段做出判断，并将信息发送给维修人员。简易型的配电网自动化系统能独立工作，无须依靠通信系统或主站进行工作，同时还具有安装方便，结构简单，成本低，可靠性高的优点。其次，实用型的配电网自动化系统架构。此系统架构的工作由子站系统、主站系统、通信系统、监控终端这几方的协调配合完成。同时，此系统架构还能对部分配电一次设备进行实时监控。当线路出现故障时，终端设备可将故障信号、开关动作情况进行上传，进而判断故障区段，并通过远程操作隔离故障区段，恢复其他区段的供电。再次，标准型的配电网自动化系统架构。此类型的系统架构能实现主站与终端的配合，赋予配电网区域化、模块化的特点。一旦发生故障，标准型系统架构能快速切断故障。接着，智能型配电网自动化系统架构。此类系统架构利用高性能计算的快速模拟，结合专家预警分析，对配网故障进行切断和自愈。

2. 自动化系统建设步骤

安装智能故障指示器。配电网自动化建设的第一步就是为核心区路线的主线、分支联络、故障多发用户安装智能故障指示器。建立集中型的自动化馈线之前，为故障查找提供辅助手段。第二，完善一次网架建设，确保各个线路都能实现转供带。第三，对不能满足自动化要求的开关、环网柜进行更换。第四，利用光纤构建核心区域的通信网络。第五，

配电网自动化主站功能建设。第六，重点建设配电网自动化主站系统中的馈线自动化系统和配电 SCADA 系统。

3. 主站建设

配电网自动化系统的核心组成部分即为配电网自动化主站系统，该系统的主要工作是采集、监控配电网数据。建设过程应始终满足国家电网发布实施的相关指导文件的原则，贯彻落实"统一规划，分步实施"的原则。此外，主站系统建设应遵循下列原则：第一，集中采集维护，分层分区域应用；第二，对配网实行分区域监控、维护；第三，实现信息交互、共享；实行调控一体的管理模式；第四，选用模块化设计，对应用软件进行积极的二次开发。配电网系统的主要结构通常包括配电主站系统、配电子站、配电远程终端、通信网络。配电网主站系统地处城市调度中心，而配电子站则位于市区变电站，主站的主要职责是负责与各个子站间的通信，而子站的主要职责是实现与区域内各种电力终端设备的通信。

（四）配电自动化系统的应用效果

1. 缩短了停电时间和提高了供电可靠性

采取环网"手拉式"来对用户进行供电，解决了线路应故障和检修造成的全线停电的现象。利用配电网自动化系统，可以快速、有效的监测出来线路故障发生的具体位置，并进行有效的隔离处理，恢复健康线路的供电，这样可以大大缩短故障停电的范围，缩短用户停电的时间，从而达到提高供电可靠性的目的。

2. 节省了总体投资减少了检修费用

配电网自动化技术能合理的安排网络结构，在一条线路的用户因为线路故障和维修出现停电问题时，那么就可以通过网络操作联络开关，使健康区域有其他供电线路供电。由此可见，实行配电网自动化技术可以充分节省线路的投资，减少了不必要的停电时间和维修费用，并能及时、准确的寻找到线路故障和维修位置，大大缩小了维修的时间，尽快地给用户供电。

3. 提高了运行管理水平和改善了供电质量

使用配电网自动化技术，有效地避免了在恢复供电和维修电网时的人力资源消耗，防止由于过负荷产生供电质量下降的问题，减少了线路损伤。通过实行对配电网进行监控，可以对线路进行预测，及时发现线路过负荷的现象，自动计算线损的程度，有效地防止了窃电现象的发生。

4. 为推行电力商业化运行提供现代化工具

配电网自动化技术，有效地减少了用户交付电费时的一些不必要的程序，大大提高了效率。配电网自动化技术是实现从用户电能表自动抄表到记收电费的全部过程，呈现在用户面前的是一个新结构的电价实施方案。使供需双方的总费用都得到节省，起到了"迅速""高效"的作用。

（五）发展配网自动化技术应注意的几个问题

1. 做好规划。首先是配电网络一次系统的规划，与此同时做好配电自动化的规划，要考虑多个方案，并进行比较。在规划中要坚持分阶段、分块实施的原则，对配电自动化几个方面的功能，都应全面考虑到，但不一定要同时实施，而应选择对改善供电质量最有效、技术上较成熟的先实施，然后逐步扩充功能，不断完善，以便节省投资，避免浪费。在选择采用的技术和设备时，应该按照先进、实用的原则，在选择实施方案时应按照各自配电网的不同情况，遵循因地制宜的原则。

2. 在设计计算机系统（主站）、数据采集和传送方案时，要从信息化的角度统一考虑EMS，DMS，MIS 等，尽量利用计算机网络技术，做到信息资源共享。

3. 提高开关设备、FTU、控制终端等设备的技术性能和质量，特别是提高其他抗严寒恶劣环境的能力。

4. 加强配电自动化应用软件的开发。配电网的结构和运行有其自身的特点，不能完全依靠厂家现成的系统，必须在依托现有厂家系统的基础上，结合电网实际，由运行单位和产品制造厂密切配合来完成符合电网实际的应用软件。

5. 通信方式上要做到因地制宜，要根据本网的特点选择不同的设备和不同的通信方式，宜组成混合式通信网络。

第二节　配电网风险评估与自愈

一、配电网设备运行维护中风险评估

（一）做好配电网设备运行维护中风险评估工作的重要性

配电网设备在运行的过程中，如果得不到应有的维护管理，设备内部很容易出现较大故障，严重影响配电网设备的安全运行，降低电力企业的经济效益。想要保证配电网设备更加安全可靠的运行，配电网设备运维人员要应用先进的风险评估方法，针对配电网设备运行过程中可能出现的故障，提前做好相应的防范工作，不断降低配电网设备发生故障的概率。

通过做好配电网设备运维中的风险评估工作，能够帮助配电网设备运维人员更加全面的了解设备内部结构特点，为设备提供更加安全的运行环境，减少设备发生故障的次数。由于配电网设备内部结构比较复杂，在一定程度上增加了配电网设备风险评估难度，因此，设备运维人员在实际工作当中，要运用先进的风险评估方法进行评估，并详细记录下配电网中各项设备的运行数据，经过综合分析之后，对原有的风险防范措施进行改进。

（二）配电网设备运行维护与风险评估原则

1. 整体运行状态评价

配电网设备在运行的过程中，一旦出现故障，会严重影响电力系统的总体运行效率，浪费大量的电力资源。因此，配电网设备运维人员要对设备进行运行状态评价，并结合设备的使用时间，准确记录下设备发生故障的次数，找到设备使用时间与故障频率之间的关系，在提升配电网设备安全性的同时，不断延长设备的使用时间。通常情况下，配电网设备故障发生频率主要分为三个阶段，分别是早期、偶发期与损耗期，相关工作人员要详细分析设备故障发生时期，做好相应的预测工作，并与配电网设备进行状态评价，保证配电网设备更加可靠的运行。

2. 选择合理的评价标准

通过选择合理的风险评价标准，能够保证配电网设备内部结构更加完整。在科学技术不断进步的今天，配电网设备种类与数量越来越多，对配电网设备运维人员的专业要求也越来越高，想要保证配电网设备的安全运行，运维人员要不断提升自身的风险评价水平，并结合配电网设备内部结构特点，采用合理的风险评价标准。通过认真分析配电网设备风险评价结果，准确计算配电网设备发生故障的概率，制定针对性较强的风险防范对策。

3. 准确划分风险等级

结合配电网的风险值，能够帮助配电网设备运维人员更好的划分风险等级，并根据配电网设备风险评估结果，合理调整配电网设备的运行速度，进一步提升配电系统的安全性。通过准确划分风险等级，并制定合理的风险防范措施与配电网设备运维计划，对故障设备进行有效的维修与管理，减少断电现象的发生，在保证配电网设备可靠运行的基础之上，不断提高配电网的总体运行水平。

（三）配电网设备运行维护中风险评估方法

1. 信息收集

为了保证配电网设备运维风险评估工作得以顺利开展，运维人员要做好信息收集工作，在收集信息的过程中，运维人员需要注意以下几点：（1）结合配电网设备运行情况，进行设备运行信息进行有效的收集，并详细了解设备的运行状态；（2）根据配电网设备发生故障的次数，采用合理的公式进行计算，通过计算配电网设备发生故障的概率，制定妥善的防范对策；（3）针对配电网设备运行特点，进行风险评估，优化设备内部结构。

通过收集大量的配电网设备运行信息，构建合理的数据模型，能够帮助配电网设备运维人员更好地了解设备内部结构特点，保证设备运行故障得到有效处理。对于配电网设备运维人员来讲，在实际工作当中，要结合设备运行状态，进行有效评价，并将评价结果进行等级划分，结合设备的损坏情况，采取科学的维修措施，不断降低配电网设备发生故障的概率。

2. 资产值评估

在进行资产值评估时，配电网设备运维人员要准确评估配电网设备的资产值，通常情况下，运维人员主要从资产净值与资产耗值两个角度进行评估，并结合设备的总体运行效果，明确设备的采购价格，适当降低配电网设备的维修费用，进一步提升电力企业的总体效益。配电网设备在运行的过程中，受外界环境影响比较大，因此，运维人员要为配电网设备提供一个良好的运行环境，并结合设备损耗程度，对其可靠性进行合理的评估，不断减少配电网设备发生故障的次数。

另外，配电网设备内部结构具有一定的复杂性，增加了运维风险评估难度，为了保证配电网设备运维风险评估工作能够顺利开展，相关工作人员要结合配电网设备运行资产净值与损耗程度，制定更加完善的设备维修制度，在保证配电网设备稳定运行的基础之上，提高配电网设备总体运行效率。通过对配电网设备进行资产值评估，能够保证配电网设备得到更好的运维管理，提高配电网设备的安全性与可靠性。

3. 量化风险评估

在对配电网设备进行风向程度量化评估是，运维人员要结合设备的风险值进行综合评判，并根据设备发生故障的概率，合理确定设备的运行周期，不断减少配电网设备维修次数，防止配电网出现严重的运行风险。通常情况下，配电网设备风险等级主要分为三种，分别是低级风险、中级风险与高级风险，由于风险等级不同，运维人员采取的防范对策也不同，针对配电网设备运维中可能出现的低级风险，运维人员要适当加大监测力度，并结合设备运行过程中存在的安全隐患，制定更加合理的防范对策。针对配电网设备运行过程中可能出现的中级风险，要及时处理。

另外，针对配电网设备运行过程中可能出现的高级风险，运维人员要在规定的时间内进行检修。如果配电网设备出现高级风险，会降低配电网设备的运行效率，影响供电效果，因此，运维人员在实际工作当中，要结合设备运行故障风险等级，制定相应的防范对策，防止火灾事故的发生。通过对配电网设备进行量化风险评估，能够保证配电网设备运行数据得到更好的处理，提高设备的安全性。

二、智能配电网自愈控制技术

所谓的配电网自愈，是指配电网具备的自我预防、自我恢复的能力，它是配电网智能化的重要标志，也是智能配电网的重要特征。自愈能力源于监测电网重要参数，并对其进行有效控制的策略，当系统正常运转时，对电网进行实时评价和不断优化，以实现自我预防，并通过检测故障、隔离和恢复电力供应等措施来实现自我恢复。

（一）配电网实施自愈控制的必要性

近年来，国家投入大量资金，对城市电网进行了大规模地改造，其信息化和自动化水平有了显著提高，但是，随着各种新能源发电技术的不断发展，给配电网的运行和控制保护带来新的机遇和挑战。

在传统的配电自动化技术的基础上，发展延伸出的自愈控制技术，不仅提高了供电的可靠性，也使配电资产利用率得到了极大提升，作为高级配电自动化的核心功能，其顺应未来电力的发展趋势，能够接入分布式发电、电动汽车充放电和储能等设备。长期以来，国内配电网存在线路损耗高、设备利用率不高和供电可靠性较差等问题，而需求侧响应等智能配电网自愈控制正是解决上诉问题的核心技术，也是解决大量接入的关键。

（二）智能配电网自愈控制的技术体系

1.功能定位

不间断供电是配电网自愈控制最为基本的原则，首先需通过优化和预防措施，对配电网进行校正控制，以防止发生事故；如果一旦发生事故，为避免损失扩大，则必须采取紧急恢复控制，以及进行检修维护控制，若由于停电事故造成电网大面积瘫痪，那这就说明自愈控制未取得成功。

2.技术体系

智能配电网的自愈控制技术体系分为三个层次，其中基础层居上，支撑层居中，应用层居下。

（1）基础层——电网及其设备

电网实现智能化的前提是实体电网，其是智能电网的物理载体，而自愈控制的实现也是以其作为基础。但是我国配电网与国外相比，无论管理水平还是整体电力供应能力和可靠性，均低于国外同行；远低于先进国家配电自动化系统的覆盖率；我国配电网技术还未成熟，加之运行维护满足不了实际需要，以及频繁地调整网架结构，导致部分设备处于闲置状态，其实用化水平偏低；有些城市的配电变压器节未能充分发挥节能降耗技术的作用，其运行经济性不高。

（2）支撑层——数据和通信

电力的传输以及其运行的安全性、高效性、可靠性，是以覆盖全电网的信息交互来实现的。而且，一次、二次设备的状态和表计计量等数据，是支撑自愈控制的基础，但是，这种数据的采集，不仅数量大、采集点多，而且较为分散，因此，就必须建立开放的通信结构，制定统一的技术标准，并完善安全防护措施，在此基础上，构建集成的、高速的双向实时通信系统。

配电网智能化的实现，是以集成的、高速的双向实时通信系统为基础的，其也是配电网自我预防、自我恢复的核心。通过通信系统，电网能够持续进行自我监测，并利用先进的信息技术不断校正，从而实现自愈能力，以提升对电网的驾驭能力，服务水平也随之提高，而且其也可对各种干扰进行监测补偿，并重新分配潮流，以防止事态扩大。

（3）应用层——监测与评估

电网、供电设施和数据通信是否完善，直接关系到自愈电网的各功能是否能够实现，在此基础上，电网的自我预防、自我恢复通过监测、预警、评估分析、控制以及决策、恢复等技术手段来实现。智能电网具有自愈能力，其在运行状态下，我们可将其分为正常、预警、临界、紧急以及恢复等状态。

电网的各种状态的划分，是以系统各参数指标是否在允许范围为界定，其中，各参数指标在允许范围内，则是正常状态；虽未越限，但有些指标已经处在警戒范围，则系统处于预警状态；当运行参数指标已接近上限，或轻度超越时，则是临界状态；而某些重要参数指标超越界限，则处于紧急状态；部分负荷电力供应中断，则是恢复状态。

（三）智能配电网自愈控制关键技术

随着配电系统快速仿真和模拟、分布式计算以及保护装置的协调和自适应整定、智能分析和决策、与 DG 的协调控制等技术措施的发展应用，配电网自愈控制的方式也有所改变，其供电的效率和可靠性也随之提升。

1. 含 DG 微网及储能装置的智能配电网建模与仿真技术

研究各种配电系统元件模型、电力电子装置、控制器以及 DG、储能元件的仿真建模方法，其模型统一描述方法是以公共信息模型为基础，其研究内容包括动态等值和快速仿真与模拟等技术，还包括 DG、微网及储能装置的智能配电网模型化简技术，以及电磁暂态仿真、多相潮流、稳定性仿真等算法，配电网元件类型多种多样，主要有配电线路、变压器、各种 DG、储能设备和无功补偿装置，加之模型的适应性，这对智能配电网建模和仿真技术提出了更高的要求，基于用途不同，各配电元件的模型表达又分为稳定性仿真、稳态分析和暂态仿真，与此同时，针对网络重构的故障恢复技术，智能配电网必须提升仿真、计算的快速性，以适应技术的发展。

2. 在线智能分析与决策技术

在智能配电网自愈控制方案中，基于预想事故的自动匹配技术，提供了实现有效控制和保护动作的方案，其对各种基于预想事故的智能电网的技术和方法进行了研究，如自愈控制的智能化学习、多重分析结果的多目标智能决策等最佳匹配技术以及预防控制连锁故障演变的方法，其中，无论自愈控制决策的协调、在线风险评估，还是冲突解决、优化，应针对智能配电网的某一运行控制目标。

在实际运行时，因受到某些因素的影响，会产生多种不同的控制预案，甚至相互之间发生冲突，基于此，要求自愈控制系统做出自我协调，以化解控制决策的矛盾，对各控制预案进行比较，在实施前做出在线分析评估和优化，预估可能产生的控制效果，并做好有效的后备控制方案。

3. 智能配电网保护装置控制保护技术

通过局域网信息，多电源闭环供电的配电网能够形成网络式保护，因此，应在网络重构之后对网络式保护装置自适应的控制保护原理进行分析研究，对基于局域信息或全局信息等不同平台的各种保护装置进行协调配合，研发智能配电网保护测控一体化终端和故障指示设备（用于显示故障分支），智能化配电网在运行优化或者故障恢复时，其应用的网络重构技术以及实现即插即用，都对保护装置的整定和配合提出了更高的要求，因此，自愈控制系统应及时捕捉配电网网络拓扑的变化，准确感知 DG 的投切，保护装置必须相互配合，并在第一时间内完成在线自适应整定。

第三节　智能配电网停电管理

一、配电网计划停电管理

（一）供电可靠性与计划停电

1. 影响供电可靠性的因素

2012 年，在延安分公司对用户供电可靠性工作停电原因分析，故障停电占 11.91%，计划停电（无限电）占 88.09%。从国内外供电可靠性指标的管理数据分析，我国非限电性质的计划停电所占比例最大，其次是限电性质的预安排停电，再其次是故障停电。

2. 计划停电在供电可靠性管理中的地位

在供电企业的正常生产过程中，影响供电可靠性的因素主要有故障停电和计划停电两种。经过农村电网建设与改造和完善工程的深入之后，电网健康水平有了很大提高，故障停电的概率也大大减少，目前，为发展智能电网及解决农村低电压问题，电网升级改造工程已经启动，计划停电次数也相对增大，因此减少计划停电时间是提高供电可靠性的一个重要方面。

（二）计划停电的重要性

作为供电企业，从服务与企业信誉的角度出发，为了向供电用户提供良好的服务质量，避免各类性质故障的突发，必须有计划的提前对设备进行必要的检修维护与改造，从企业自身经济效益考虑，供电企业为满足新增供电用户与原有供电用户的用电需求，必须进行必要的停电工作，为满足社会的发展，提供安全、可靠、稳定的电源，供电企业有计的对线路进行必要的新建、改造、迁移等工作以满足城市及农村建设需要。

（三）影响计划停电的因素

电网网架结构与设备健康水平的高低决定着计划停电管理工作的难易程度，也决定供电可靠率的高低。因此，对计划停电管理工作而言，应在不同的电网基础之上，通过各种有效管理手段使电网实现正常的供电可靠率，充分发挥出管理工作的优势与特点。

目前影响计划停电管理工作的几种错误思想。一是认为停电不可控的思想。片面认为供电可靠性及计划停电管理工作的好坏完全取决于电网网架水平的高低与健康水平的优劣，所以供电可靠性工作便无从做起，致使平时对计划停电管理放任自流。二是与前者相反，为了目前供电可靠性指标而盲目强调不停电的思想，拼设备，致使检修作业或电网改造工程停电受阻。三是忽视停电过程管理的思想。对具体的停电作业，停电准备工作及停电期间施工进度的时间控制监督检查不力。四是缺少计划性与统筹性的思想。缺少统筹计划的观点，同一条线路在短时间内多次安排重复停电，随意性较大，缺少计划停电管理的严肃性。

（四）计划停电的管理原则

检修停电优先原则，即检修停电计划必须放在所有停电计划的首位，这样可预防事故的发生，使工作始终处于主动的位置；设备改造停电优先的原则，即设备改造、电网工程类的停电应优先安排，这样才能提高设备健康水平，确保供电可靠性持续增长；减少停电次数的原则，即属于同一条线路的不同类型的作业要尽可能安排在同一时间段内进行，实行"一条龙"服务，避免重复多次停电，提高供电可靠率；减少停电时间的原则，为尽可能地减少停电时间，要做好停电前的一切准备工作，在工作过程中，要严格控制工作节奏，在保证人员安全及施工质量的前提下，确保最佳工程进度。

（五）计划停电的管理措施

1. 明确停电管理的统筹协调部门。由于停电管理与客户利益息息相关，一般以生产技术部作为统筹协调部门，从最大限度减少客户停电损失出发，做好从编制停电计划到落实停电方案等一系列工作。

2. 加强检修作业管理。高度重视并做好停电检修计划编制工作，加大执行考核力度。做好主网检修计划与配网检修计划的衔接，尽量降低主网检修对配网造成的影响。制定典型检修工作停电标准，严格控制停电次数与时间。优化停电检修流程，准备工作做在停电前；提高工作质量与效率，减少检修操作停电时间。

3. 避免重复停电。加强内部沟通与协调，尽可能将属于同一线路的不同类型的作业安排在同一时间段进行，努力提高停电的效益成本比。

4. 树立设备检修停电优先的观点。没有设备安全，供电可靠性也就没有保障。因此，检修停电计划必须放在一切停电计划的首位，这样可减少事故停电。

5. 制定严格的考核管理办法。为杜绝个别单位粗放式管理，对设备运行状况掌握不清，日常维护及巡视设备不到位造成对电网运行失控，不真实上报计划的现象发生，公司制定严格的考核办法，对于计划不周密，非计划停电次数多的单位将按考核办法扣除奖金，对影响公司供电可靠率的单位负责人进行处罚，严格考核制度，争强责任心。

6. 保证电网设备的优良运行。正确实施状态性检修，深入开展安全性评价工作，对设备进行运行监测监控，淘汰差的，留下优良的，这样可提高状态性检修工作运行基准，更有利于供电可靠性与计划停电管理工作。

7. 提高带电作业操作人员的能力，扩大带电作业的项目，引用其他电网新技术，尽量减少电网检修、抢修的停电时间。

8.强调专业间的配合。可靠性管理要广泛参与到配电管理、新增用户送电方案审批、停电计划会签与审核、计划外停电的批准、城网改造设计等各项工作中去。

（六）强化计划停电管理对供电可靠性的影响

近几年来，延安分公司从各个方面采取积极措施来加强计划停电的管理工作。不仅从人员的配备与培训，而且从各项管理规章制度上加以明确，最终落实到各项具体的停电作业上。同时还加强了电网建设与新技术的使用。通过这些工作，使公司成为供电可靠率提高的受益者。虽然近几年来受到电网升级改造工程的影响，但2010—2012年的可靠性指标却在逐年稳步提高。

二、配电网停电信息管理系统建设

（一）计划停电管理

计划停电管理的主要内容包括停电计划的全工作流闭环管理，记录针对当前停电计划的所有动作，并为计划的创建，审核，执行等环节提供必要的可视化辅助手段，通过模拟停电实现停电范围分析，受影响设备及用户分析，生成计划停电预案，为95598等部门提供丰富、即时的计划停电信息。其中有序用电也包括在计划用电范围，但自成一套流程，部分执行环节也与常规的计划停电略有区别。

1.计划停电流程管理

计划停电的流程管理包括了停电计划的编制，审核，审批，执行，归档以及查询等功能，各环节都可能借助其他功能模块来辅助相关数据的生成，验证停电结果。

2.计划停电查询

实现计划停电的信息全方位查询，除常规的查询方式外，还可以通过用户信息，区域信息，设备信息查询与此相关的近期或指定时间段的计划停电信息以及相应的执行情况，提供图数互查功能，查询结果可以是表单也可以是图形或二者并存。

3.停电范围

通过选择开关和变压器进行下游设备拓扑分析电网设备的停电范围。根据低压表箱与电子地图的地物关联关系在地理图中用绿色渲染停电区域，实现停电范围的精确定位。

4.停电用户

通过选择开关和变压器设备进行下游设备拓扑分析出停电用户，并且需要区分低压和中压用户。

5.停电范围地址

对停电用户的地址信息进行归类简化，形成文字描述，精确分析停电用户的范围，提高公告精确度。

6. 计划停电信息短信通知

分析出停电范围后可以通过短信平台发送停电信息到用户手机。

7. 临时停电信息

系统支持手动生成临时停电信息，并发送 95598 系统。

8. 计划停电信息发布

地区的计划停电信息在抢修平台分析汇总后提前 7 天系统发送至 95598 系统。计划停电的变更平台支持停电计划的变更，如计划延后、取消等。

9. 保供电管理

提供大用户、重要用户的管理，直接分析到用户所在的变压器，提供报供电分析方案。

（二）智能巡检

基于 GIS 和 GPS 的配电线路智能巡检系统由移动终端（PDA+GPS）和后台管理模块组成，后台管理模块是配网生产抢修指挥平台的组成部分，通过配网生产抢修指挥平台与 GIS 系统相结合可设定巡检点，巡线人员在到达所需巡检点后，PDA 就会自动将其所在的地理位置信息和当前的时间自动记录下来。巡检人员还可在 PDA 上填写巡检信息。所有这些数据都能够在巡视工作完成后经相关 3G 安全网关回传至后台管理系统，在有效的降低成本的同时，提高了工作效率，同时与生产指挥平台的其他业务功能模块相结合达到业务处理信息化闭环管理的目的。

智能巡检后台主要包括巡视管理和系统配置两大模块。其中巡视管理实现功能有：巡视周期定制、巡视任务制定、巡视任务下发、巡视任务上传、到位统计、轨迹回放、缺陷库定义、巡视卡维护等业务模块；系统配置实现功能有：缺陷库定义、巡视卡维护和常用短语维护。PDA 移动终端主要具备：PDA 图形应用、巡视任务管理、巡视内容填报、缺陷信息填报、轨迹路径记录、缺陷信息展现、设备修正信息等应用模块。

（三）缺陷管理

结合相关生产业务规范要求，实现缺陷分类维护，同时在生产抢修指挥平台中实现缺陷管理功能，可视化的实时展示智能巡检系统回传的缺陷信息和位置，为计划检修和抢修提供信息支撑。

在整个缺陷处理过程中，有关领导、生产、安检、变电、线路、运行、检修、调度等部门的相关人员均可查看相关的缺陷信息，以及涉及的停役申请单、第一、二种工作票的处理流程，从而使各管理部门的人员能够随时了解和监控设备缺陷处理的全过程，了解电网的运行、检修状况，共享检修、缺陷处理的全程信息。缺陷管理具备：缺陷上报、缺陷审批、缺陷安排、消缺处理等业务应用。

（四）工作票

结合相关生产业务规范要求，在生产抢修指挥平台中直接实现工作票流程，并且与现场作业终端（PDA）实现实时信息交互，实现工作票的闭环流程。

常用的工作票包括：线路第一种工作票、线路第二种工作票、电力电缆第一种工作票、电力电缆第二种工作票、安全施工作业票、线路事故应急抢修单、线路带电作业工作票、低压第一种工作票、低压第二种工作票等等。

（五）操作票

结合相关生产业务规范要求，在生产抢修指挥平台中实现操作票拟票，并按照审核、操作、终结等流程进行流转。利用平台的图形配合功能，利用生产抢修指挥平台，在拟写操作票时获取到平台的系统调度图，便于交换操作票内容，拟票人员模拟操作，生成操作票步骤；根据典型票与修正后，按照操作步骤在系统图上模拟操作过程；将操作前、后的运行方式图保存在操作票中，便于跟踪考核管理。

（六）保电管理

1. 正常保电管理

配网生产抢修指挥平台支持对重要客户发生停电时的风险分析。

功能包括：客户电源追溯提供重要客户的供电电源信息，电源信息包括给客户供电的从变电站到线路到开关的完整信息。供电路径可以在图形上定位展示；根据重要客户提供的单位名称、客户号、用电地址、联系电话等信息，支持在图形上自动查找该用户完整的供电电源路径，并展示供电路径。

计划停电重要用户预警停电计划分析时系统自动根据客户重要等级筛选出不同等级的客户，供生产指挥人员进行决策。实时风险分析在实时状态下，快速确定电网运行方式变化对客户的影响范围及程度，为实时分析客户供电可靠性变化、制订紧急预案、事故后的主动服务提供技术支持，提高用户服务质量。停电信息查询统计通过时间、线路名称、客户名称查询停电信息，可查询历史记录和未来计划停电信息。

根据停电影响户数及停电时间，可及时、准确地统计停电时户数。客户信息可视化在地理接线图上显示重要客户的实时信息，在客户供电路径上显示开关变位、设备负荷等实时信息，并进行综合分析给出风险提示。

2. 临时保电管理

对需要特殊保电的客户，系统提供相应的监控界面，实时掌握客户供电安全信息，具体要求应包括：保电客户电源管理，能够提供保电客户的供电电源信息，电源信息包括给客户供电的从变电站到线路到开关的完整信息；重要设备监控，能够提供从站室到变压器，再到母线和出线的顺序梳理展示给保电客户供电的重要设备，可以查看设备的实时信息，缺陷信息等；应急预案管理，能够提供重要站室，保电线路，重要客户的应急预案，当发生风险或事故时可方便地查阅。

第四节　分布式发电

一、分布式发电技术

分布式发电指的是在用户现场或靠近用电现场配置较小的发电机组（一般低于30MW），以满足特定用户的需要，支持现存配电网的经济运行，或者同时满足这两个方面的要求。这些小的机组包括燃料电池，小型燃气轮机，小型光伏发电，小型风光互补发电，或燃气轮机与燃料电池的混合装置。由于靠近用户提高了服务的可靠性和电力质量。技术的发展，公共环境政策和电力市场的扩大等因素的共同作用使得分布式发电成为新世纪重要的能源选择。

（一）通过分布式发电和集中供电系统的配合应用有以下优点

1. 分布式发电系统中各电站相互独立，用户由于可以自行控制，不会发生大规模停电事故，所以安全可靠性比较高。

2. 分布式发电可以弥补大电网安全稳定性的不足，在意外灾害发生时继续供电，已成为集中供电方式不可缺少的重要补充。

3. 可对区域电力的质量和性能进行实时监控，非常适合向农村、牧区、山区，发展中的中、小城市或商业区的居民供电，可大大减小环保压力。

4. 分布式发电的输配电损耗很低，甚至没有，无须建配电站，可降低或避免附加的输配电成本，同时土建和安装成本低。

5. 可以满足特殊场合的需求，如用于重要集会或庆典的（处于热备用状态的）移动分散式发电车。

6. 调峰性能好，操作简单，由于参与运行的系统少，启停快速，便于实现全自动。

（二）分类

根据所使用一次能源的不同，分布式发电可分为基于化石能源的分布式发电技术、基于可再生能源的分布式发电技术以及混合的分布式发电技术。

1. 基于化石能源的分布式发电技术主要由以下三种技术构成：

（1）往复式发动机技术：用于分布式发电的往复式发动机采用四冲程的点火式或压燃式，以汽油或柴油为燃料，是目前应用最广的分布式发电方式。但是此种方式会造成对环境的影响，通过对其技术上的改进，已经大大减少了噪声和废气的排放污染。

（2）微型燃气轮机技术：微型燃气轮机是指功率为数百千瓦以下的以天然气、甲烷、汽油、柴油为燃料的超小型燃气轮机。但是微型燃气轮机与现有的其他发电技术相比，效率较低。满负荷运行的效率只有 30%，而在半负荷时，其效率更是只有 10%~15%，所以多采用家庭热电联供的办法利用设备废弃的热能，提高其效率。2012 年国外已进入示范阶段，其技术关键主要是高速轴承、高温材料、部件加工等。

（3）燃料电池技术：燃料电池是一种在等温状态下直接将化学能转变为直流电能的电化学装置。燃料电池工作时，不需要燃烧，同时不污染环境，其电能是通过电化学过程获得的。在其阳极上通过富氢燃料，阴极上面通过空气，并由电解液分离这两种物质。在获得电能的过程中，一些副产品仅为热、水和二氧化碳等。氢燃料可由各种碳氢源，在压力作用下通过蒸汽重整过程或由氧化反应生成。因此它是一种很有发展前途的洁净和高效的发电方式，被称为 21 世纪的分布式电源。

2. 基于可再生能源的分布式发电技术主要由以下几种技术构成：

（1）太阳能光伏发电技术：太阳能光伏发电技术是利用半导体材料的光电效应直接将太阳能转换为电能。光伏发电具有不消耗燃料、不受地域限制、规模灵活、无污染、安全可靠、维护简单等优点。但是此种分布发电技术的成本非常高，所以现阶段太阳能发电技术还需要进行技术改进，以降低成本而适合于广泛应用。

（2）风力发电技术是将风能转化为电能的发电技术，可分为独立与并网运行两类，前者为微型或小型风力发电机组，容量为 100W~10kW，后者的容量通常超过 150kW。风力发电技术进步很快，单机容量在 2MW 以下的技术已很成熟。

3. 混合的分布式发电技术通常是指两种或多种分布式发电技术及蓄能装置组合起来，形成复合式发电系统。已有多种形式的复合式发电系统被提出，其中一个重要的方向是热电冷三联产的多目标分布式供能系统，通常简称为分布式供能系统。其在生产电力的同时，也能提供热能或同时满足供热、制冷等方面的需求。与简单的供电系统相比，分布式供能系统可以大幅度提高能源利用率、降低环境污染、改善系统的热经济性。

（三）分布式发电在国内外的发展状况与前景

1. 在美国，容量为 1kW 到 10MW 分布式电源发电和储能单元正在成为未来分布式供能系统的有用单元。由于分布式电源的高可靠性、高质量、高效率以及灵活性，故可满足工业、商业、居住和交通应用的一系列要求。预计几年后，新一代的微汽轮机（10~250kW）可以完全商业化，为调峰和小公司余热发电提供了新机会。

在美国国内到 2020 年，由于新的能源需求与老的电厂的退役，估计要增加 1.7×10^{12}kW·h 的电，几乎是近 20 年增量的 2 倍。为满足市场需要，下一个 10 年之后，美国的分布式发电市场装机容量估计每年将达 $5 \times 10^9 \sim 6 \times 10^9$W，为解决这个巨大的缺口，美国能源部提出了以下几个涉及分布式发电技术的计划，包括燃料电池、分布式发电涡轮技术、燃料电池和涡轮的混合装置等。可以预料，在不久以后，分布式发电技术将在美国得到相当的发展。

2. 在我国，随着经济建设的飞速发展，我国集中式供电网的规模迅速膨胀。这种发展所带来的安全性问题不容忽视。由于各地经济发展很不平衡，对于广大经济欠发达的农村地区来说，特别是农牧地区和偏远山区，要形成一定规模的、强大的集中式供配电网需要巨额的投资和很长的时间周期，能源供应严重制约这些地区的经济发展。而分布式发电技术则刚好可以弥补集中式发电的这些局限性。在我国西北部广大农村地区风力资源十分丰富，像内蒙古已经形成了年发电量 1 亿 kW·h 的电量，除自用外，还可送往北京地区，这种无污染绿色能源可以减轻当地的环境污染。

在可再生能源分布式发电系统中的除风力发电外，还有太阳能光伏发电系统、中小水电等都是解决我国偏远地区缺电的良好办法。因此，应引起足够的重视。

在我国城镇，分布式发电技术作为集中供电方式技术不可缺少的重要补充，将成为未来能源领域的一个重要发展方向。而在分布式发电技术中应用最为广泛、前景最为明朗的，应该首推热电冷三联产技术，因为对于中国大部分地区的住宅、商业大楼、医院、公用建筑、工厂来说，都存在供电和供暖或制冷需求，很多都配有备用发电设备，这些都是热电冷三联产的多目标分布式供能系统的广阔市场。

（四）存在问题

1. 谐波问题

分布式发电系统主要是通过光伏逆变器直接并网，这样的直接并网操作容易产生许多问题，比如：

（1）谐波、三相不平衡等问题。

（2）输出功率的随机性易造成电网电压波动、闪变。

（3）分布式发电系统直接在用户侧接入电网，电能质量问题将直接影响用户的电器设备安全。

2. 无功和电压问题

集中供电的配电网一般呈辐射状。稳态运行状态下，电压沿馈线潮流方向逐渐降低。接入光伏逆变器后，由于馈线上的传输功率减少，使沿馈线各负荷节点处的电压被抬高，可能导致一些负荷节点电压偏移超标，其电压被抬高多少与接入光伏逆变器的位置及总容量大小密切相关。

3. 孤岛问题

孤岛效应是指当电网供电因故障或停电维修等情况发生电压异常而跳脱时，各个用户端的并网逆变器发电系统却未能即时检测出停电状态而将自身从市电网络切离，于是形成由光伏并网逆变发电系统和周围的负载组成的一个自给供电的孤岛状况。

孤岛带来危害就很多了，比如：

（1）危及电网输电线路上维修人员的安全。

（2）影响传输电能质量，导致供电电压与频率不稳定。

（3）供电恢复时产生浪涌电流，烧毁供电设备与光伏逆变系统。

对用户来说，供电的中断却给用户带来不便；对发电商来说，利益受到损害；对电网来说，如果分布式光伏逆变器在孤岛状态下退出，当电网重合成功或故障消除后恢复供电，原来由光伏逆变器提供电能的用户全部由电网供电，加重了电网的负担，在某些情况下可能造成电网的不稳定。

二、分布式发电的配电网规划问题

（一）分布式发电对供电企业的积极作用

1.降低配电网损耗。从目前使用情况分析，我国分布式发电模式的应用范围愈加广泛，并取得了初步的成效。目前，我国大部分供电企业采用环网结构或放射结构，能量在配电系统中是单向流动的，供电网络中存在着大量分散的配电系统，在正常运行中会出现很大的损耗，从而造成电力能源的浪费。分布式发电是对大电网的有益补充，有效降低了能源在配电网中流动的损失，并且可以补充大电网在负荷高峰时期的供电能力，提高了电能质量及可靠性。

2.推动企业优化升级。由于分布式发电与传统发电模式有着很大的差异，总体而言含有分布式发电的配电网一是能够提高电力传输效率、降低传输损耗；二是能够降低企业运行成本、分布式发电的合理出现可以推迟或减缓对电网的扩展投资，比如，为满足新增负荷用电需求，投资建设分布式发电的成本远比升级现有配电系统引进相同电量的成本要低很多。我国绿色城市建设进程不断推进，低耗、清洁能源作为发展趋势，在保障电力系统稳定的前提下，逐步扩大清洁能源的占比，从而实现企业的优化升级，推动企业健康发展。

（二）分布式发电配电网规划的问题与措施

随着我国电力行业不断发展，分布式发电愈加受到电力企业重视，通过改善配电网系统，不仅能够降低企业运行成本，同时也能够提高供电效率。但是在分布式发电实际应用中，其中依然存在着一系列的配电网规划问题。其主要表现在以下几点：

国家出台的法律法规对分布式发电涉及较少，使得分布式发电运用得不到法律的支持与政策指导，无法为分布式发电系统建立提供便利性条件。

分布式发电作为一种新型的发电技术，虽然有一部分企业应用了分布式发电系统，但并没有实现全面的应用，分布式发电还处于摸索阶段，无法降低运营成本。如果电力企业的运营成本过高，会严重影响企业的积极性。

部分供电企业在开展分布式发电配电网建设时，没有根据当地供电实际情况出发，导致配电网规划极为不合理，造成电力系统不够稳定或电能消耗不减反增，浪费了大量资金投入，对企业的经济效益也是一次重大打击。

针对以上几点问题，这里结合自身的工作经验，提出了以下几点规划措施：

1.加强国家的政策与法律支持力度。在传统供电系统政策指导下，我国电力行业获得了空前的发展，对我国国民经济发展有着重要的积极作用。由此可见，政策与法律保障的重要性。但由于能源储备逐渐降低，环境污染也愈加严重。这就要求电力企业能够加强新技术开发，保障电力应用的合理性，实现"绿色用电"的理念。在分布式发电应用中，能够将分散的能源利用起来，从而提高了我国电力能源利用效率，降低传统发电企业对环境的污染。基于此，政府相关部门与电力企业必须要联合合作，根据分布式发电实际应用状况出台一些优惠政策和制度标准，例如降低税收额度等，从而提高分布式发电的利用率，保护生态环境，提高能源利用率。

2. 推动技术改造，加强分布式发电的适用性。分布式发电技术相比传统发电模式来说，其技术程度更高，因此要加强对技术层面上的投资，但这会给企业发展带来一定的经济压力，这也是造成分布式发电推广、应用进程较慢的重要因素。此外，由于我国分布式发电技术还处于初期发展阶段，很多技术并未成熟，不能确保电力系统的稳定性。再者，应用分布式发电对环境依赖程度较高。这些因素都在一定程度上影响了分布式发电的应用。因此，为了能够缓解分布式发电配网规划问题，供电企业首先要做好科研工作，对不同的地域采用不同的供电措施，从而提高分布式发电的便捷性、实用性、实用性。为了能够实现分布式发电技术的全面规划与推广，电力企业需要构建一支科研队伍，采用实践与理论结合的形式，分析出更加精准的规划模式，提高分布式发电系统的稳定性。

3. 根据当地电网分布情况，制定合理规划方案。为了能够避免配电网系统出现事故，工作人员必须要将配电网相关内容摸索透，也就是在应用中做到的十全十美。在分布式发电实际应用中，需要针对当地配电网实际情况，并制定出相应的规划方案，保障整个配电网络能够相互联系，通过相应的检测设备，对整个系统的稳定性与耗能性进行检测，如果系统耗能过大，要针对问题领域进行二次检测，并分析出其中的原因，继而加以整治。由此可见，配电网规划必须要做到实事求是，也就是根据实际情况开展规划，从而提高整个配电网的稳定性、节能性、环保性。

三、分布式发电对配电网保护的影响

分布式发电与电力系统实现并网之后，其会对电力系统的电量以及分布等产生一定的影响，同时由于分布式发电系统本身所产生的故障也会影响配电网继电保护，其主要表现在以下几个方面：

（一）分布式发电对三段式电流保护的影响

三段式电流是传统配电网中较为常用的一种电流配置保护装置，而分布式发电在接入配电系统后会改变原有的结构，比如在发生故障时，由于分布式发电增加电流流量的作用，导致流经故障点的故障电流增大，给电力系统的运行造成影响，因此分布式发电对三段式电力保护的影响主要体现为：一是影响电路保护动作的敏感度。如果配电系统出现故障时，如果故障点发生在分布式发电的下游线路中，没有接入分布式发电那么故障点的短路电流则只由系统提供，继电保护装置只需要处理系统本身的电流就可以，而连接分布式发电之后，该故障点的电流则由配电系统和分布式发电共同提供，但是保护装置只能感受到系统提供的电流，因此导致保护装置的敏感度降低；二是造成电路保护动作失去准确性。如果没有接入分布式发电，在馈线发生故障时，故障点的短路电流只是由系统提供，而一旦接入分布式发电，则会造成故障点短路电流瞬间的增加，其电量对保护装置的影响就会更大，就会瞬间影响保住装置的动作；三是造成相邻的电路发生保护动作失误。因为导入分布式发电之后，造成再出现故障时，分布式发电会增加对故障点的输电电流，而由于故障点运行的绝缘效益，会导致流经故障点的电流转向别的线路中，进而会导致相邻线路保护装置的动作出现失误。

（二）分布式发电对熔断器保护的影响

熔断器是电力系统中最常见的一种自动保护装置，当线路中的电流超过了线路本身所能承受的电流之后，熔断器就会自动切断，进而保护配电系统的安全，保住配电系统的稳定。一般熔断器主要安装在配电变压器的高压侧或者电路的分支处。

（三）分布式发电对自动重合闸的影响

目前我国的配电线路属于单侧电源结构，在发生线路短路时能够迅速地进行自动重合闸，切除对故障点的供电，进而不会对配电网产生影响，而在实现分布式发电接入后，当配电系统与分布式发电部位的线路发生故障时，如果分布式发电没有在重合闸动作前从配电系统中切除出去，就会导致分布式发电持续地向故障点输送电流，进而导致重合闸动作时引起电弧重燃，导致合闸不成功，从而会对整个配电系统产生威胁，尤其是对分布式发电产生巨大的影响。因此在现有的保护条件下，要求在发生故障时必须要将分布式发电在自动重合闸动作前退出电网系统，分布式发电侧要安装反孤岛保护，以此保障在孤岛发生时将分布式发电切除。

四、分布式发电对配电网线路保护的影响

（一）分布式电源接入对配电网一次重合闸的影响

分布式电源接入到配电网之后，配电网中的线路不再是原本的单侧电源，但是自动重合闸装置会增加供电稳定性，所以不会对装置进行拆除，这就导致线路在出现故障时自动重合闸的相关功能会对整个配电网产生不利的影响。举例分析分布式电源接入后对一次重合闸的影响。

如果配网线路的故障出现在 K1 范围内，该段范围的一次重合闸装置就会启动将线路断开，这时分布式电源就会形成电力孤岛，导致配电网的电力同步出现问题，使一次重合闸丧失了瞬时故障恢复的能力，线路中也会出现冲击环流，对分布式电源造成冲击。

如果线路故障为永久故障，那么在自动重合闸装置将线路断开后，分布式电源继续对配电网进行供电。在这种情况下重合闸装置将线路重新连接时，线路电流就会过大，导致故障点出现强电流击穿，使电力事故的范围扩大。

为了解决上述问题，可以在分布式电源并入配网处安装线路保护装置，使线路发生故障时，保护装置可以对分布式电源进行切断。

（二）分布式电源的接入对配电网线路三段式电流保护造成的影响

分布式电源在配电网中的并入位置不同，会导致配网的电流产生重新分布，并入位置的不同也会导致故障电流的大小和流量产生不同，所以要对分布式电源不同的并入位置进行分别阐述。

1. 在配网线路的末端并入分布式电源对三段式电流保护造成的影响

在配网线路末端并入分布式电源后，在系统配电网和分布式电源之间就变成了双电源供电，其他未并入的区域仍为单电源供电。在这种情况下如果临近分布式电源的 F1 出现了故障，P3、P4 线路保护装置是不会发现该处线路故障的，P1、P2 也会继续接收到系统配电网传输的电量对配电网进行继续供电，这种情况下 P2 不会受到分布式电源的影响，能够可靠的对线路故障进行切除；如果故障点出现在 F2 点处，P1 保护装置不会受到分布式电源的影响，可以执行自动切断，但是 P2 会接收到分布式电源的继续供电，使该处形成电力孤岛，对电力用户的用电设备造成损害；如果线路故障出现在 F3 处时，短路电流是由系统供电网和分布式电源共同提供的，P3 可以接收到系统配电网的供电并且不会接收到分布式电源的供电，可以可靠的对线路故障进行切除，但是 P1 和 P2 线路保护装置会接收到分布式电源提供的电流，如果分布式电源的容量比较大，有可能造成 P2 线路保护装置的误切除；如果线路故障发生在 F4 处，最理想的切断情况就是由 P4 进行单独工作对故障点进行切除，但是如果分布式电源的容量过大的话，可能会出现 P2 的误切除动作，也可能会出现 P3 对线路进行切除，影响了线路保护装置的判断性，所以在分布式电源在线路末端进行并入时，要合理的控制分布式电源的容量，保证线路保护装置能够合理地选择切断。

2. 在配网线路的中间端并入分布式电源对三段式电流保护造成的影响

这种并入方式使整个配网线路中系统配网与分布式电源之间为双电源供电，其余位置为单电源供电。当不同位置出现短路故障时，分布式电源对配电网线路的影响也是不同的。假如配网线路的故障出现在 F1 点，在这种情况下 P3 和 P4 线路保护装置不会受到分布式电源的影响。P2 会继续执行切断操作，但是 P1 会受到分布式电源的影响，导致保护装置的灵敏度降低，不能及时发现线路中存在的故障。P1 保护装置的灵敏度会随着分布式电源的容量而变化，分布式电源的容量越大，P1 保护装置的灵敏度也就越低；如果故障发生在 F2 处，会出现和上述情况相同的现象。因为 P1 保护装置的电力主要由系统配电网进行提供，但是产生故障的电流比分布式电源并入之前小，所以 P1 不能有效的发现线路故障，所以不会进行保护，如果分布式电源的容量过大，还会造成 P1 保护装置拒动的现象。当 F3 处发生故障时，P2 和 P3 都会正常的运行，但是 P1 可能会感受到分布式电源提供的短路电流，造成 P1 保护装置的错误切除，影响 LD2 线路的正常用电。当 F4 处发生故障时，会和上述情况相同，P1 仍然会感受到分布式电源提供的短路电流，造成线路的错误切除。所以需要对分布式接入电源的容量进行控制，避免分布式电源容量过大，影响配电网线路保护装置的正常运行，对整个配电网线路的三段式电流保护造成影响。

（三）对接入分布式电源的配电网线路保护改进措施

将原有的系统供电网和分布式电源接入点的线路改变成双端供电结构，原本的三段式电流保护仅在线路侧端安装线路保护装置，不具备方向性的保护功能，所以在保护过程中，容易出现分布式电源的反方向传递，对线路保护装置造成扰动。针对这种现象，可以在线路保护装置中加装方向测定元件。分布式电源如果对短路位置提供电流可能会造成短路点的电弧过大，导致短路点的重合闸功能不能实现，导致配电网线路的永久性故障。所以对分布式电源的配网线路保护进行改进时需要在线路前半段设置断路器，保证线路发生故障时，可以将故障从两端切除掉。在对分布式配电网线路进行改进时，是将三段式电流保护更改为两段式电流保护，并结合通信系统进行改进。在改进过程中需要将相邻的两个线路保护装置构成一个完整的通信单元，并将所有的通信单元与保护装置的通信通道相连。使线路保护装置在闭锁时，可以向通信模块发出相应的闭锁信号，通信模块对闭锁信号进行分析，确定正确的闭锁位置，避免相邻线路同时闭锁的现象发生，有效地降低了线路保护装置错误扰动的现象。

在对分布式配电网线路保护进行改进时，不论分布式电源安装在整条线路的任何位置，都需要在分布式电源的前半段安装继电保护器，使线路保护装置存在电流方向性的判断。因为分布式电源的下半段为单电源结构，所以它的电流经过方式必然是单方向的，不需要加装继电保护器。同时也要保证下半段线路保护装置与上半段保护装置通信的及时，避免上级线路保护装置出现错误保护。

第五节 微电网技术

一、微电网技术

（一）微电网概述

微电网是一种新型的电网结构，其关键字是"微"，即小型电网，与传统的大规模电网相比较而言，其功能性不差，只是规模相对较小。微电网包括几个主要部分，分别是微电源、负荷、储能系统、控制装置，可以实现自我控制、自我保护、自我管理，并且能够和其他的电网实现并网运行，同时也能独立于其他电网运行。在微电网中有多个分布式结构，能够通过开关与常规的微电网进行连接，从而实现对整个电网的控制。在微电网中，就地控制器是一个十分关键的部分，包括分布式电源以及相应荷载，能够实现对微电网的暂态控制，使得微电网的能量高管理变得更加稳定、安全。

从系统角度来看，微电网是一种现代电子技术，可以将各种设备、装置组在一起。对于规模较大的电网来讲，可以将微电网看成是一个可控制的小型电网单元，其反应制动灵敏性更高，能够在较短的时间内就完成对其他装置和设备的控制，并且能够满足外部元件的配电要求。当然，从用户的角度来讲，微电网则可以满足用户的一些要求，尤其是一个个性化需求，例如降低电能损耗、节约成本、提高电压稳定性等，都可以通过微电网技术实现。

正是由于微电网可以与大电网并网运行也能实现独立运行，因此当配电网出现故障的时候微电网仍然能够正常运行，所以提高了电力系统的稳定性，防止由于电力故障导致各种电气设备不能运转。根据当前使用较多的一种关于微电网的定义得知，微电网中的电源可以实现同时提供电力和热力，而且微电源大多是电子型的，具有一定的灵活性，能够确保以一个集成系统运行，正是由于微电源的灵活性，使得整个微电网成为一个可以独立运行的单元，能够提高电器元件对电源的需求。另有学者在对微电网进行研究的时候认为，微电网与主电网之间的关系，是相互联系也相互独立的，当主电网出现故障的时候微电网独立运行，但是当主电网恢复正常之后微电网要及时与配电系统进行连接，保证用户的电力供应一直不间断，提高供电可靠性。因此，微电网技术中避免了传统的分布式电源对配电网带来的负面影响，而且还能对接入了微电网的配电网起到支持作用。

当前我国微电网技术中，应用比较广泛的是功率范围在 100kW 以下的微型燃气轮机，其转速较高，采用空气轴承，发出的电流信号频率较高，经过交流、直流、交流变化之后可以形成 50Hz 的工频交流电，并且供给相应的荷载单元使用。但是有一个问题需要注意，传统微型燃气轮机的燃料燃烧时会产生污染环境的气体，因此要摒弃这种方式，可以采用燃料电池，具有高效、低排特点，尤其是对于一些高温环境比较适用，但是燃料电池的价格比较贵，在实际应用中的经济可行性不高，未来还应该要加强对这类电池的研究。

（二）微电网的结构

相对于电力系统而言，微电网的独立性更强，每一个微电源都可以实现自主控制，具有即拔即插功能，能实现实时控制，微电网中的每一个电源都能实现对微电网的电压控制、潮流控制，并且能够维持微电网运行的稳定性。在微电网中，配电网与微电网之间如果突然解除连接，则可能会对电网中的设备产生很大的冲击，为了减少这种冲击，则可以对微电网结构进行重新设计，对设备进行分别连接，例如将一些不是太重要的设备连接在同一条馈线上，将一些重要的或者比较敏感的荷载连接在另外的馈线上，对于连接了重要以及敏感荷载的馈线上装设分布式电源、储能元件及相应的控制、调节和保护设备。采用这种结构设计，当微电网与主电网解除连接的时候，隔离装置可以发挥相应作用，确保重要的、敏感的荷载元件依旧可以正常运转。微电网的控制能够主要通过以下几个部分实现。

1. 微电源控制器

微电源控制器是微电网中的一个重要元件，微电网的控制功能主要依靠微电源控制器实现，通过微电源控制器可以对馈线电流、母线电压级与主电网之间的并网和解网运行进行控制，而且微电源本身能够实现即插即拔，主要是通过就地信号对设备进行控制的，反应时间是毫秒级，十分灵敏。

2. 饱和协调器

饱和协调器在主电网的故障和微电网故障处理过程中都比较适用，当主电网出现故障的时候，饱和协调器可以将微电网中的一些重要荷载元件与主电网隔离开，在某些情况下，微电网中的一些重要的荷载元件可以暂时降低电压，并且通过系统的一系列补偿措施，使得主电网与微电网不分离。

3. 能量管理器

能量管理器主要是对系统进行调度的元件，其调度的标准是预先对电压和功率进行设置的数值。

（三）微电网关键技术

目前大多数微电网相关技术已经在工业和电力系统中得到了应用，其关键技术主要包括微电网运行优化、保护与控制、仿真实验、电力电子技术等。

1. 微电网的能量管理

（1）微电网的能量管理指的是通过调节储能出力、投切负荷、改变网架结构等手段来满足不同时间尺度上系统的能量平衡和频率稳定。频率波动来自两方面：①风和光等间歇性能源的出力波动；②主网与微电网交换功率的波动。微电网离网时的频率控制实质是选取某个或多个出力源参与频率调节的过程。例如，可通过控制燃料电池的电解槽的动态响应来平衡系统的有功波动。由于直流微电网不存在频率问题，因此，对于交直流混合微电网，能量管理策略上更加灵活，其核心是保持交直流母线电压的稳定。

（2）能量管理的另一个着眼点是微源、储能及负荷的优化运行。与传统配电网不同，这个问题需考虑到微电网自身的特点：①潮流控制模式，即是否允许双向潮流，双向潮流的上下限等都会影响微电网的运营投入。②微电网经调问题本质上是多目标的，其目标函数除发电成本外，还要考虑各种环境因素，如离并网切换时用户的停电成本等。③微电网经调问题本质上是多约束的，需要考虑运行模式（并网或离网）、电价机制（如分时电价）、是否提供辅助服务（如供热）等约束。

2. 微电网的控制

微电网控制是实现其众多优越性能的重要保证，微电网除了并网、离网两种稳态运行模式外，还存在二者间的过渡过程。过渡过程的电能质量优劣程度是评价微电网控制策略的重要依据之一。

微电网的控制主要是对微观上电力电子变换器的控制，变换器作为微源与微电网的主要接口是能量转化和扰动缓冲的重要角色。微电网离网运行与并网运行的最大区别为：并网时，其从公共连接点（PCC）处获取主网电压的频率和幅值参考信号来与主网同步运行；离网时，其需设定新的参考信号来实现自治运行。

微电网控制架构主要有两类，一类是欧盟 MICROGRIDS 项目所提出的微电网中央控制器（MGCC）为代表的主从控制，可为单主或多主模式；另一类是美国 CERTS 微电网为代表的对等控制，各微源处的控制器都能响应系统负荷需求并自动分摊并且不用借助与其他微源间的通信。当前，主从控制的研究主要围绕 MGCC 为核心的控制体系展开。例如在微源本地控制器的设计上应用模糊理论；将最小化函数法应用于 MGCC 的设计等。当然，主从控制需借助 MGCC 与各微源本地控制器间的频繁通信，会增加系统投入成本。

对等控制的研究主要是对传统下垂控制器的改进。基于低压线路呈阻性的特征，有学者提出解耦控制策略。针对传统下垂控制抗干扰性差这一点有两种改进的措施，第一种是从外环入手，自适应变下垂系数或采用带高阶微分修正项的下垂控制来克服离网下不确定扰动。第二种是修改内环，如引入高级滑模控制算法，避免微电网（电压在电源）出力剧烈变化时的震荡。

3. 微电网保护

微电网的故障情况分为外部故障和内部故障。在微电网并网运行和孤立运行两种模式下微电网内部故障所呈现的特性以及保护方法是不同的，并且与微电网内分布式电源的控制方法有密切联系。

（1）微电网并网运行时

当微电网在并网运行情况下，若微电网发生内部或外部故障，首先应该检查外部故障是不是永久故障，或者内部故障是否使微电网运行状态不符合 IEEE1547 等标准，以此来判断微电网是否要从主网解列。如果发生内部故障不需要解列时，应迅速切除故障的一部分，减小其对微电网其他部分的影响。如果是永久性外部故障发生就必须与外部电网解列。

（2）微电网孤立运行时

如果在微电网处于孤立运行的情况时发生了内部故障，由于短路电流常被限制在两倍额定电流之内，这给保护装置的参数设定带来一定困难。解决的办法就是按微电网运行模式的不同改变保护整定值。这种方法虽然使保护的整定值计算简单，但是对保护系统的适应性要求更高。另一种解决的办法是基于通信的差动保护，对两端保护的电流信息进行比较，可达到故障识别和切除的效果。

4. 微电网的建模仿真

微电网的建模仿真主要集中在微源本体建模和逆变器等电力电子接口建模，以 MATLAB/SIMULINK 和 PSCAD/EMTDC 等工具为主。也有学者针对微电网某一专题采用多学科手段建模，如将风电、光伏出力用概率分布进行表征，并采用蒙特卡罗法进行微电网供电可靠性的分析；或借助负荷建模理论，利用元件的相似性对微电网整体建模，也是研究的新视角。

（四）微电网的控制与运行方式

1. 微电网的控制技术

微电网的基本控制功能有：如果微电网中接入了新的电源，要确保原始设备工作情况的稳定，由于微电网本身能够快速地与电网之间进行并网和解网，所以微电网的控制技术更加灵活，能够带来更加良好的控制效能。具体说来微电网控制技术主要有以下几个方面：

第一，基本的有功和无功功率控制。微电网中的微电源大多是电力电子型，因此微电网对电网中的不同性质的功率是分开调节的，例如逆变器主要实现对无功功率的控制，而通过逆变器的电压以及网络电压的相角则可以实现对有功功率的控制。

第二，基于调差的电压调节。在一些规模较大的电网中，各个电源之间的阻抗较大，因此不会出现无功环流现象，但是微电网中的电压整定值相对较小，如果微电网中有大量的微电源接入，而不能进行就地电压控制，则可能会产生电压以及无功振荡，对电压进行控制的要求就是要保证微电网中不会出现无功环流。因此，要对微电网中微电源所发出的电流进行分析，看电流是属于感性还是容性的，根据电流性质再确定电压整定值，一般产生的电流为容性时，其电压整定值要相应降低，而产生的电流为感性时，其电压整定值要相应升高。

第三，快速负荷跟踪和储能。在一个规模较大的电网中，当接入一个新的荷载时，为了实现能量平衡，则主要是依赖于大型发电机的惯性，此时系统频率略微降低，外界几乎无法察觉，同时，由于微电网中的发电机的惯量相对较小，加上有的电源的响应时间较长，因此当微电网与主电网之间接触连接，分别独立运行的时候，微电网必须要借助蓄电池、超级电容器、飞轮等储能设备，对系统的惯性进行增加，才能确保电网的正常运行。

第四，频率调差控制。当微电网与主电网断开连接独立运行的时候，微电网中各个机组所承担的荷载比例不相同，要通过频率调差控制，对各个机组承担的负荷进行调整，从而使得各个机组得到有效调配，对资源进行充分利用，防止某个机组荷载过大的现象。

2. 微电网的运行方式

（1）微电网的并网运行。微电网的并网运行指的是微电网与主电网进行并网连接运行的方式，要根据微电网中的荷载情况来确定具体的保护方案，同时要根据微电网中负荷对电压变化的敏感度来设置相应的保护装置，例如当配电网中出现故障的时候，要采用高速开关类隔离装置，将微电网中的一些重要的敏感的元件隔离开。此时，微电网中的 DR 应该要保持闭合状态，确保配电网出现故障之后依旧能够给微电网中的一些重要的负荷进行供电。如果微电网中出现故障，除了进行隔离之外，还应该要及时做好与主电网之间的连接，一旦配电网恢复了正常运转，则还应该要通过测量对电压的幅值和角度进行确定，采用手动或者自动的方式将微电网重新接入主电网中。如果微电网中的微电源数量为一个，则可以采用手动方式重新接入，如果有多个微电源，则可以采取自动方式重新接入。

（2）微电网的独立运行。当微电网与主电网独立的时候，为了使得微电网中隔离的故障区域更小，则要对微电网中的保护装置进行有效的协调和分配，从而使得微电网能够独立运行，提高运行效率。当前微电网中的设备大多是电子型设备，当电网出现故障的时候，其发出的故障电流大小不强，不能有效地启动电网保护装置使其制动，对电网进行保护，为了解决这个问题，只能从改变微电网中的保护装置和保护策略着手，例如在微电网中可以采用一些阻抗型、零序电流型、差分型保护装置，对微电网进行保护，另外，还要做好微电网的接地设计，提高微电网继电保护的稳定性与准确性。

二、主动配电网中微电网技术的应用

（一）主动配电网中微电网技术优势的应用

1. 提升了分布式能源的利用率

微电网技术在主动配电网中的应用，大大提升了分布式能源的利用率，有效处理了分布式电网的拓展和兼容问题，通过利用微电网技术来对配电网的双向流动及其大小做出调整，积极实现了柔性消纳分布式电源的最终目的。利用微电网技术来调节分布式电源的功率。例如生活中常见的热电微型汽轮机就是利用微电网技术及时将多余能量输送给配电网以及各个负荷中，这样一来，不仅保证了配网系统的正常供电，还将电力资源得到了合理利用，因此，在主动配电网中，必须要广泛应用微电网技术来提升分布式电源的利用率。

2. 促进了配网质量的进一步提高

之所以配电网的分压状态时刻发生变化，主要是因为主动配电网中有很多储能装置，如：主动负荷集群，分布式电源等，同时，这种变化较为复杂，因此，无法找到配网分压的规律。在分布式电源和随机波动性的影响作用下，整个配电网的电压会出现稳定性较差现象，同时，电压质量容易受到接入和退出的影响，继而影响到配网设备使用寿命，所以，要针对主动配网中电压不稳定的情况，及时采取科学手段来对其做出有效控制。在应用微电网技术的前提下，不仅将配网电压不稳定问题得到了解决，还确保了分布式电源并网运行的可靠性，并利用电压协调功能来对分布式电源和储能装置进行有效控制，使用平滑切换技术来降低电压不稳定情况的发生概率。

3. 为主动配网运行管理提供了便利

分布式电源具有可控性能弱、分布分散的特点，因此，为保证整个配网系统的正常供电，需要对分布式电源进行协调供电。积极应用微电网技术来实现对分布式电源和用户的有效整合，并将微电网技术以智能单元的方式接入大电网，从而最大程度降低了分布式电源与用户的控制难度，这对配网运行管理人员来说起到了非常重要的作用。主动配电网将微电网技术的相关参数和运行状态进行及时传递，大大提升了配电网运行的经济性与可靠性。

（二）实际应用研究

1.微电网在主动配网结构中的应用

主动配电网技术在国内外都得到了广泛应用，国际电网会议中已经明确了主动配电网的含义：通过采用拓扑结构来对主动配电网进行管理，在日常运行中，主要是对分布式能源进行主动管理和有效控制。近年来，一些欧美国家纷纷开展了主动配电网示范工程，推动了主动配网工程的快速发展。在主动配网和分布式电源并网运行的过程中，主要是将大电网作为支撑，借助主动配电网和多个微电网来形成了一个联合运行系统，不仅降低了分布式电源对配网系统产生的干扰影响，还促进了整个系统供电能力的有效提升。

2.微电网在主动配网规划中的应用

在信息技术、互联网技术蓬勃发展的前提下，传统的配电网规划设计已经无法满足微电网技术在主动配网规划中的应用要求，因此，要充分考虑分布式电源在主动配网规划设计中的适应性。积极运用微电网技术来对主动配网与微电网规划进行合理设计，将微电网这一关键技术得到有效利用。在主动配电网运行中，有源网络出现电压调整，机电保护，潮流分布等诸多问题。为了能够将以上这些问题得到及时妥善解决，充分发挥了微电网技术的优势，将其灵活运用在主动配网规划设计过程中，将分布式电源和微电网有效的连接起来，以此方式将新能源的优势得到最大程度的发挥，但是还需要进行主动配电网与微电网网架的综合规划，从系统运行的基本要求出发，从而实现对指标、方案的合理优化。在微电网接入主动配网系统的过程中需要及时制定一个长期的规划以及短期规划，并充分考虑模型建立，电源类型，储能配套以及负荷需求，同时，将经济效益和环境效益作为分析内容的一部分，只有这样，才能有效提升用户满足度。以微电网形式将分布式电源，储能装置、负荷等及时接入主动配电网双层规划中，认真分析双层指标，并将接入点及时纳入主动配电网微电网中，由于分布式电源数量较多，因此充电站数量较大，功率波动性很大，具有一定的随机性，然而可控性很低，这将给配网负荷预测工作带来一定困难。所以需要从实际情况出发，同时，积极将发电预测，分布式电源，负荷预测，容量配置，电力机制调整等工作列入配网规划工作范围内，在规划设计的基础上，及时针对微电网与主动配网之间、储能装置与分布式电源之间的功率转换等实际情况，来制定合理有效的功率调控措施，只有这样做才能将微电网接入主动配网的优势得到最大程度的发挥。为了确保系统运行的安全性，还需要对固态变压器，电子设备，变电站电容等设备选型制定安全措施，从而使得微电网布局成为主动配电网规划设计工作中的核心部分。

在微电网接入主动配电网之后，及时形成了一个互动性很强的网络系统，与此同时，电压分布的多样性，多层次，多约束，多模式等特点成了非线性系统设计优化中的问题。及时对其进行深入探讨，并展开了以下研究：对微电网主动配网中的多层次网架结构的潮流特点做出了充分考虑。认真分析了分布式电源具有的不确定性和电源互补性等特征。及时对电气运行指标、环保指标以及经济效益等多项目标进行了探讨，同时，还对系统配置做出了科学合理的优化。制定应急方案设计，从而有效增强微电网的抗灾害能力。

3. 微电网在主动配电网方案控制中的应用

随着时代不断发展，越来越多的微电网被接入主动配网中，使得微电网的分布式特征得到了凸显，同时，也改变了主动配电网的结构，网络渗透率得到了很大提升，一定地理区域内，微电网群得到了可靠、高效的运行，这为整个配网系统的能量动态动态平衡以及电能质量的有效提升都得到了很大提升。图 2 所示为微电网控制系统的解决方案。

在系统控制过程中，主要采取了这些措施：集中式控制、分布式控制、分散式控制等，将微电网群为基础，及时为主动配电网系统运行提供了可靠性的技术路线。

在集中式控制这一过程中，微电网中的各类信息主要是由主动配电网中心进行直接掌握的，根据已经掌握的系统信息来制定有效的微电网发电计划，并对微电网的能量输出进行合理管控，享有全部控制权，通过采取灵活方式，积极实现了微电网群集的协调控制和优化调度。在此过程中，还要注意运算量和通信流量对系统控制中心提出了较高要求，因此，必须要重视系统的扩展性和兼容性。

分布式控制过程中，微电网群主要是通过主动配电网来进行调控，在调控环节不需要微电网为相邻微电网提供系统信息，仅需要依靠微电网群就可以做到灵活管控，由此一来，促进了系统运行效率的不断提升，更好地满足了用电户对主动配电网系统提出的要求。

（三）微电网技术的应用趋势探讨

主动配电网接入分布式电源的能力评估水平不断提高。实际工作中积极应用微电网技术来将各种信息进行及时整合，将分布式电源的优势得到了最佳发挥，有效消除了微电网技术对分布式电源波动性和间歇性的影响，确保主动配电网可以高效消纳分布式电源，对主动配电网以及分布式电源进行了实时优化，使得柔性、高效率消纳分布式电源成为微电网技术未来的应用趋势。主动配电网中的分布式电源具有分散性强，能量双向流动等优势，通过研发能量管理系统，更好的兼顾了分布自治和集中协调的要求，还实现了主动配电网的主动管理。

三、微电网技术在智能型变电站中的运用

智能化变电站把分布式的电源通过微电网连接到电网运行，通过电网和变电站之间相互的配合，充分发挥分布式电网的优点，节约设备和资金的同时充分的利用资源。

由于智能型变电站存在失电的可能性，当微电网执行孤网运行时就要承担起调控电网的频率，控制电压和调节负荷的功能。但是想要实现这种功能，就要求微电路有足够大的存储容量，然而微电网的存储容量是有限的，无法很好地满足恒电压、恒频率的要求，在这种情况下一般是采取下垂控制或者恒压恒频率控制。当一台分布式电源的频率超过指定值后，有下垂控制系统发出指令到下一个分布式电源。这样一来，在整个系统的总负荷不发生变化的情况下，系统的电压和频率就能够趋于稳定，达到平衡。除此之外，微电网技术可以整合不同种类的电源并能快速将其进行转化，可以有效地解决变电站的兼容性问题。微电网的分布式电源，可以巧妙地实现系统中储能装置的互补，实现能源的充分利用。

第六节　电动汽车充放电技术

电动汽车是一种新兴能源的代表，相比那些以燃烧汽油来获取动力的传统汽车而言，电动汽车在节能、环保等多个方面都占据着较为明显的优势。随着我国智能电网建设步伐的加快，我国未来的电动汽车所具有的车载电池必将承载整个只能电网的移动储能单元功能，能够实现在电网的峰荷阶段对电网输送电能资源，而在电网的低谷阶段时，则由电网主动向电动汽车的车载电池进行充电处理，这样才能有效地降低电网峰谷差，从而真正对电网起到补充的作用。

一、电动汽车放电技术

电动汽车放电技术主要是由双向有序电能转换模式以及单向无序电能供给模式组成，通常电动汽车使用单向技术充电时，只能够从电网当中获得电能而不能将所获得的电能再返还给电网。所以就需要采用双向有序的电能转换充电模式，这样就能促使电动汽车车载电池能够真正作为一种移动储电设备来和电网进行双向的电能转换形式。

1. 单向无序电能供给模式，这一模式需要将电动汽车当作一种最为普通的用电设备来看待，通常可以采用一种较为成熟的单向变流技术，这种技术能够随时随地的接入电网，并对其进行充电。这种单向无序电能供给模式成为当下电动汽车进行充电时最常见的充电方式。

2. 双向有序电能供给模式，这一电能供给模式主要是能够实现电动汽车和电网的能量管理系统之间进行通信联系，同时对其加以控制，并最终在电动汽车以及电网两者之间形成一种能量方面的转换，进行转换的方式主要是以充电或者是放电的形式来实现。

二、电动汽车充放电设备

电动汽车的充放电包含了智能电网和用户之间的双向互动，具体表现在电网的电价、电网的运行状态以及车辆能力状态和计费信息等。随着电动汽车的不断增多，再加上其所具有的分散性特点，导致其由智能电网所进行的双向互动服务系统成为和电动汽车之间进行通信控制，同时实现其充放电操作的行为，所以，在就应当在智能电网的双向互动服务系统和电动汽车两者之间增加一定的电动汽车充放电管理的系统，并以此来促使电动汽车和电网双方之间的信息交流互动性。同时还需要针对双方的需求来对电动汽车的充放电操作进行优化。

电动汽车的充放电设备主要有：

1. 交流充放电桩，这主要是为那种带有车载充放电机的小型电动乘用车来进行服务。交流充放电桩主要具有手动设置定电量、时间以及自动充放电等，能够对远程接受的充放电管理系统加以控制，具有较为完善的安全防护功能，这些功能主要包括一些急停开关、输出侧的剩余电流保护以及过流保护等功能。

2. 直流充放电机，主要适宜在停车场所建设的集中充放电站，因为部分社会公共服务用车的车载电池容量比较大，所以其所具有的充电功率也相对较大，这就需要使用地面直流充放电机来对其进行充放电的操作设置，主要公共是对电池的类型进行判断，从而获得动力电池的系统参数以及在充电前或者是在充电的过程当中动力电池所具有的参数状态。

三、电动汽车充放电对电网的影响

（一）随机性的快速充电对电网负荷的影响

一般如果采用 100A 以上的快熟充电设备来为电动汽车进行充电的话，则单车的快熟充电功率必将在几天之内达到千瓦以上。所以，如果在某一个时间段这种快速充电的行为在多架电动车同时进行的情况下，则必然会对本地的配电网产生较大的功率冲击，从而引起该地区配电网内不局部范围出现严重负荷的情况，这对于电网来说是极为不利的。因此在对电动汽车进行普及的过程当中就必须对电动汽车的使用者加以正确的引导，促使其在充电时间方面进行合理的安排。随着如今储能技术的不断发展，因此可以对储能充电站在低谷阶段所进行的电能储存来为电动汽车提供临时性的电能快速补充，这样就能有效地满足电动汽车在充电方面的需求，同时也能有效地避免因为快速充电而给电网带来的超负荷冲击。

（二）对电能质量造成一定的影响

由于电动汽车所采用的双向变流充放电的操作，所以很容易产生谐波，以及造成一定的谐波污染，这就给电网带来较为严重的电能质量问题，因此就需要对电动汽车充放电设备的谐波技术指标进行严格的控制，经过总结主要有以下几点

1. 需要贯彻和执行与谐波相关的国家标准，以便从整体上来控制供电系统的谐波水平。

2. 需要增加换流装置的相数，而换流装置则是谐波的主要源头之一，因此当期脉动数量由 6 开始增加到 12 时，则可以大大地降低谐波电流的有效值。

3. 曾装武功补偿装置，从而提升系统所具有的谐波承受能力。

4. 装配滤波装置，谐波污染可以进行就地治理的方式，在往后的充电站建设当中也可能出现越来越多的绿色充电机，以此来对谐波进行治理。

（三）对电网的规划造成一定影响

电动汽车真正普及之后往后每天的负荷高峰阶段，电动汽车的车载电池存储能量也将作为分布式的电源来按照需求对配电网进行供电处理。通常会由于电动汽车的数量巨大，同时具有一定的移动性和分散性的特点，因此电动汽车在进行充放电设施方面也将对电网所进行的规划配电容量设置以及配电线路选型等方面产生较为巨大的影响。一些电动汽车所进行的随机性接入电网进行充电将直接影响系统方面的负荷预测，促使其原有的配电系统方面的规划具有严重的不确定性，因此很难真正的确定往后的系统规划目标。所以，配电网规划起来将变得较为困难。

第六章　智能用电技术

第一节　智能用电技术概述

一、智能用电技术

（一）智能用电

1. 智能用电的定义

智能用电就是为实现电力优化配置与节能环保的目的，采用电力的智能化掌控与运用的手段，让人们的生产生活在用电方面更加方便快捷。智能电网的构建和稳固可以实现电力用户之间的交流沟通，使电力用户的反馈信息得到了解，得到调整，得到改正，保护好用电的安全性、节能性。相比较起传统用电来说，传统用电仅仅只是用老旧落后的技术展开电力传输，而不能及时获得电力用户的反馈信息，得到及时的修正。

2. 智能用电技术的意义

智能电网技术的终端环节就是智能用电技术，智能用电技术在电网企业营销现代化中十分重要，作为电网企业营销现代化的基础，智能用电技术体现了智能电网"电力流、业务流、信息流"的双向互动，对电网的多方位覆盖具有深刻意义。

（二）智能用电技术的具体内容及其功能

1. 智能双向表计技术

传统电能表计只是单向地统计用户电能量的使用情况，采取人工进行抄表，具有现场抄表，数据手工录入，单一电价的特点，而且在长期的使用中，需要入户进行操作，难度大，抄表率低，周期长，资金回收慢，管理人员和操作人员会随着用户的增多而增加，以致管理费用增多等问题逐渐突出，而且在后续的发展中难以适应企业管理信息化的要求。相应地，远程自动抄表就慢慢随着时代的发展进入大家的视野。远程抄表的特点有：远方抄表，故障及警告，企业计量数据管理，分时电价，实现了在人工抄表的基础上一次质的飞跃，但是远程自动抄表受到技术水平的限制，国内的远程自动抄表技术起步较晚。近些年远程自动抄表技术出现了不同的抄表方式，这一现象主要是在国家康居工程的推广和智能化小区的发展中得以实现的。发展到目前为止，自动抄表技术是基于电话网和单片机的远程抄表系统，主要是利用全球移动通信系统短消息技术实现的自动抄表方式，利用电力线的载波和扩频技术实现远程抄表以及磁卡收费方式等，但依然存在不足，远程抄表技术无法切实满足智能电网的用电技术对双向表计的需求。智能双向表计在如此的背景之下发展起来，该项技术能根据预先设定的时间间隔来测量和储存多种计量值；能够接入智能用电信息管理系统和数据中心，进行数据交流与信息交换；具有双向通信功能，支持电表的及时读取、远程开通和断开、装置干扰和窃电监测、电压越界监测、还支持分时电价或者实时电价的需求侧管理，实现电力用户之间的双向交流，进一步完善电力系统。

2. 智能电器及插座技术

智能电器及插座技术具备电网优质友好与双向互动的特性，以实现高度共享信息和系统资源，为提供给用户一种更安全、舒适、方便的智能化、信息化的生活空间做足准备。智能电器与智能插座之间是通过无线通信技术，达到与智能用电端进行数据交互的，提供相关用电数据信息的目的，以执行来自智能用电终端的指令，随后相应地根据指令控制和调整用电设备的运行。智能电器能够接受电力企业或者智能用电端多种方式的智能化远程控制；能够高效节能，实现家居用电设备的高度信息化；能够实时显示以及分析电器设备的用电信息，与电力企业及时进行信息交互，获取相关信息，实现用电管理的智能化。即使不对家具设备做太大的技术变革，也可以实现智能化控制，这全是智能插座的功劳。智能插座在建设资源节约型社会中贡献突出，它可以根据不同的家庭情景改变灯光的明暗，实现电源开关的智能化控制。智能化插座能够监测电源电压、电流、频率以及工作环境的温度；能够智能实现家庭电器信息的采集和监控；具备网络监测和过警保护的作用。

3. 智能用电终端技术

户内用电设备的集中管理器就是智能用电终端，在无线网络的帮助下，对智能家具设备进行检测与控制，还有友好的人机界面供给用户的实时浏览、在线监控以及任务设定。智能用电终端的实质是用户和电网的互动末端，在用户具体需求和来自电网的信息的双重要求下，实现智能的综合分析和判断，使用电设备的综合能效管理得到满足。智能用电终端技术能够随时查看到用电设备的用电数据，还有对应的开销；能够智能化地根据场景模式自动进行节能控制；通过声控、手机短信、电话等方式实现电气设备的远程化控制，在用电设备出现故障或者电能浪费时，还可以利用以上设备发出报警；能够根据自身获得的信息提供给用户最佳用电方案，方便用户进行选择

4. 智能用电信息管理系统技术

能够获取、处理、存储、分析测量值的计算机管理系统称为智能用电信息管理系统，一般是由智能用电管理主站系统和智能用电管理子站系统组成。智能用电管理主站系统在收集、储存并智能分析来自电网末端用户的实时信息以后，针对各类信息与用户实现有效

的互动，对整个区域的用电信息进行管理；而智能用电管理子站系统则是负责辖区实时用电信息的监管与浏览，负责辖区日常业务的处理，负责执行电力公司的相关政策，负责用户的投诉与需求响应。与智能用电管理主站系统相比较之下，它主要负责管理单个或多个小区的用电信息。电网公司在使用智能用电信息管理系统以后，能够进行有效的负荷预测，在一定程度上能够实施平峰填谷的调节功能；能够根据具体的用电数据综合对比和智能分析，提高故障定位与报警的能力。

5. 互动式用电技术

在现代化信息技术、通信技术、计算机技术高速发展的背景前提下，智能电网侧与用户之间可以实现电力流、信息流和业务流双向互动的用电技术就是智能互动式用电技术，使得用户和智能电网之间实现交流与沟通，方便用户的使用和信息的反馈。智能互动式用电技术能够实现多渠道自助缴费功能；能够智能化管理和控制家庭用电智能化；能够利用智能终端或者数字媒体等视频技术实现与电力用户进行互动和信息的双向传递。

二、智能用电技术的发展趋势

（一）发展智能用电技术所需要的支持

对于发展智能技术，首先需要得到技术方面的支持，包括技术人员以及技术产品。就如对于交互网络平台的实施应用，最开始需要的就是网络技术人员对网络平台的开发。智能用电技术的发展除了需要技术方面的支持外，政策性方面的支持也是必不可少的。国家现在大力提倡培养科技创新型人才，在国家大力推行科技化、数据化的背景下，发展智能用电技术势在必行。除了需要技术型和政策性的支持之外，人们的拥护和支持也是必不可少的。人们现在对于生活水平所持有的期望值越来越高，对于数据化，信息化的生活业务方面也是喜闻乐见的。由此可见，智能用电技术的发展在所需支持方面都是十分积极有益的。

（二）智能用电技术现状以及发展趋势

我国在智能用电技术方面相较于国外起步较晚。就目前而言，我国主要针对的是工商用户的管理，对于家居智能设备的安装的普及度相对较低。在此处方面，还需要进行更深层次的发展。对于智能用电技术的发展趋势，可以从物联网方面进行着手分析。二者在内涵实质以及实现途径方面都有着很大的相似之处。主要由以下三个方面。

1. 物联网技术在信息采集中的应用

物联网的传感和信息处理技术是实行智能用电技术的重要支撑。根据目前国家电网的总体规划，对于交互式网络平台的建设已经全面开展，研究基于通信技术的网络平台可以适应不同场景不同业务的要求。

2. 物联网技术在能效管理和节能中的作用

前文所提到的智能用电技术可以打破传统的用电模式，减少用电的浪费现状，可以实现用户及电力管理部门对于用电行为的监督及督促纠正。物联网技术的使用可以使用户的用电行为实现全面环节的能源优化，将电力需求在保证正常需求的情况下进行智能化调整，从而可以实现在尽力减少电力设施基础的情况下对电力技术进行智能化调整，安全化供电，从而达到节能减排和降低能源消耗的问题。

3. 物联网技术在用电服务中的应用

物联网技术的主要目的就是实现家居物品的智能化。通过在家电或者物品中植入智能化的信息采集设备。分析家用电器的用电情况对其耗能情况进行分析，并且可以通过安装传感器，从而对用户家庭实行保护。

（三）智能用电技术的发展方向

就目前而言，智能用电小区是智能用电技术的重点发展方向。其主要目标是对小区用户用电信息的采集，包括用户电能消耗情况，付费情况以及用电高峰时期的分析等方面。再者也是可以实现在小区范围内的对于用户耗能情况的监督以及管理，优化用户用电结构。

第二节　高级计量体系

一、高级量测体系

最近几年，得益于通信技术和信息技术的长足进步，以及环境保护方面政府条的推动，高级量测体系（advanced metering infrastructure，AMI）成了整个电力行业最热门的项目，这都是因为它在资产管理、系统运行，特别是在负荷响应所实现的节能减排方面有着显著的效果。

AMI作为一套完整的技术运用系统，包括有多方面的技术功能，可以从硬件与软件的角度进行概述，主要是通过双向系统模式来详细记载相应的功能实现，在详细记录用户基本资料的基础上，形成负荷信息的智能化电表，可以及时地获取用户在带有时标段的分时段功能区域，形成多种计量数值的整体运用，包括对用电量、用电需求、电压、电流等多方面的信息，因此，从多方面讲，AMI是一种很适宜的智能化基础模块技术，也是一种运用相当广泛的智能测量体系，在整个功能表现中有着不可替代的作用。

（一）AMI的基本概念

AMI是一个用来收集、测量、分析、储存和运用完整的用户用电信息网络处理系统，由安装在用户端的智能电表，位于电力公司内的量测数据管理系统和连接它们的通信系统组成。近来，该体系又延伸到了用户的室内网络，以便于用户可以分析和利用其详细的用电信息。

在遵循标准通信接口、标准数据模型、安全性的条件下，高级量测体系实现双向分时段电能计量、远程控制、电能质量监测、窃电侦测、停电检测、双向通信、多表计接入、嵌入式互联网信息服务，并在用户信息系统支持下实现用户用电服务、电价及费率自动调整、需求响应功能，支持智能楼宇/小区、分布式电源、电动汽车充放电接入与监控。

AMI 主要有以下技术特点：

1. 是一个面向所有类型用户的用电数据采集与监控系统，克服了建设两套系统（AMR系统、负控系统）带来的条块分割、用户数据管理分散以及重复投资、管理维护工作量大等问题。

2. 功能更加齐全、完善。AMI 在整个功能的发挥上，可以通过采集更多的负荷数据，在电网运行人员的完整技术运用中形成高负荷的状态模式，并在全面支持实时电价运用的基础上，形成市场需求化模式的运用，能提供相应的技术支撑，这种技术的整体模式就是能将功能更加的凸显出来。

3. 自动化效果更加明显。这种自动化操作与管理的控制程序，能提供共享数据的系统结合，在自动化系统的功能区域，可以实现对整个系统的优化，可以实时的向客户提供相应的用户需求记录，能更好地服务供电量的计算，以及在用户查询电费的时候，可以有效地解决疑难问题，从而更有效的解决相应的实际困境，确保供电网故障原件与停电范围的整体范围，减少实际困难的发生。

4. 系统采用标准化设计，具有良好的开放性，能够实现智能电表、应用程序、智能用电设备的"即插即用"。

（二）AMI 的结构与组成

AMI 是一个集成了许多技术和应用的计算机网络系统，包括 5 个主要组成部分：智能电表、家庭局域网（Home Area Network，HAN）、通信网络、计量数据管理系统（Meter Data Management System，MDMS）和 AMI 接口。

1. 智能电表

智能电表是一种可编程的、有存储能力和双向通信能力的先进计量设备，是分布于 AMI 网络上的传感器。其主要功能有：（1）编程设置比结算周期（通常为 1 个月）更短的计量时段（15min~1h），并按设定时段记录从电网传输给用户的能量或由用户电源输入电网的能量，因此可以支持以设定时段为计费单位的电价机制。（2）自动化远程抄表或按需抄表，减少人工抄表所必需的人工、车辆等成本与抄录错误。（3）远程连接与断开室内所有用电设备，实施需求响应并限制不良用电者（如不交纳电费者）的用电。（4）报告电力参数越界状况，检测偷窃电现象，进行电力质量监测等。（5）远程校准时钟。因为要实时记录用电量与电价，所以以全网时间的同步是至关重要的。

2. 家庭局域网

家庭局域网是一种室内局域网，它通过网关或用户门户把智能电表和户内可控的电器装置（如电脑、可编程温控器、冰箱、空调等）连接起来，通过用户能量管理系统与室内显示（in-home displays）设备形成一个响应的能量感知网络。家庭局域网给了用户远程控制室内用电设备的能力，它与用户门户一起提供了一个代理用户参与市场的智能接口。

（1）用户能量管理系统

通过建立用户能量管理系统，可以有效地解决用户侧能量的问题，在服务模式、效果上能形成有效的需求作用，并且能保证最小化用户不会因为改变负荷而受到多方面的影响，这样能更加灵活的确保用户用电的可靠性和灵活性，提高整个系统的供电可靠性。在此基础上，用户还能积极响应能量管理系统的各项要求，从用电量控制系统与用电控制系统出发。其中，用电量系统主要是针对用户的用电数据、用电方式以及响应的需求进行综合管理，并通过用户的实际用电情况进行有效的控制，譬如，在用户用电量到一定程度的时候，用户可以进行系统的设置要求，在达到顶点用电的同时，就能给予停止供电，这样，对于实时电价、系统运行的整体状况有更加详细的掌控，能及时地进行信息处理，形成需求响应实时方案，构建响应的控制信号。此外，用电控制系统主要是根据用电管理系统给出的相应信号，能进行直接的终端设备需求管理，包括启停设备用电、维持现状或者调整用电量等多方面的功能发挥，更好地实现整个功能的突破。

（2）室内显示设备

室内显示设备包括有多方面的情况，其中对于用户的电价、系统运行功能、用电情况、成本控制等多方面的信息有一个全面的优化，能让用户及时准确地了解到市场信息，并根据市场以及系统要求进行相应的调整，更好的选择好用电模式。

3. 通信网络

通信网络采用开放的、高安全性的双向通信标准，在智能电表、控制设备和公用事业的事务系统之间建立网络连接，实现在公用事业、用户和可控电力设备之间连续的信息交互。

（1）通信信息。分为下行信息与上行信息，下行信息是由配电市场到用户的数据，包括实时电价信息、系统运行状况信息与召唤用户实施需求响应的命令、电费清单等；上行信息由用户传向电力公司，包括带有时标的用电量、设备用电状况以及对召唤命令的响应情况等。

（2）通信性能。主要是有效性与可靠性，有效性指消息传输的速度，可靠性指消息传输的质量，对通信系统的基本要求是快速、可靠。通知速度越快，响应速度就越快，同时通知的用户越多，响应量就越大。如果通信系统具有事件跟踪功能，那么它可以记录通知发出的时间与收到通知的用户，正确判断用户执行需求响应的情况。常用通信方式有因特网、电力线载波、电话网、移动网、光纤网等。

4. 计量数据管理系统

处于数据中心中的信息系统和应用是 AMI 的一个重要组成部分，而其中的最重要的是量测数据管理系统（Meter Data Management System，MDMS）。MDMS 是一个带有分析工具的数据库，通过与 AMI 自动数据收集系统（Automatic Data Collection System，ADCS）的配合使用，处理和储存电表的计量值。它主要包括如下部分：

（1）用户信息系统（Consumer Information System，CIS）。对大量用户信息进行管理，如用户名称、地址、账号、电话、用电数据、供电优先级、断电记录、用户因实施需求响应所得的补偿以及电费清单等。它用于区别不同的用户，并对用电数据进行有效性认定、编辑和评估（Validation Editing and Estimation，VEE）。

（2）地理信息系统（Geographic Information System，GIS）。为了获取、存储、检索、分析和显示空间定位数据而建立的计算机化的数据库管理系统。它用于标识电网分布、监控设备布置、用户所在节点位置、用户用电量等。

（3）公用事业 WEB 站点。用于显示公用事业信息、用电数据、电价、系统状况以及电费结算等，使授权用户方便快捷地访问。为了确保实时性，AMI 对数据延迟（data latency）、数据持久性（persistence）与数据规模（scalability）都有严苛要求。

（4）断电管理系统（Outage Management System，OMS）。管理断电与恢复，进行电表事故处理与电表资产管理等。

（5）电力质量管理和负荷预测系统。对电力质量实时进行监测及异常报告等；根据系统的运行特性、用电状况等因素，对未来某特定时刻的负荷进行预测。负荷预测是电力系统调度、实时控制、运行计划和发展规划的前提，是一个电网调度部门和规划部门所必须具有的基本信息。

（6）移动作业管理（Mobile Workforce Management，MWM）。对调度中心、调度人员、户外作业人员进行管理。它以客户管理信息、资产管理信息、技术档案信息为基础，通过应用系统、通信网络、手持通信终端，对户外作业进行自动化调度和管理。从而优化资源配置，提高人员工作效率、服务水平和决策能力。

（7）变压器负荷管理（Transformer Load Management，TLM）。对变压器所带负荷进行监测，对超负荷现象进行处理。

（8）企业资源规划（Enterprise Resource Planning，ERP）。通过集成企业内部财务会计、生产、进销存等信息流，快速提供决策信息，提升企业的营运绩效与快速反应能力，体现完全按用户需要进行经营管理的全新思路。

由于 AMI 处理的数据量很大，复杂度很高，因此要求数据中心的存储容量必须足够大，以满足数据储存、检索、分析处理、计费差错更正、用户投诉处理等需要。

5. AMI 接口

AMI 通过接口与系统侧应用设备进行通信，为高级配电运行（Advanced Distribution Operation，ADO）、高级输电运行（Advanced Transmission Operation，ATO）与高级资产

管理（Advanced Asset Management，AAM）提供可靠的数据支持。

AMI 主要为 ADO、ATO 的如下方面提供必要的数据：断电管理、变电站自动化、分布式资源管理、地理信息系统、高速信息处理、先进保护与控制、微网运行等。

AMI 为 AAM 提供的信息有：资产健康状况、资产运行优化方案、输配电规划、设备维护、工程设计与建设、用户服务、作业与资源管理、建模与仿真等。

（三）AMI 的收益

1. 用户的收益

（1）获得需求响应补偿。AMI 为用户提供详细的用电信息与用电模式建议，也给予用户按电价、时间、用电量等信息控制用电的能力，从而促使用户从自身利益出发理性地实施需求响应，获得经济补偿。（2）享有公平的电费结算。实时电价与用电量信息使电费计算更加公平合理，避免了估计用电量与平均电价情况下用户交费不足或交费过多的交叉补贴情况。（3）享受优质零售服务。AMI 能够使零售商为用户提供更多的电价和服务选择，能够显著地降低新零售商的市场进入成本，从而增加市场中零售商的数量与竞争程度，降低零售电价，提高零售商的服务水平。

2. 公用事业的收益

（1）激起需求响应

AMI 的一个主要收益是能够为用户提供价格信号与系统紧急状况、实时记录用户的用电信息、自动控制用户的用电行为，从而促成了需求响应和实时定价机制。

（2）提高运行效率与断电管理水平

AMI 提供给系统运行机构的实时系统运行信息、用户用电信息以及负荷预测能力，可使公用事业更全面、更快速地实时查看与分析系统状况并提前制定应对策略，从而增强公用事业对电网的监管能力和对用户的服务能力。AMI 具有的断电检测与电网故障精确定位能力能够改进断电管理，有效调度维修人员，加快故障修复时间，显著减少断电期间供电中心的工作量。

（3）改进资产管理水平

AMI 提供的详细准确的用户需求和用电模式数据能够帮助公用事业高效管理电网资产。通过设备预知维修（predictive maintenance）提前规划资产维护以消除事故隐患，减少偷漏电现象与设备的运行维护和管理成本，保障设备运行的安全健康，最大化资产使用寿命。

（4）提高资本运作水平

AMI 具有的远程电表读数能力能够及时提供准确的用电数据，这不但减少了人工抄表成本，而且也使电费结算更准确快捷；远程设备诊断能力能够快速方便地远程连接或断开用户负荷，从而显著地减少公用事业的人工调派成本；AMI 激活的需求响应能够延缓对发、输、配环节中的固定资产投资，从而改进资本利用率，优化资本运作。

（5）提高服务能力

AMI 可以激活时变定价与需求响应，消除交叉补贴并改进用电效率；远程抄表避免了抄表员到用户家中给用户造成的不便；远程负荷连接和断开功能可有效地进行用电管理；空闲用电检测和窃电报警功能能够优化公用事业收入，并增加计费的公平性；准确及时的电费清单能够减少用户电费查询量与争端事件，增进公用事业与用户的关系，提高用户满意度，降低服务成本。

3. 社会与环境收益

AMI 减少或延迟了发电与输配电设施的建设投资，改进了账目管理，加快了断电恢复，提高了电力系统的可靠性与效率，从而增加了社会经济效益；清洁能源的利用与需求响应的实施可以改善环境；用电成本的公平分摊促进社会公正、公平；AMI 所需要的新技术、新工艺、新产品为制造商提供了革新技术与工艺、研发新产品的动力，从而将促进科技进步。

4. 为智能电网提供支持

AMI 支持用户侧的分布式发电资源接入电网，为智能电网建立通用通信网络和信息系统架构打下了基础。AMI 是建立智能电网的第一步，依次是 ADO、ATO 与 AAM。

（四）AMI 的设计原则

1. 功能可扩展。在设计时必须考虑到未来可能的技术标准、系统接口和监管要求，具有一定的扩展升级能力以容纳新用户与新服务。

2. 设备互操作。不同厂商提供的 AMI 系统、所用的设备器件需要遵守一致的规格和标准。

3. 协议统一。有统一的数据传输格式和释义方法，以保证系统间的数据交换与共享。

4. 系统安全。包括硬件与软件安全。硬件安全主要指 AMI 具有应对设备或连接失效的自愈功能；软件安全主要是对用户私密信息不泄露、篡改、伪造和丢失，并且只有授权设备能够收发并正确解析，只有授权用户能够访问等。

5. 管理简便。这是对系统最基本的要求。AMI 应该易于使用、排错和管理，而同时又不能影响有效性、安全性和可扩展性等。

二、高级计量体系（AMI）中的智能电能表设计

（一）智能电能表在 AMI 中的作用

1. AMI 概述

AMI 作为智能用电最核心、最关键、最基础组成部分，分为四层实现电力用户与电网公司之间能量流、信息流、业务流双向互动的新型供用电关系。高级计量体系分四层实现。

顶层为主站层，是 AMI 系统的测量 / 计量数据管理中心、AMI 通信管理中心和电力用户预付费管理中心。

第二层为上行通信层，满足主站与电表、主站与手持终端等远程通信的需求，为电网公司和电力用户提供双向交互的通信信道。

第三层为智能计量与分布式电源接入层，包含智能电能表、智能手持终端、分布式发电系统等设备或装置。其中，智能电能表作为核心设备主要实现电能计量、需量测量、阶梯电价、费率和时段、冻结、预付费功能、参数设置、事件记录及上报、远程通信、本地通信、数据采集存储、编程、电价计费等功能；智能手持终端辅助主站系统完成现场数据采集、现场售电、现场客户服务等功能；分布式发电系统含电源和并网设备，实现分布式能源接入。

最底层为户内智能终端层，显示终端与智能电能表构成电力用户与电网交互的门户。

2. 智能电能表在 AMI 中的作用

在 AMI 四层结构中，智能电能表发挥着重要作用。智能电能表将有助于在消费者和电力公司之间实现实时通信，使人们能够基于环境和价格的考虑，最大限度地优化能源用量。智能电能表使智能电网具有多层智能，能够实时分析、决策、计划并做出积极的行为。

目前，采用智能电能表不仅可以实现对电能质量进行监测，而且可以通过仪表的网络通信接口实现双向数据远程传输，组成分布式测控网络系统。

智能电能表不但能显示用电量，而且能显示电能价格，能实现连续的带有时标的多种间隔用电计量，而且具有电量冻结功能，可以存储特定时刻的电量数据，比如设定存储月末零点时刻的电量数据，为实行居民用电阶梯电价收费奠定基础。

3. 智能电能表的工作原理

智能电能表是由测量单元、数据处理单元、通信单元等组成，具有电能量计量、信息存储及处理、实时监测、自动控制、信息交互等功能的电能表。单、三相智能电能表都是多功能意义上的电能表，是在电能计量基础上重点扩展了信息存储及处理、实时监测、自动控制、信息交互等功能。

它的工作原理如下：采用计量芯片或 A/D 转换器对用户供电电压和电流实时采样，通过 MCU 进行处理计算，完成峰谷、正反向或四象限电能的计量，并将电量信息等通过显示或通信的方式输出。

（二）智能电能表的硬件设计

1. 计量芯片设计

对于电能计量芯片，在功能方面除实现基本的电能计量外，还要求能够测量电压、电流（火线及零线）、分相功率、功率因数等电参量。而在性能方面要求具有更高的测量精度、更宽的测量范围及更好的产品一致性。性能的提高要求在设计中计量芯片均采用单独的芯片。计量芯片将来自电压/电流互感器的模拟信号转换为数字信号，并对其进行积分运算，从而精确地获得有功、无功电能，实现防窃电功能、谐波分析等。

2. MCU 设计

智能电能表含有功能较强的微控制器（MCU），将计算机的 CPU，RAM，ROM，定时器 / 计数器和多种 I/O 接口集成在一片芯片上，形成芯片级的微计算机。

微控制器依据相应费率和需量等要求对数据进行处理，计算后的结果保存在数据存储器单元中，并可随时向外部接口提供信息和进行数据交换。有 MCU 的支持，可以方便地实现智能电网供电系统内精确、可靠地管理，不仅可以实现用户清洁能源输送到电网的双向计量、双向通信，而且还可以通过强大的 I/O 接口，实现智能家电的控制功能。

3. 通信芯片设计

智能电能表的通信芯片采用可热拔插的通信模块，可采用宽带无线（McWill）、电力线载波（PLC）、无线公网（GPRS）和短距离无线、RS485、电力红外等方式与智能显示终端、智能手持终端双向通信。支持其他通信技术的无缝接入，模块更换后具备自动识别功能。

4. 时钟芯片设计

智能电能表复费率、预付费、阶梯电价等多种功能的实现，都需要准确的独立时钟的支撑，应采用具有温度补偿功能的内置硬件时钟电路。常用的如 DS3231 具有集成的温补晶振（TCXO）和晶体。包含电池输入端，断开主电源时仍可保持精确的计时。集成晶振提高了器件的长期精确度，并减少了生产线的元件数量。其主要特性为 0~40℃范围内精度为 ±2ppm，−40~+85℃范围内精度为 ±3.5ppm，始终满足约 ±5ppm（0.5s/d）的行业要求。该芯片提供电池备份输入，有效地降低了功耗。

（三）嵌入式安全模块 ESAM 模块设计

智能电能表通过固态介质或虚拟介质对电能表进行参数设置、预存电费、信息返写和下发远程控制命令，操作时需通过严格的密码验证或 ESAM 模块等安全认证，以确保数据传输安全可靠。

嵌入式安全模块（Embedded Secure Access Module，ESAM 模块）是一种智能 CPU 卡，ESAM 模块是将智能卡芯片封装成标准 DIP8 集成电路模块的形状。

电能表中采用的 ESAM 模块，是集成了 SM1 算法的安全认证芯片，它内部集成有E2PROM，可以存储经过安全认证的数据。可以对数据进行加解密处理以确保数据传输的安全性和完整性。

ESAM 模块安装在表计内部，其内部的硬件主要包括：

CPU 及加密逻辑：保证 E2PROM 中数据安全，使外界不能用任何非法手段获取E2PROM 中的数据。

RAM：工作时存放命令参数、返回结果、安全状态及临时工作密钥的区域。

ROM：存放程序的区域。

E2PROM：存放应用数据区域，ESAM 将数据以文件形式保存在 E2PROM 中，在满足规定的安全条件时，可进行读或写。

I/O 接口：数据交换接口，用于数据的传输。

文件系统：ESAM 内嵌片上操作系统（Chip Operation System，COS），对模块内的基本操作方式为：从数据接口接收一条命令，然后经过处理返回应答信息给数据接口。

命令应答过程：

数据在传输方式上有 3 种类型：明文方式、明文校验方式和密文校验方式。当数据以明文方式进行传输时由数据管理器将数据直接送给命令处理模块，当数据以明文校验或密文校验方式传输时需要加密运算器对数据进行处理。

ESAM 的基这里件系统是由主控文件 MF（Master File），目录文件 DF（Directory File）和基这里件 EF（Element File）组成。主文件 MF 在 CPU 卡中唯一存在，在 MF 文件下可以有多个目录文件 DF 和基这里件 EF，每一个 MF 目录下的 DF 可以存放多个基这里件 EF 和多个下级目录文件 DF，包括下级目录的目录文件为 DDF，不含下级目录的目录文件为 ADF。EF 文件主要包括 KEY 文件、钱包文件、记录文件。

CPU 卡的内部文件采用目录管理的方式，即主文件管理多个目录文件，一个目录文件管理多个基这里件。而在主文件和目录文件下都有密钥文件，同时每个文件都有访问权限，即必须达到某一权限才能进行读取操作或修改操作。

KEY 文件以及文件中的密钥：每个 DF 文件和 MF 文件下有且只有一个 KEY 文件，在任何情况下密钥均无法读出，一旦离开该目录，该目录下的所有权限将全部丢失。在 KEY 文件中可存放多个密钥，每个密钥为一个定长记录，每条记录长度为 25 个字节，记录中规定了其标识、版本、算法、属性以及密钥本身等相关内容。在满足 KEY 文件的增加权限时可以用 writeKey 命令增加一条记录，只有在满足某个密钥使用权限时才可以使用该密钥，在满足某个密钥修改权限时才可能修改密钥。

（四）智能电能表的软件设计

智能电能表系统软件设计采用模块化设计思想，其主要性能是满足电能计量、电能量采集和自动控制的可靠性和精度。软件主要由监控程序，键盘扫描程序，显示程序，设定程序，MAXQ3180 数据读取程序，量程自动校正与功率补偿程序，数字滤波程序，算法程序，实时时钟程序，分时电价程序，网络通信程序等组成，采用 C++ 语言编程，并进行模块化设计。

第三节　用电信息采集技术

随着电力市场化改革的不断深入，居民用户用电信息的采集方式也发生了较大变化，人工抄表收费的方法已不能适应现代化管理的要求，解决中低压用户的抄表收费问题开始提到日程，远方集中抄表技术成为国内外研究的热点。从 20 世纪 90 年代至今，中国的电力公司根据业务发展需要建立了针对不同类型用户的电能信息采集系统，主要包括关口电能量采集系统、电力负荷管理系统、客户电能量采集系统、低压集中抄表系统和配电自动化系统。但这些系统由网省、地市公司自行建设，缺乏统一的规划和标准，只能实现对部分用户的电能信息采集和初级功能应用，营销人员无法及时、准确、全面地掌握所有用户的用电信息，不能满足营销业务应用的需要。

为适应电力市场化运作和营销现代化建设的要求，需要全面建设电力用户用电信息采集系统，提升企业集约化、精益化和标准化管理水平，改变长期以来不能及时准确掌控电力用户用电信息的局面，满足电力企业各层面、各专业对用电信息的迫切需求。2008年9月，国家电网公司启动了"计量、抄表、收费标准化建设"项目研究工作，在公司系统范围内，统一了智能电能表和用电信息采集系统的技术规范，对智能电能表和用电信息采集终端的外形结构、功能配置、可靠性要求、通信协议、信息交换安全认证、验收检验等方面都提出了具体要求，形成了智能电能表的12项技术标准和用电信息采集终端的24项技术标准，为产品的设计开发、生产制造和规模化应用提供了系统性的基础技术文件，为智能电网工作的稳步推进和用电信息采集系统建设提供支撑和保障。

2009年以来，国家电网公司以"全覆盖、全采集、全费控"为建设目标，按照"统一规划、统一标准、统一实施"的原则推动智能电能表应用和用电信息采集系统建设。

截至2015年年底，国家电网公司累计安装智能电能表2.9亿只，实现采集2.95亿户，采集覆盖率为71%，自动抄表核算率超过97%。国家电网公司智能电能表应用量占全球的一半，采集系统成为世界上最大的电能计量自动化系统，不仅为生产、运营监控分析系统提供实时数据，还为大数据管理、云计算应用提供了海量数据支撑。

目前，国家电网公司系统27个省公司的采集系统主站建设已全部完成并投入运行，采集数据在抄表收费、营业稽查、线损分析、业扩报装、故障抢修、有序用电、互动服务、电力交易、配电网运行与电能质量监测等多项业务中得到应用。中国用电信息采集系统的建设和应用提高了用电信息采集自动化水平，提高了线损分析的准确性和时效性，对于提升客户服务能力、满足客户多元化需求、制定有序用电方案、保障电网安全稳定运行具有重要意义。

一、用电信息采集系统构成

用电信息采集系统是智能电网的重要组成部分，是SG186营销业务应用重要的数据支撑平台。采集系统物理结构由采集主站层、远程通信信道层、采集设备层、本地通信信道层和电能表层组成，详见下图。采集系统是通过对配电变压器和终端用户用电数据的采集和分析，实现自动抄表、用电监控、阶梯电价执行、有序用电、负荷管理、线损分析等功能，最终实现自动抄表出费、推广费控管理、加强用电检查和需求侧管理、提升用户互动服务水平和降损增效等目的。

1. 采集系统主站是对电力用户的用电信息进行收集、处理和实时监控的核心，可实现用电信息的自动采集、计量异常监测、电能质量监测、用电分析和管理、相关信息发布、分布式能源监控、智能用电设备的信息交互等功能。主站系统由数据库服务器、磁盘阵列、应用服务器、前置服务器、接口服务器、工作站、全球定位系统（GPS）时钟、防火墙以及相关的网络设备组成。

2.远程通信通道是指各类采集终端与采集系统主站之间的通信接入信道。远程通信技术包括：GPRS/CDMA 无线公网、光纤专网、230MHz 无线专网、有线电视通信网、中压电力线载波等。

3.用电信息采集终端是对各信息采集点实现用电信息采集的中间设备，简称采集终端。按应用场所分为专变采集终端、集中抄表终端（包括集中器、采集器）等类型。目前公司的采集设备实现了形式规范、标准统一，专变采集终端主要有 3 种形式（Ⅰ型、Ⅱ型、Ⅲ型），集中器有 2 种形式（Ⅰ型、Ⅱ型），采集器有 2 种形式（Ⅰ型、Ⅱ型），采集系统主站通过通信信道和采集终端，实现电能表数据的采集、数据管理、数据双向传输、转发或控制命令的执行等功能。

4.本地通信信道是指采集终端之间、采集终端与电能表之间的通信接入信道。本地通信技术包括低压电力线窄带载波、RS-485 总线、微功率无线、低压电力线宽带载波等。

采集系统通信部署模式有一段式、二段式和三段式三种模式。一段式部署没有本地信道，通常是 GPRS/CDMA 无线公网、光纤专网等远程信道直接接入电能表；二段式和三段式部署中，远程信道仅负责主站至专变终端、集中器之间的通信，相当于骨干网。专变终端、集中器通过本地信道接入电能表，相当于接入网；二段式部署的本地信道由低压电力线载波、微功率无线、RS-485 等通信技术，直接由专变终端、集中器连接至电能表；三段式部署的本地信道由低压电力线载波、微功率无线等通信技术由集中器连接至采集器，采集器再通过 RS-485 连接电能表。

二、用电信息采集系统采用的关键技术

（一）通信技术

通信技术是实现用电信息采集系统的基础。目前，应用于用电信息采集系统的通信技术主要有电力线载波通信、微功率无线通信、无线公网通信、无线专网 230MHz 通信和光纤通信。电力线载波通信施工方便，无须重新布线，但其通信的可靠性、实时性、稳定性较差；微功率无线通信覆盖范围小，传输距离受障碍物影响大，现场同频干扰现象严重；无线公网通信费用较高，运行维护及时性有待加强，局部地区信号弱、数据采集困难，尤其在紧急情况下容易造成信道拥堵；无线专网 230MHz 通信的接入容量有限，基站覆盖范围仅在 30km 左右，受地形地貌的影响，数据在传输过程中易受高层建筑物阻挡；光纤通信一次性投资大，成本较高，布线困难，工程量大。以上这些都是用电信息采集系统通信技术需要解决的关键问题。

（二）主站应用技术

用电信息采集系统主站部署模式分为集中式和分布式两种形式。

集中式部署模式投资成本较低、运行维护统一，但故障影响范围涉及面较广，用户数量应低于 500 万户，数据处理工作量大，任务繁重，对系统业务处理能力要求较高。

分布式部署模式对企业内部信息网的可靠性要求较低，网络资源负担小，但投资成本较高，对用户数量在 500 万户以上或地域面积过大的公司可采用省市两级部署的应用模式。在应用层面，用电信息采集系统主站要满足电费结算和电量分析、线损统计分析和异常处理、电能计量装置监测、防窃电分析及供电质量管理等业务需求。

（三）智能费控技术

按照"全覆盖、全采集、全费控"的建设目标，客户用电管理模式采用智能费控技术，用户需要先交费后用电。采集系统会连续采集用户的用电情况，计算剩余电费并显示给用户，在剩余电费不多时提示用户缴费，并在剩余电费为零时执行跳闸操作。智能费控技术由主站、采集终端和智能电能表多个环节协调执行，实现方式有主站费控技术、采集终端费控技术和智能电能表费控技术 3 种。

智能费控技术对通信的响应能力要求较高，由于目前本地通信主要采用电力线载波，因此，需要进一步提高载波通信工作的实时性、可靠性与稳定性，为实现智能费控提供技术支撑。

（四）用电信息安全防护技术

由于用电信息采集系统采集信息量巨大、覆盖面广，面临的安全隐患较多，需要针对采集系统各环节可能存在的安全隐患，全面实施安全防护体系建设方案。系统主站要部署高速密码机，用于主站数据的加解密，主要实现身份认证、密钥协商、密钥更新、关键数据的加解密、消息认证码（Message Authentication Code，MAC）计算和数据校验等功能。

专变采集终端、集中器和智能电能表中安装安全加密模块，用于采集设备与主站、智能电能表之间进行的身份识别、安全认证、关键信息和敏感信息安全传输，实现设备内部数据的加解密，完成应用层数据完整性、机密性、可用性和可靠性保护。密码机和安全加密模块均采用硬件加密，密码机和采集终端的安全模块集成有国家密码管理局认可的对称密钥加密算法和非对称密钥加密算法，智能电能表的安全模块应至少集成国家密码管理局认可的对称密钥加密算法。另外，安全接入平台的推广应用进一步完善了采集终端在各种复杂网络环境下的实时监控、安全接入、数据安全传输与交换、主动防御预警等重要功能。

三、用电信息采集系统发展趋势

（一）通信网接入技术

用电信息采集系统的建设和应用需要实时、可靠的通信技术作为支撑，接入网通信技术系统接口丰富，组网灵活，支持数据、语音、图像等业务的一体化接入，可以为用电信息采集、负荷监测和控制提高安全可靠的通信通道。因此，需要对目前存在的通信网络架构进行分析，提出用电信息采集系统通信网技术体系，研究适用于智能电网和用电信息采集系统建设的通信网接入技术。

（二）信息共享与融合技术

由于用电信息采集系统还处于规模化建设阶段，与其他业务系统之间缺乏有效整合，集成化水平较低，信息资源共享和公共服务功能需要进一步完善，在用电信息采集系统和既有营销业务系统的基础上，通过信息共享模式创新，利用数据采集手段和结果，针对系统的异构性和信息共享实际需求，构建基于面向服务架构的用电信息采集系统信息共享与融合技术方案，解决不同系统之间数据共享和应用互操作的难题，为营销系统业务应用提供多方位、多层次、多渠道的综合用电信息服务。

（三）海量数据处理与分析应用

国家电网公司经营区域涉及全国 27 个省（直辖市、自治区），经营范围内用户数量超过 3 亿户，其用电信息采集系统建立了全业务数据模型，以实现数据的综合利用和功能的高级应用。由于用户数量多，采集数据量大，需要深入研究多线程处理、并行数据处理、批量数据处理、集群、负载均衡、分区存储、容灾备份等技术，实现海量数据和多任务的并发处理，提高主站运行的可靠性。

（四）移动作业技术

传统的计量作业需要先打印工作单，再根据作业指导书进行操作，现场工作完成后，将手工抄录的客户数据录入至服务器，工作效率和准确度较低。电力营销移动作业支持系统是基于移动作业平台的电力移动营销类业务应用，可针对计量现场作业任务，完成现场抄核收、用电检查、业务办理、计量作业、移动地理信息系统（GIS）应用、移动知识库、教育培训等功能，可有效提高工作人员的工作效率和数据准确性，进一步提升计量现场作业的精细化管理水平，具有很好的应用前景。

（五）基于三网融合的用电信息采集技术

围绕中国建设智能电网的总体目标，利用现有的通信网络和基础设施构建完整的系统架构，提出基于电信网、广播电视网和互联网的用电信息采集技术方案，实现数据、语音、视频等业务的融合，可以节省很多通信线路投资和运行费用，提高网络的综合运营效率和系统运行的可靠性、实时性、经济性，在节能环保方面优势明显，同时为用户提供更加便利和现代化的生活方式。

（六）智能用电双向交互技术

智能用电双向交互借助于用电信息采集系统建成的光纤信道和小区内电力线载波信道，采集和分析用电信息、电能质量等数据，监控与管理家庭用电设备，基于网络化、人机交互和业务融合原则，提供实时用电信息（停电信息、缴费信息）、告警信息、电价政策，提供历史用电记录、数据统计图形，指导用户合理用电，调节电网峰谷负荷。另外，智能用电双向交互技术可提供友好、可视的用电交互平台，为用户提供增值服务信息。

第四节　智能家居及智能用电小区／楼宇

一、智能家居智能社区解决方案

智能家居行业不断发展，并且随着智能家居产品种类的不断丰富作用于各个领域，推动了房地产楼宇、酒店、社区等智能化，而智能社区、智能酒店等大大地提升了消费者的生活品质，和小区物业的高效管理，下面编者就来跟大家分享一下智能家居智能社区急救方案。

（一）智能家居智能社区设计原则

1. 经济实用型

根据用户的需求和整体设计考虑，选取合适的智能化系统产品。各个子系统之间可以通过性能价格比较好的软、硬件设备来实现网络互联，整个系统具有高效的使用功能，一期低廉的投资和运转维护费用。充分考虑住宅小区与大楼的连接和整个园区工程的分步实施，逐步到位。

2. 先进性

在满足用户现有需求的前提下，在技术上提供充分升级空间，保护业主的前期投资，利用先进的技术，利用较少的投资，实现强大的功能。

3. 集成性和开放性

充分考虑智能小区智能化系统所涉及的各子系统的集成和信息共享。使整个小区的智能化系统具有极高的安全性、可靠性、容错性。为小区的增值服务提供必要软、硬件准备。

（二）智能家居智能社区系统功能体现

1. 住宅小区智能化系统能够提高住宅、社区的安全防范程度。
2. 住宅小区智能化能够为小区住户提供生活方便和信息服务。
3. 住宅小区智能化系统为物业管理提供先进的管理手段及众多的增值。

（三）智能家居智能社区解决方案

1. 高清可视对讲

使用数字智能终端参与高清门口机配套，通过社区局域网可实现数字智能终端与门口机之间的高清可视对讲，留影留言、开锁控制等服务。支持社区邻里之间进行高清通话，实现了门口机与室内机之间双向的清晰流畅的视频对讲。

2. 社区信息服务

物联通 - 智能家居云社区系统不仅能为社区用户提供信息资讯、小区物业信息，还能为用户提供周边商业、社区医疗、邮政快递、餐饮酒店、网络商城、天气预报等信息，更能为用户提供当地的 PM2.5 城市空气质量监测数据，为住户出行提供便捷、贴心服务。

数字智能终端内嵌安防报警功能，通过社区公共区域视频监控系统以及家居视频监控系统，全方位监控家居安全及社区安全情况，与各智能节点相互联动，严密监控社区和家中匪警、火警、煤气泄漏等多种安全隐患。

3. ZigBee 无线控制

智能家居智能社区系统室内控制部分均采用 ZigBee 技术网络通信协议，通过建立 WPAN 网络，将用户家中的电器和电子设备，如电灯、液晶电视、冰箱、家庭影院、空调、新风系统、匪警、火警、煤气泄漏、温湿度监测、室内有毒有害气体监测等，将这些设备有效地联系起来，组成一个网络，实现数字智能终端对这些社区的控制、反馈和有效的数据采集。

4. 家居电量分析

通过对智能开关对照明设备用电量进行采集、智能插座采集各类家电设备所用的电量，将数据实时传送至社区云计算平台中心，对数据进行汇总分析，让用户时刻了解家中各设备的用电情况，提醒您节约用电，逐渐引导用户养成良好的用电习惯。

5. 室内环境监测

智能家居智能社区系统配有室内环境监测设备，通过数字智能终端实时监测室内的温度、湿度、甲醛等有毒有害气体含量，为您提供更舒适、环保、健康快乐的生活。

二、智能用电小区新技术应用及运营模式

（一）总体架构

系统根据实际的应用情况，整个系统分为供电局计量自动化主站系统、智能小区一体化主站系统和现场前置采集系统三层，前置采集服务包括一体化智能终端（水、电、气）、路灯控制终端、充电桩控制终端、太阳能发电控制终端和用户交互终端。其中，智能小区一体化主站系统部署在智能小区内，为了保证智能小区用电安全和实时节能服务。

（二）先进技术应用

1. 水、电、气三表集抄应用

三表智能化远程集中抄表系统，集电子计算机、数字通信、传感器和微电子等多项技术于一体，通过小区信息采集通信网络，采用 EPON+ 采集终端 + 采集器 + 电表的采集方式，完成水电气三表信息采集及主站系统建设，实现水电气三表集中采集。主要功能包括：

（1）自动抄表，实现对小区用户水电气用能信息采集。

（2）用户水电气用户数据传送给智能小区一体化主站系统，方便物业管理和用户查询。

（3）定时间隔计量。

（4）实现对电表的远程通断电，提高催费手段。

（5）故障检测和报警，实时发现和处理用电现场的故障状况等。

2. 小区微电网控制与储能技术应用

目前分布式电源主要有微型燃气轮机、太阳能光伏、风力发电、燃料电池等，根据小区用电要求建设适宜规模的分布式能源，考虑到微电源的不稳定性，应依据微电源发电容量和用电负荷，配置相应的储能系统，以满足公共区域照明或居民等用电。电网支持分布式能源控制装置、储能装置的接入，支持分布式能源发出的电能就地消纳或并网。主要功能包括分布式电源监控与并离网切换控制等。

3. 智能家居相关技术应用

智能家居作为智能用电的末端环节，它将更加关注用户互动、需求响应及家庭能源节约。将全面实现智能电网信息的实时双向互动，支持智能家用电器及传统智能家居的全面集成，与安防系统、家电控制、灯光情景控制、可视对讲及智能小区等各系统进行无缝集成。并提供节能及能效诊断服务。在智能电网指导下将能更有效地管理家庭住宅能源的消耗，使人们更智能、更高效的用电，同时还能配合电力公司推动需求侧管理，通过节约用电、降低尖峰需求及负荷控制等，逐渐引导用户养成良好的用电习惯。智能家居主要功能包括智能家电控制、灯光情景控制、可视对讲系统、智能安防系统、家庭用能管理以及智能终端增值服务等。

4. 智能配用电小区通信技术应用

智能小区通信网络建设，需要考虑业务多样、安全可靠、灵活组网、管理维护、成本控制等诸多因素，实现各种通信技术的融合。采用光纤复合电缆技术，构建信息通信网络，既能满足电网信息采集及双向互动用电服务要求，也能提供电信网、广播电视网和互联网的"三网融合"服务，实现资源共享，减少光缆敷设成本，避免重复投资，并且可以提高用户网络速度。智能小区通信网络主要由三个部分组成：

（1）是由以智能交互终端为主要设备所组成的家庭数据采集、传输、处理的前端网络。

（2）是小区光纤到户网络。

（3）是小区综合管理系统接入的通信网络。

5. 智能配用电小区电动汽车充电技术应用

为智能配用电小区内电动汽车提供充电服务，是智能用电小区的一项功能，智能用电小区中的充电不同于一般充电站的充电，具有分散、无人值守等特点。在小区内公共位置或私家车位设置交流充电桩，通过智能卡实现智能充电，满足小区内公用电动汽车或私家车的充换服务需求。小区内电动汽车充电设施结合智能用电小区综合应用管理系统主要实现在充电计量计费管理、充电桩运行监测、智能调度和负荷分析以及充电结算等功能：

6.智能用电小区综合应用管理平台系统应用

智能小区一体化主站系统是智能用电小区的大脑，完成小区供电系统监控和与微电网互动、分布式能源接入、家庭用能源管理系统等功能。它实现的是一个智能社区综合管理，或者含有大用户的智能用能综合利用管理，或者含有智能楼宇的综合能源管理等。主要功能包括：实现分布式能源和储能管理、信息发布、主站预付费、实时电价信息采集管理等等。

7.智能小区能效分析及节能服务

智能小区能效分析及节能服务主要包括智能路灯管理终端、智能家庭交互终端、能效分析和节能服务管理等。主要功能包括：

（1）智能路灯管理终端可根据不同类型的照明控制要求，把小区的公共照明（包括小区路灯和住宅楼梯灯）进行分组，采用时控和光控结合方案，在异常天气下还能提供临时开关灯功能，从而达到节能降耗效果。并且智能小区一体化主站系统可以分析路灯和梯灯的用能情况，形成用能曲线，找出不合理能耗的原因提出整改措施和节能建议；

（2）智能家庭交互终端对各个家庭用电设备的电压、电流、功率等用能数据进行采集，并将电能数据上传至智能小区一体化主站系统，分析家庭用电设备的用电规律，形成用能曲线，找出不合理能耗的原因，通过智能小区一体化主站系统向智能家庭交互终端提供家庭用电设备的节能用电建议和提醒等节能服务，从而达到节能降耗的目的。

8.电力营业厅服务前移模式研究

电力营业厅服务主要包括办理用电手续（包括新开户、更名过户、用电增容、验表和改类等）、办理缴费、修改档案、修改关联银行账户、宣传用电政策等业务。居民需要去营业厅办理这些业务，既浪费时间，也不便捷。研究电力营业厅前移的模式，实现在小区或家庭内通过智能交互终端完成营业厅的服务，实现小区居民初步出户就可以办理用电手续、故障投诉、用电缴费、修改用电类别等电力营业厅服务，让人民群众得到更多用电上的便利，更好的关心居民用电，服务人民群众用电，把创先争优活动办成"民心工程""满意工程"，不断提升群众满意度。

（三）运营模式研究

根据目前投资业务运营模式和小区发展，可考虑分高、中、低三档开展商业运营模式的研究。通过对不同档次小区的投资分摊类型、盈利模式、效益测算分析提出智能小区商业模式的发展方向。智能小区运营模式主要有三种：电力公司主导型、物业公司主导型、第三方公司主导型。主要通过对这三种运营模式的研究，找出一条适合智能小区发展的运营方式。

第五节　需求响应

智能用电作为坚强智能电网中的重要环节，支持电能量的友好交互，满足用户的多元化需求，实现灵活互动的供用电新模式，是未来智能用电技术发展的趋势。需求响应（DR）作为用电环节与其他各环节实现协调发展的关键支撑手段，是智能用电互动化业务中体现电能量友好交互的重要方式。

需求响应在实现供需动态优化平衡、提升电力资源优化配置水平等方面具有重要作用，已成为国内外智能电网研究的热点。近年来，自国际上提出自动需求响应（Automated Demand Response，Auto-DR）概念后，作为需求响应最新的实现形式，更是为增强用户参与主动性、提升响应水平提供了新的发展理念，已成为智能电网的关键技术。

一、智能用电中的自动需求响应

（一）智能用电与需求响应的关系

智能用电是坚强智能电网中的重要组成部分，其核心特征是电网与用户能量流、信息流、业务流的灵活互动。智能用电的互动业务按照承载的内容，可以分为信息互动服务、营销互动服务、电能量交互服务和用能互动服务等4类。其中，用能互动服务作为智能用电中的核心业务，主要包括需求响应、用户用能管理等业务，是以信息交互为基础、以多样化营销服务为保障，借助用能智能决策与控制相关技术支持，以此优化用户用能行为、提升供需平衡水平、提高终端用能效率。

需求响应作为用能互动业务中最重要的实现方式之一，通过一定价格信号或激励信息，引导用户主动改变自身消费行为、优化用电方式，减少或者推移某时段的用电负荷，促进供需两侧优化平衡，并可以借助于智能用电所搭建的信息采集、双向通信、信息交互、智能交互终端等技术环境，实现整个业务过程的智能化和自动化，体现了供需双方之间"信息流＋业务流＋电力流"的友好交互。

（二）智能用电为自动需求响应提供技术条件

需求响应本质上是一种市场化的运作机制，在不同技术条件下有不同实现方式，智能用电的发展与建设，为实现自动需求响应提供了技术条件。

1. 营配调的信息融合与业务贯通

需求响应作为实现用电环节与供电侧各环节协调发展的重要手段，需要各环节间信息和业务的协调配合。信息交互总线等技术的发展与在智能用电中的应用促进了各环节之间信息融合和业务贯通，从而在制定需求响应策略过程中可以更加及时、准确地掌握供电侧调用需求侧资源的需求，为系统侧的需求响应智能决策提供了技术条件。

2. 用电侧通信网络的完善

传统需求响应的信息交互依靠电话通知等方式，不论是在信息收集、信息下发 / 反馈还是过程监控等方面都存在问题。随着用电侧远程信道、本地信道以及用户内部通信网络的不断完善，为需求响应决策、执行过程中的信息收集、信息交互提供了更为及时可靠、便捷多样的通信和交互方式。

3. 用户侧的用能智能化控制手段日益丰富

楼宇 / 家庭用能管理系统、智能用电交互终端、智能家居的发展，实现了对用户内部用能、环境、设备运行状况以及新能源等信息的快速采集、传递和分析，在为用户提供内部用能行为精细化管理和智能化控制手段的同时，也可以为用户的需求响应执行提供本地化的智能决策技术环境和自动化控制手段。

（三）自动需求响应主要特征

在智能用电乃至智能电网的发展背景与条件下，自动需求响应的主要特征是业务全过程的自动化，具体可以表现在信息交互标准化、决策智能化和执行自动化等 3 个方面。

1. 信息交互标准化

自动需求响应的实现前提是供需双方能够及时、方便地交互并自动识别需求响应各类事件信息。考虑到配套系统、装置各提供商间技术方案的差异性，为实现需求响应系统设备间的互操作，进而实现各类可控负荷资源统一的管理、配置和调度，就首先需要规定标准化的信息交互模型，以此支撑自动需求响应信息交互过程的自动化。

2. 决策智能化

决策智能化是实现自动需求响应决策过程自动化并保障方案有效性、科学性的必备条件。体现在系统侧，主要表现是需求响应事件计划制定和执行过程中的智能化和自动化，以增强事件计划的有效性和科学性；用户侧，主要表现在接收系统侧发送的事件信息后，根据用户内部可控负荷资源动态情况，实现用户侧响应策略的智能决策，以增强自动响应行为的有效性和科学性。

3. 执行自动化

执行自动化是需求响应自动化的直观特征，主要体现在用户侧的响应过程。在完成用户侧对需求响应事件信号的自动接收、响应策略自动生成后，可以实现响应策略的自动执行，整个响应执行过程可以不需要人工介入。

二、自动需求响应研究框架

（一）总体研究框架

自动需求响应研究框架包括了需求响应基本机理、基础理论方法、供电侧需求响应智能决策、用户侧需求响应智能决策控制以及需求响应仿真与评价等 5 个大模块、20 个子模块。

（二）需求响应基本机制

需求响应本身是一种市场化的运作机制，通过对其作用机理、经济学原理、机制适用性等基本机制的研究，可以为准确建立需求变化分析与预测、电力系统影响分析以及供电侧需求响应决策等环节的数学模型提供基本原则。

1. 需求响应对资源优化配置作用

通过定量、定性相结合的方式分析需求响应在电力资源乃至社会资源优化配置中的作用机理，进一步深化对需求响应作用和意义的理解。

2. 需求响应的基本经济学原理

重点是分析各方参与需求响应的驱动力，研究电价机制或激励政策对各相关方的影响，从边际成本等角度分析需求响应对供需关系的作用，进而明确需求响应的基本经济学原理，为费率、激励的设计决策提供依据。

3. 需求响应实现机制与适用性分析

分析各类需求响应项目在响应时效、影响范围、实施成本、负荷反弹规律等方面的特点，以及对不同用户的适用性和用电行为的影响。进而明确各类项目实施所需条件，以及在智能用电条件下的运作和操作方式，形成适合国内电力市场机制的运作方式。

（三）需求响应基础理论方法

自动需求响应业务决策执行过程中，需要大量的基础理论方法作为支撑，主要包括基本负荷计算、需求变化特性分析、负荷预测、需求响应对系统运行影响等方面。

1. 基本负荷计算方法

基本负荷是正常用电条件下（未实施需求响应）用户或区域的负荷，是评价需求响应实施效果的基础，也是需求响应决策过程中需要考虑的因素，主要包括用户基本负荷和区域基本负荷计算两方面。用户方面，重点是考虑历史基础数据和计算方法的合理选择，特殊因素对基本负荷的影响和对应修正方法，以及基于海量用户用电采集信息的用户基本负荷挖掘分析等；区域基本负荷方面，重点是研究基于电网智能调度系统的区域基本负荷计算方法。

2. 需求响应条件下用户需求变化特性

通过分析不同需求响应方式、费率设置、激励条件下的用户用电需求变化规律（包括负荷反弹等现象），并运用微观经济学原理等分析方法，建立描述用户需求变化特性的数学模型，并进一步开展需求响应实证研究，利用实际执行效果数据校正完善需求变化特性模型。从而建立描述用户需求响应强度（或称为电力需求弹性）的数学关系模型，为负荷预测、供电侧需求响应决策、动态仿真等提供基础。

3. 需求响应条件下不同时间尺度负荷预测

在计及用户需求响应强度影响的基础上，研究适应不同时间尺度（季度、周、日前、日内等）、不同地域范围（区域、变电站、馈线等），适合不同需求响应方式的负荷预测方法库，从而为供应侧的需求响应决策、动态仿真提供基础。

4. 需求响应对系统运行影响

重点是研究需求响应对各层各级电网运行安全性、经济性影响的数学模型与分析方法。具体来说，需要以负荷预测数据和电力系统运行数据作为分析基础，验证需求响应对电力系统潮流安全约束、电压约束等安全性方面的影响，以及系统经济运行、设备利用效率等经济性方面的影响，从而为供电侧的需求响应决策、动态仿真评价提供依据。

（四）供电侧需求响应智能决策

供电侧需求响应智能决策研究模块以需求响应基本机制和基础理论方法研究为基础，以均衡社会、电网、用户等需求响应各相关方利益为出发点，重点
研究需求响应实施策略与各相关方优化目标之间的数学模型，以及对应的动态电价费率决策模型、激励和惩罚决策模型、需求响应事件启动策略模型，为制定供电侧需求响应相关策略提供支持。

1. 供电侧需求响应决策分析模型

研究建立以社会效益（节能减排等方面）、供电企业收益（购电成本、售电收入、需求响应成本、电网基础设施投入、电网运行成本等方面）、用户利益（用电成本、奖励和惩罚、满意程度等方面）为优化目标，以电网安全约束、购售电合同等为约束条件，计及需求响应价值分配公平性的多目标、多约束决策分析模型，建模过程中可考虑引入模糊模型来适应用户满意程度等因素难以建立确定性模型的问题。从而科学描述需求响应实施策略与各相关方优化目标之间的数学关系，为制定具体的需求响应策略、科学分配价值提供依据。

2. 动态电价费率设计

针对电价型需求响应项目，研究计及供需双方利益、地区电力系统运行条件、用户负荷特性、用户需求响应强度等因素的不同类型动态电价费率决策模型，重点针对分时电价、尖峰电价、实时电价等电价类型，并可根据用户侧响应行为进行动态优化调整，从而实现

费率设计的智能决策。

3. 激励和惩罚方案决策

针对激励型需求响应项目，研究建立激励和惩罚方案决策模型。在计及供需双方利益的基础上，考虑不同需求响应方式对削减负荷的要求和用户对激励的响应程度等因素，以适应不同需求响应方式对用户响应时间、程度等性能的要求，并可根据用户实际响应行为进行动态优化调整，实现激励和惩罚方案的智能决策。

4. 需求响应启动策略

研究建立需求响应事件启动策略模型，通过与发电调度、电网调度等系统的信息交互，从电力系统供需平衡、供电能力、风险事件、优化运行等方面分析系统对需求侧资源调用的需求，将需求分为长时间尺度优化型问题和短时间尺度事件应对型问题两类。结合用户需求的分析预测结果，并综合需求响应的实施成本、预期收益，实现需求响应启动策略（包括启动时机、分层分级实施范围、实施对象等）的智能决策。

（五）用户侧需求响应智能决策控制

用户侧需求响应智能决策控制研究模块的任务是接受需求响应事件信号后，根据系统侧提供的电价、激励等信息，研究如何实现用户内部可控负荷资源间的自动和协调控制，以完成响应行为。重点是研究科学描述用户侧响应行为与各项优化目标之间关系的数学模型和对应决策方法，以及配套典型控制模式。

1. 用户侧可控资源控制模式

研究不同类型用户的用电模式特性和负荷控制特点，调研典型用户现有用电设备的基本控制属性（如容量、利用率，可中断型或可调节型等）与智能化、自动化程度（全自动/半自动/手动控制等），明确各类可控/可调负荷资源（可参与需求响应执行的用电设备）的范围和控制模式，为合理调度各类可控负荷资源提供依据。

2. 用户侧需求响应控制决策模型

研究用户侧响应程度、方式与用户用电舒适度、消费成本、设备安全运行、电网运行状态等目标之间的数学关系，建立用户需求响应控制的多目标优化决策模型，为用户可控负荷资源的智能控制提供基础。

3. 用户用电特性自动学习

研究运用人工智能等方法来实现用户用电行为变化规律的自动学习，可以为预设响应策略的进一步优化提供技术支持，使控制策略尽量符合用户用电习惯。

4. 用户侧需求响应智能控制决策

以用户侧需求响应控制决策模型为基础，研究如粒子群优化算法等适应多目标、多约束问题求解算法在响应决策中的应用方法，以实现不同需求响应场景下的用户侧需求响应控制策略的智能生成。

5. 用户侧需求响应典型控制模式

针对不同需求响应用户的体验需求，研究设计兼顾用户决策主动权和决策简易性、优化目标各有侧重的若干典型控制模式，兼容自动/半自动/手动等多种控制方式，对经济性、舒适性等方面根据所选场景模式各有侧重，将用户知情权、主动选择权与需求响应智能化控制进行有机结合，降低用户决策难度，便于实际操作。

（六）需求响应仿真与评价

需求响应仿真与评价研究模块是整体研究框架中的重要支撑部分，主要是为需求响应业务决策提供仿真技术支持，为执行效果评价提供依据。

1. 需求响应综合效果仿真模型

研究可用于模拟需求响应实施效果的综合模型，包括分层分区的电力系统运行模型（区域、变电站、台区等）、电力市场模型（如购售电合同、售电收入等）、投入成本模型（基础设施投入、实施需求响应成本等）、用户需求模型等，以模拟仿真需求响应策略的实施对各相关方可能的影响。为论证需求响应项目的可行性和预期收益，科学衡量执行效果提供基础。

2. 需求响应仿真高速处理方法

针对需求响应综合效果仿真问题，研究海量数据、复杂模型条件下，可以提高需求响应动态仿真计算处理能力的并行/分布计算方法，重点是并行/分布计算中的任务分解和结果拟合方法，以提高复杂模型、大规模用户情况下的仿真速度和准确度。

3. 用户参与需求响应性能评价

研究建立用户参与需求响应性能评价指标（如削减负荷量、参与次数、延迟时间、反弹负荷、获得收益等），研究公平、合理评价用户参与需求响应效果的计算方法，可以作为对用户激励或惩罚的依据，也可以用于需求响应项目的用户参与程度评价。

4. 需求响应综合效果评价

研究建立需求响应效果的系统级评价指标体系，评价需求响应项目对电网、企业、用户、社会等各方的综合影响，衡量各方收益。适用于实施前的模拟效果评价和实施后的实际效果评价。

（七）自动需求响应总体业务信息流程设计

自动需求响应总体业务信息流程设计，主要包括实施前期工作、事件决策规划、事件信息交互、用户侧响应执行，以及执行效果评价与结算等环节。

1. 需求响应项目实施前期工作

在项目前期首先由需求响应实施方选定参与用户进行谈判并签订合同，明确各自约束、收益等，并将参与用户的分组位置信息、项目设置信息、装置配置信息、基本负荷信息等作为属性信息整合进入需求响应支持系统。

2. 需求响应事件智能决策

需求响应支持系统通过智能用电互动化支撑平台的信息总线功能，从电网运行监控系统、高级量测系统等及时获取供需两侧动态信息，调用供电侧需求响应智能决策算法库来自动或辅助制定事件策略，并调用动态仿真算法库来模拟仿真执行效果，按照既定审核流程通过后，将事件信息下发。

3. 需求响应信息自动交互

需求响应事件计划在执行过程中，一方面需要将事件信息、调整信息等通过多种可选渠道自动、及时地下发到用户侧，同时还需要用户在收到事件信息后，及时返回是否参与该事件的信号（用户手动操作回复或由交互装置按照预先设定条件自动回复）。事件执行过程中，还需定期监测用户执行情况，为响应效果评价和结算提供依据。这部分交互主要针对激励型需求响应项目，对电价型项目则不需要这个环节。

4. 用户侧自动响应

用户侧收到需求响应事件信息后，由用户用能管理系统或智能控制终端等根据用户选定的需求响应控制模式，调用用户侧需求响应智能决策控制方法，生成具体响应策略，由用户侧系统／装置自动（同时支持手动方式）执行。

5. 执行效果自动评价与结算

需求响应事件结束后，支持系统根据获取的用户执行情况信息，调用效果评价算法库自动得出响应效果评价结果，再根据合同约定的奖惩机制得出结算方案，由智能用电互动化支撑平台的信息总线将结算信息传送到营销业务系统来完成自动结算。

三、自动需求响应在中国发展的几点思考

自动需求响应是在美国的电力市场环境下提出并实施的，考虑到中国电价机制、负荷构成、电力营销等方面的特点，自动需求响应在国内的发展路径需要具有自身特点。

1. 国内电价机制下，需求侧资源不具备直接参与电力市场（参与发电竞价）调节的条件，目前较为可行的是将其作为各级电网与用电需求间的调节资源。

2. 目前国内已有分时电价、尖峰电价机制，其中的平、谷、峰电价针对相对固定时段，现阶段的电价型需求响应可以重点考虑用户侧在既有费率条件下实现内部用电设备的自动、协调运行；未来可根据响应效果评价结果，逐步向动态电价费率方面发展。

3. 国内用电结构基本特点是第二产业比重较大（超过70%），居民生活、第三产业用电次之，应该说第二产业尤其是其中的大型工业用户需求响应潜力最大。但是考虑到大型用户以专变、专线形式为主，已经普遍采取了错峰、避峰等负荷管理手段并卓有成效；另一方面，在电力供需较为紧张的大城市中，大中型办公／商业／公共建筑以及居民生活用

电的负荷比重已经普遍较高，尤其在夏、冬负荷高峰期间，目前尚无有效的负荷管理手段。因此，自动需求响应在国内宜首先针对城市大中型建筑开展试点，其次是小型建筑或居民用户。

4. 自动需求响应的实施需要与智能电网信息平台以及智能楼宇、智能小区、智能家居等建设紧密结合。在系统层面强调业务决策与执行过程中与营配调各环节的信息融合与业务贯通，这是充分发挥需求侧资源调节作用的关键问题；在用户侧方面，则是需要充分利用智能楼宇、智能小区、智能家居的用能管理系统、交互装置以及通信网络等建设基础，利用用户侧需求响应智能决策控制研究成果，实现可控负荷资源响应行为的自动化、智能化。

第七章　电网设备状态检测技术

第一节　电网设备状态检测体系概述

一、电力设备状态监测

电力设备状态监测的目的是采用有效的检测手段和分析诊断技术，及时、准确地掌握设备运行状态，保证设备的安全、可靠和经济运行。福州亿森电力公司目前采用的状态监测方法有两种：输变电设备状态监测和配网设备状态监测。

（一）发展简况

电力设备状态监测的传统方法是经常性的人工巡视与定期预防性检修、试验。设备在运行中由值班人员经常巡视，凭外观现象、指示仪表等进行判断，发现可能的异常，避免事故发生；此外，定期对设备实行停止运行的例行检查，做预防性绝缘试验和机械动作试验，对结构缺陷及时做出处理等。这种经常巡视与定期检修的制度对于电力设备的安全运行起了重要的保证作用。

随着传感技术与计算机技术的发展，电力设备的状态监测方法向着自动化、智能化的方向发展，设备的定期检修制度向着预警式检修制度发展。电力设备状态的监测涉及面广，大量的非电参量（热学、力学、化学参量等）需要各种相应的传感器，传感技术的发展为此提供了可能。随着实用传感元件的出现，装备各种传感器的具有状态监测功能的新型电力设备是构成自动化的电力系统的基础。微电子技术与计算机技术的发展，为传感器信号的记录、处理与判断提供了有力的工具，此外还可以执行必要的控制操作，为电力系统的智能化控制提供了可能。

（二）在线检测

对运行状态下的电力设备直接进行的检测。检测既不影响系统正常的运行，又能直接反映运行中的设备状态，比停止运行时进行的离线检测更为有效、及时和可靠。

在线检测的主要困难在于不能影响设备的运行状态。电力设备是在电力系统中运行的，通常工作于额定电压，检测系统必须与高电压工作部位可靠隔离。电力设备一般是封闭式结构，如变压器和开关，内部是充油或其他绝缘介质的，内部状态的检测，应有相应的内部传感器，或通过外部状态检测进行判断。

适用的传感方法或判断手段是实现在线检测的保证。应用各种电量、非电量的传感方法，可检测设备的状态。如利用辐射传感来检测设备的发热、放电（发光），可判断过热与局部放电现象；利用声与振动传感，可检测设备机械结构系统及间隙放电的故障；利用表面电位变化或感应电流的检测可判断内部绝缘的完好程度等。

由于运行设备一般处于工业环境，各种干扰不可避免，传感信号往往掺杂着干扰信号，因此测量信号的处理、判断是十分重要的，而对于设备状态的判断，往往需要多方面信号的综合判断。对于各种不同设备，需要特定的处理与判断程序，这种程序是通过计算机系统完成的，通常是一种专家系统。

（三）光电检测

利用光 / 电及电 / 光信号的变换来实现各种电量和非电量的测量。随着光电子器件、光导纤维的发展，各种光纤传感方法被广泛应用于工业领域。

光电检测通常是由传感部分将被测信号转变为光载波信号（即由光的强度或光波相位、频率决定的被测量），经光导纤维传送到接收侧，再经过光 / 电变换把光载波信号解调出被测信号。许多光学物理效应已经被用于调制检测，如光弹性效应用作压力、变形的测量；电光效应用作电场、电压的测量；磁光效应（法拉第效应）用作磁场、电流的测量；荧光效应用作温度的测量等。光导纤维的使用为这些检测方法提供了有力的工具。

光电检测的优点在于绝缘性能好，克服了高电压绝缘的困难，使许多处在高电位位置的物理测量成为可能；光信号通过光导纤维传送，不受外界电磁场的干扰，特别适用于电磁干扰严重的电力系统使用；此外，光电检测的频率响应高。在计算机数据传送上也普遍利用光导纤维，构成光电通信网络。

二、电网设备现场检测的必要性

由于电网设备长期在高温、磁场等特殊环境中持续运行，很容易出现设备老化、磨损等问题，影响设备性能。例如，有一部分设备的绝缘材料由于高温作用，内部结构会发生变化，大大降低了绝缘性能，最终导致电力事故的发生；一部分设备在露天环境下工作，受到外界污染物不断侵蚀，很容易导致设备表面出现腐蚀，引发放电事故；还有一部分设备内的导电材料在长期热负荷的作用下会发生大面积氧化，使设备的性能下降。由于这些过程都是缓慢发生的，设备使用时间越长，其性能下降速度越快，越容易发生电力故障，影响电力系统的正常运行。因此，有必要对电网设备进行检测，及时了解设备的性能，才能确保供电质量，减少事故的发生。通常来讲，电网设备的检测工作都是在电力系统运行状态下进行的，这样不仅能更直观地了解设备运行情况，还不会影响供电质量。

三、带电检测技术的重要性

带电检测技术是电力设备检测系统的重要手段之一，利用带电检测技术能够获取设备状态量，评估设备状态，超前防范事故隐患，保证供电可靠性，降低事故损失，提高工作效率，这些明显优势，已经使带电检测技术成为检测专业积极研究的重要项目。这里就这些观点举例阐述了带电检测技术的重要性。

（一）带电检测技术概述

带电检测是指在设备带电运行条件下，对设备状态量进行的现场检测，以设备存在缺陷时产生的"声、光、电、磁、热"等异常现象为突破口，重点监测"振动、超声波、电磁波、发热"等参数，在发现设备潜在性运行隐患中发挥了实际效用。根据先进的带电检测、状态监测和诊断技术提供的设备状态信息，能够及时开展电力设备的健康状态评价，判断设备异常，通过特殊的试验仪器、仪表装置、对被测的电气设备进行特殊的检测，可用于发现运行的电气设备所存在的潜在性故障。

（二）带电检测技术重要性

1. 安全角度

随着社会的发展与科学的进步，人们对生活质量的要求越来越高，工业、农业以及各种新兴产业也飞速发展，各种国际国内重要会议、大型活动等频繁举办，带电检测技术因其检测方式为带电短时间内检测，其灵活、有效、及时的特点在保电工作中发挥了重要作用。国家电力系统为打造坚强电网，近年来新增了多座变电站，电力设备量猛增，而这些设备能否正常稳定地运行是保证供电可靠性的前提。近年来，电力设备的检测策略逐渐从刻板的定期停电检修向状态检修转变，检测手段的重点也从例行停电试验转变为更倾向于灵活、有效的带电检测试验。传统电力设备的检修模式一直是定期停电检修，设备的大量集中停电，检修时间紧、任务重，操作票繁多，容易发生误操作事故；设备频繁的停、送电操作，对于设备本身运行状况有很大影响；很多老旧设备因设备老化，无法承受停送电时高电压及大电动力的冲击而不宜进行停电试验。带电检测技术恰好弥补了这些缺陷，因此在智能电网设备状态检修模式中的重要性日趋显著。

2. 技术层面

设备定期停电检测并不符合设备正常运行环境，有时，试验人员已经对设备进行了停电例行试验，投运后仍然出现事故，这说明对设备的某些潜在缺陷，在设备停电后施加试验电压的条件下是无法检测出来的。采用设备带电检测技术，在设备正常运行状态下带电获得设备状态量，不受停电计划影响，可以依据设备运行状况灵活安排检测周期，便于及时发现设备的隐患，了解隐患的变化趋势，例如超声波带电检测：能准确捕捉到配电室内诸如变压器、开关柜、绝缘装置、断路器、继电器、母线排的放电现象，以及测量 SF_6 气体泄露等无法从感官上观察到的声波变化。红外热像测试能准确地检测到设备元器件的温度以及温度的变化，通过高新科技热成像技术，直观地看到设备各点的温度值，快速判断设备的整体运行状态等。

在设备检测和运维中合理运用带电检测技术，可以弥补停电检测的不足，及时发现缺陷并实施针对性检修，提高电网运维管理和设备可靠性水平。目前各类带电检测技术被广泛应用于电网设备缺陷的检测和诊断，取得了显著成效，这些带电检测作业项目在评估设备状态量中起到了不可代替的作用，与在线监测、例行停电试验等项目一起，对电气设备运行状态进行全方位的检测，是设备状态检修的重要手段。

（三）带电检测技术在现场的实际应用情况

1. 做好技术应用的基础工作

在国家电网公司的统一部署下，组织检测班组对带电检测仪器装备配置及使用情况进行梳理，积极使用先进成熟的带电检测技术提高发现设备缺陷的能力。系统各单位以"应用为先"的方针，积极推广并深化应用带电检测技术，已取得一定成效。为合理应用带电检测技术，提高带电检测水平，首先需要对作业人员进行定期培训，培训依据技术和技能人员实际工作需求设置不同的课程和培养计划，技术人员侧重分析和诊断，技能人员侧重现场操作，保证培训的针对性，为带电检测工作全面推广奠定基础。

2. 合理利用带电检测技术，制定相应的检测计划

目前对于各类电气设备，有很多带电检测手段，已经大量应用于现场实际作业中。根据所辖各站的设备电压等级、设备基本状态及带电检测规程要求，制定科学合理的带电检测计划。检测班组每年对全省 22 座 500kV 交流变电站、两座 ±500kV 直流换流站设备展开带电检测工作和状态评价分析，加强设备状态监测。带电检测的实施范围涉及所有变电站变电一次设备，主要包括变压器、断路器、互感器、组合电器、避雷器等设备。检测项目主要有红外热像检测、油中溶解气体分析、SF_6 气体分解物、SF_6 气体湿度、铁心接地电流测试、避雷器阻性电流分量测试、组合电器特高频超声波局放检测等。检测班组按照目前的各类技术应用情况，征集过去带电检测技术应用典型案例，以总结带电检测工作先进经验，促进带电检测技术水平提升。

3. 综合分析检测得到的设备状态量，提高检测效率

带电检测作业时，不同电压等级设备的特征状态量，在不同温度、湿度及负荷状态下，特征状态量会有很大变化。例如在户外进行红外带电检测时，设备的负荷状态、现场环境温度影响、光照的强烈程度都会对检测结果造成影响；针对高压设备带电检测时出现的临近设备干扰现象，如利用超声波局放测试仪对组合电器进行的超声波局放定位检测时，出现的非局放杂音等问题。这些问题有时对检测结果起到决定性影响，需要检测人员根据设备运行状态特点，检测仪器准确度等问题，总结以往工作经验，制定相应措施，有效排除现场干扰因素，准确判断设备状态。

检测班组结合设备带电检测的实际情况，积极开展基于带电检测为基础的设备状态评价研究工作。对重点关注的设备、新投运设备、更换设备、有家族性缺陷的设备以及上年度评价状态为非正常状态的设备进行重点测量和跟踪，按照不同设备检测试验数据做好记录，形成设备检测报告，使其具有可追溯性，为状态检修提供依据。

第二节　状态检测体系的关键支撑技术

一、智能电网与传统电网在状态检测方面的差异

（一）传统电网状态检测技术现状

状态检修是以设备当前的实际工作状况为依据，通过先进的状态监测手段、可靠性评价手段以及寿命预测手段，判断设备状态，识别故障的早期征兆，对故障部位及其严重程度、故障发展趋势做出判断，并根据分析诊断结果在设备性能下降到一定程度或故障将发生之前进行维修。状态检修的高效开展，需要大量的设备状态信息，为设备状态评价以及状态检修策略的制定提供基础数据。设备状态信息包括巡检、运行工况、带电检测、停电例行试验、停电诊断试验数据等。

随着状态检测技术的发展，人们越来越清晰地认识到"带电检测、在线监测、停电检修试验"三位一体的检测模式代表着未来输变电设备状态检测技术的发展方向。

带电检测一般采用便携式检测设备，在运行状态下对设备状态量进行现场检测，其检测方式为带电短时间内检测，有别于长期连续的在线监测。在带电检测技术方面，国内外目前采用的主要带电检测技术包括：油色谱分析、红外测温、局放检测、铁心电流带电检测、紫外成像检测、容性设备绝缘带电检测、气体泄漏带电检测，其中最常用、最有效的是局放带电检测、油色谱分析及红外测温技术。尤其是局放带电检测技术，它是目前发展最为迅速、对电气设备绝缘缺陷检测最为有效的一种带电检测技术。

在在线监测技术方面，目前应用较多的主要集中在变电设备，而输电线路和电缆也逐步出现一些应用。对于变电设备，变压器和电抗器采用的在线监测技术主要包括：油色谱、局放、铁心接地电流、套管绝缘、顶层油温和绕组热点温度；CT、CVT、耦合电容等容性设备主要是对其电容量和介损进行监测；避雷器主要监测其泄漏电流；而断路器、GIS等开关设备主要在线监测技术包括开关机械特性、GIS局放、SF_6 气体泄漏及 SF_6 微水、密度。其中应用比较成熟有效的：变压器油色谱在线监测、容性设备和避雷器在线监测。对于输电线路，目前主要应用的在线监测方法主要有雷电监测、绝缘子污秽度、杆塔倾斜、导线弧垂等监测技术，但是比较成熟的主要是雷电监测和绝缘子污秽监测。对于电力电缆，主要在线检测方法是温度和局放，相对成熟的是分布式光纤测温。

在停电检修试验方面，国内外都形成了一套成熟的预防性试验方法和规程。

我国状态检测和评估工作还处于起步阶段，状态检测技术应用及推广上存在的问题主要有：

1. 状态检测技术应用范围不广，与电网设备总量相比，状态监测技术应用的设备覆盖面还处于较低水平。

2.状态检测装置可靠性不高,存在误报现象,并且装置的故障率高,运维的工作量较大。

3.缺乏统一的标准和规范指导,各厂家装置的工作原理、性能指标和运行可靠性等差异较大,同时各类装置的校验方法、输出数据规范以及监测平台都各不相同。

4.缺乏深入有效的综合状态评估方法。

5.在线监测技术需要深化研究,现行的在线监测技术在设备缺陷检测方面还存在盲区,状态参量还不够丰富,对突发性故障预警作用不够明显。

6.缺少统一的考核、评估和指导方面的行业管理机构。

(二) 智能电网与传统电网在状态检测方面的差异

智能电网对状态信息的获取范围将与传统电网发生很大的变化。未来智能电网的状态信息不仅包括电网装备的状态信息,如:发电及输变电设备的健康状态、经济运行曲线等;还应有电网运行的实时信息,如:机组运行工况、电网运行工况、潮流信息等;还应有自然物理信息,如:地理信息、气息信息等。

传统电网的信息获取及利用水平较低,且难以构成系统级的综合业务应用。智能电网将通信技术、计算机技术、传感测量技术、控制技术等诸多先进技术和原有的电网设施进行高度融合与集成,与传统电网相比,智能电网进一步拓展了对电网的全景实时信息的获取能力,通过安全、可靠、通常的通信通道,可以实现生产全过程中系统各种实时信息的获取、整合、分析、重组和共享。通过加强对电网实时、动态状态信息的分析、诊断和优化,可以为电网运行和管理人员提供更为全面、精细的电网运行状态展现,并给出相应的控制方案、备用预案及辅助决策策略,最大限度地实现电网运行的安全可靠、经济、环保。智能电网状态检修将不仅仅局限于电网装备的状态检修,势必延伸出更多的复合型高级应用。

二、智能电网状态检测关键技术

智能电网状态检测的应用范围将不再局限于状态检修、全寿命周期管理等狭隘的范畴,而是扩大至对安全运行、优化调度、经济运营、优质服务、环保经营等领域。智能电网状态检测技术应涵盖以下方面:电网系统级的全景实时状态检测;真正意义的电网装备全寿命周期管理;电网最优运行方式;及时可靠的电网运行预警;实时在线快速仿真及辅助决策支持;促进发电侧经济、环保、高效运行等。这里主要探讨了输电线路设备管理、状态检修及全寿命周期管理、智能变电站相关技术等研究方向需要研究和解决的问题及预期达到的目标。

(一) 输电线路设备管理

输电线路智能化关键技术是基于信息化、数字化、自动化与互动化对输电线路设备进行监测、评估、诊断和预警的智能化技术,以保证输电线路运行的安全性。而输电线路设备管理是实现输电线路状态检测从而实现输电线路智能化的重要方面,具体而言,针对输电线路设备管理的研究需涵盖的内容如下。

1.输电线路设备"自检测"功能研究:研究输电设备的特征参量及检测、监测技术;

构建设备状态监测和诊断路线图；滚动优化检修策略；构建输电线路状态检修体系。

2. 输电线路设备"自评估"功能研究：构建设备运行状态的数字化评价体系，实现设备的自评价功能；构建设备故障风险评估模型，实现设备风险成本的可控管理；建立设备的经济寿命模型。

3. 输电线路设备"自诊断"功能研究：研究主要设备的典型故障模式，提取有效的特征参量，给出故障的评判标准；研究多特征参量反映同一故障模式时设备状态的表征方法；逐步建立具有自诊断功能的智能设备技术体系。

4. 输电线路设备"事故预警、辅助决策"功能研究：构建设备运行可靠性预计模型，实现设备故障的数值预报功能；实现设备寿命周期成本的优化管理；结合设备的特征参量开发辅助决策系统，使其能够为电网调度提供设备的可靠性数值预报信息，提供先进的供电安全快速预警功能。

（二）状态检修和资产全寿命管理

状态检修过程中设备基础数据的收集与管理、设备状态的评价、故障诊断与发展趋势预测、剩余寿命评估等 4 个方面的内容是资产全寿命周期管理过程中资产的利用、维护、改造、更新所需要开展的基础性工作，同时资产的规划、设计、采购的管理也离不开设备在使用和维护期间历史数据、状态和健康记录等的反馈。针对面向智能电网的输变电设备的状态检修和资产全寿命管理需研究以下内容。

1. 基于自我诊断功能的故障模式、故障风险的数值预报技术：以油浸式电力变压器、断路器和 GIS 为对象，在初级智能化设备的基础上，进一步开展增加自我检测参量、改进自我检测功能的研究；在自我诊断方面，开展提高智能化水平的研究，实现设备故障概率和故障风险的数值预报，服务于智能化设备乃至电网的安全运行管理。

2. 状态检修辅助决策：在已有输变电设备状态检修辅助决策基本功能基础上，研究基于状态检修的检修计划编排及优化技术、设备状态分析及故障诊断技术、输变配设备典型缺陷标准化技术、设备厂家唯一性标识建立和跟踪技术、在线监测数据接入技术等，并完善扩充输变电设备的评价导则。

3. 资产全寿命周期管理：在已有成熟套装软件、生产管理、调度管理、营销管理、可靠性管理、招投标管理、计划统计等应用基础上，研究电网资产从规划、设计、采购、建设、运行、检修、技改直至报废的全寿命周期管理中的各种信息化关键技术，重点研究设备资产全息信息模型、设备资产全寿命周期管控技术、基于资产表现与服务支持的电力设备供应商综合评价技术、设备资产全寿命周期优化评估决策体系及其相关算法、基于资产全寿命周期的技改大修辅助决策技术等，最终实现以资产全寿命周期评估决策系统为关键支撑系统的资产全寿命周期管理体系。

4. 面向智能电网的设备运行和检修策略：研究面向智能电网的变电站巡检技术、巡检项目和巡检技术规范；研究面向智能电网的停电试验和维护策略；研究完成符合智能电网运行特点的设备停电试验和检修建模；研究智能化附件的现场维护、检验和检定技术和策略。建立起一套面向智能电网的设备运行和检修技术体系和标准体系，满足智能电网的运行管理要求。

5. 面向智能电网的设备寿命周期成本管理策略：研究各类一次设备的故障模式及故障发生概率，研究各种故障模式下的检修模型（所需时间和资源分布规律），研究各种故障模式下的风险损失（检修成本、供电损失成本、社会影响折算成本等）。面向智能电网，研究设备的技术经济寿命模型，按新、旧设备分类建立寿命周期成本模型和与之相适应的设备检修和更换策略。面向智能电网，完成设备寿命周期成本管理技术体系和标准体系，满足智能电网的运行管理要求。

（三）智能变电站相关技术研究

智能变电站是智能电网的物理基础，其核心技术是智能化一次设备和网络化二次设备。针对智能变电站相关技术的研究内容需包括以下方面。

1. 智能变电站技术体系及相关标准规范：研究智能变电站的架构和技术体系，明确智能变电站的定义和定位，制定相应的标准和规范，指导未来智能变电站的建设和运行，提高智能变电站的标准化程度、开放性和互操作性。

2. 智能变电站动态数据处理：通过开发开放式的智能化变电站系统，并改进通信设备以便取得更快的数据采集率，或者把在线测量数据储存在当地的一个智能化变电站中，然后，在各个智能化变电站之间交换相关的数据，把每一个智能化变电站当作一个 Agent，从而实现基于 Multi-Agent 的全数字实时决策应用。在高级调度中心侧则需要开发广域全景分布式一体化的 EMS/WAMS 技术支持系统。

3. 智能变电站系统和设备的自动重构技术：建立智能装置的模型自描述规范，实现智能变电站中系统、设备的自动建模和模型重构，在系统扩建、升级、改造时实现智能化、快速化的系统部署、测试、校验和纠错，提升智能变电站自动化系统的安全性，减少系统建设和调试周期。

4. 智能变电站分布协调/自适应控制技术：研发分布协调/自适应控制的技术和方法，解决灵活分区导致的继电保护、稳定补救和无功补偿装置定值的自适应修改，实现解列后包括发电在内的微网和变电站的分布式智能控制。

第三节　主要输变电设备在线监测技术

一、变压器在线监测技术

（一）变压器油色谱在线监测

该项技术的关键是油气分离技术和气体检测技术。油气分离技术采用目前较为成熟的渗透膜脱气和动态顶空脱气；气体检测技术主要包括气相色谱和光声光谱法。就目前来讲比较成熟和有效的方法是气相色谱，而光声光谱属于比较前沿的技术，其有效性还未获得一致的认可。

1. 油气分离技术

该种技术主要是把溶解在油中的气体分离出来，也称作脱气，目前所采用的脱气方法主要有以下几项：

（1）薄膜脱气法：这种方法应用扩散原理，应用一种聚合薄膜（这种薄膜的特点是气体分子可以透过而油分子不能透过），膜的一侧是变压器油，另一侧是气室，这样利用膜两侧气压的不平衡性，使得油中的气体扩散到气室从而实现油气分离。一段时间后达到动态平衡状态，然后通过计算可以得到溶解在油中某一气体的含量。

这种方法简单易行，但其缺点是达到动态平衡状态的时间很长，脱气缓慢，而且油中的杂质和污垢容易堵塞聚合薄膜，需要经常更换聚合薄膜，浪费财力。

（2）真空脱气法主要包括真空泵脱气法和波纹管法两种方式

真空泵脱气法与离线色谱分析中抽真空脱气原理一样，使用微型真空泵，降压至0.05～0.07MPa 即可脱去油中溶解的气体。该种方法的突出优点是脱气效率高，能够使油和气完全分离。但是其缺点是可重复性低，每次测量的数据可能差距很大；而且真空泵的磨损使抽气效率降低，导致测试结果偏低，因此此法已被逐渐淘汰。

波纹管法是波纹管通过电机的带动，反复的压缩油气抽成真空从而使气体分离出来，它的缺点是波纹管中残留的油会影响下一次测量。

（3）动态顶空脱气法：这种脱气方法是再脱气时，通过采样瓶内搅拌子的不断搅拌，使得气体析出通过检测装置，然后气体返回采样瓶内。当相同时间间隔内的测量值相同时，即脱气完毕。

在各种油气分离方法中，顶空脱气技术具有油气平衡时间短（小于30分钟），脱气效率高，重复性好，分析灵敏度高等特点，因而被广泛采用。

2. 气体检测技术

作为整个监测装置的核心部件，气体检测部件的性能优良决定了整个监测装置的性能，因此人们越来越重视对气体检测技术的研究。

（1）气敏半导体在气室中，应用气体传感器检测混合气体含量，这里选用电化学气体传感器来检测。电化学传感器的基本原理是应用燃料电池，电解液将燃料电池隔成两个电极，待检测气体在电池的一极，氧气在电池的另一极，通过氧化还原将化学能转变成电能，这样就可以通过测量电流值从而确定待检测气体含量。一般来讲，一种气体传感器对多种气体都有响应，只是对不同的气体灵敏度有所不同，所以通过此种方法测量的数值误差很大，容易造成误报或不报，这样对不存在故障的变压器，也能监测出故障。因此以该种方法作为诊断的依据不够科学。

（2）气相色谱法在高纯氮气作用下将分离后气体样本输送到色谱柱中，各组分气体停留的时间取决于其相应的分配系数，分配系数大的停留的时间也越长。然后将各组分的气体通过高度敏感的 TCD 检测仪中，由 TCD 检测各组分气体的浓度并将浓度转化为相应的电信号输入到计算机中，该装置能检测多种气体成分，例如氢气、一氧化碳、甲烷和乙烯等。该方法的优点是可以准确检测每种气体的浓度；缺点是操作复杂，时间周期长，对技术的要求也比较高，因此比较适用于定期检测。

（3）光声光谱法溶解在油中的气体经脱气后进入光声室，入射光经过频率调整后经滤光片进行分光，每一个滤光片只允许某种特定气体吸收波长的红外线透过，然后各种特定气体吸收波长的红外线以调制频率多次激发气体，使气体通过辐射或非辐射两种方式回到基态。非辐射方式回到基态的气体会引起局部温度升高，是密闭的光声室产生机械波，从而被微音器所检测到。通过计算机械波的强度，即可确定相应气体各组分的浓度。

光声光谱法的优点主要是：①能够减少校验工作量。②无须消耗气体消耗品，例如载气。③应用少量样品即可检测各组分气体浓度，时间短，效率高。④与气相色谱法相比，该方法不需要色谱柱，不受一氧化碳等气体污染影响。⑤可重复性非常好。

基于光声光谱法有上述的诸多优点，该方法已经在变压器气体检测中崭露头角，被越来越多的用户所接受。

（二）变压器局部放电在线监测

一般来讲，局部放电主要有以下三种：第一种是脉冲型的火光放电，例如汤姆逊放电；第二种是非脉冲型的辉光放电；第三种是介于前两种之间的亚辉光放电。根据变压器的局部放电特性，产生了脉冲电流法、射频法、放电能量检测法、超低频检测法、超声波法、光测法、红外热像法和 UHF 超高频检测法等。

1. 脉冲电流法：在变压器套管接地、外壳接地、铁芯接地以及绕组间发生高压局部放电时测量脉冲电信号，测量出一些基本量可以反映放电脉冲的个数、大小和相位等，具有很高的灵敏度。但是脉冲电流易受外界噪声干扰，因此需要有效而准确地提取局部放电脉冲信号，以提高其抗干扰能力。该方法的缺点是测量的脉冲频率低，测量出的信息量比较少。

2. 射频检测法：该方法通常用罗氏线圈型传感器从变压器和发电机等被检设备中性点提取信号，由于在高频条件下罗氏线圈型传感器铁耗很小，因此它可以工作在很宽的频率范围，极大地提高了测量频率；也由于其安装方便，不受系统运行方式影响，因此该方法在发电机在线监测领域已得到了广泛应用。该方法的缺点是只能分辨出单一的信号，不适用于三相变压器的发生局部放电检测。

3. 放电能量检测法：该方法是将每个周波中的电荷总量和消耗功率值进行测量，能量扫描仪上平行四边形的面积即为周波的放电能量。该方法可以用来测量电流法难以响应的辉光和亚辉光放电，其缺点是灵敏度较差，难以将因放电而产生的损耗分离开来。

4. 超低频检测法：该方法是用 0.1Hz 的试验电压来测量电力设备的放电现象。其优点是可以减小测量设备容量，使测量设备重量可以更轻，体积可以更小，价格可以更低；其缺点是目前理论上还难以证明 0.1Hz 与 50Hz 工频电的等效性。

5. 超声波法：该方法是通过变压器油箱上的压电传感器来测量其内部放电时产生的超声波，并根据所测得的超声波来确定放电电流的大小以及其位置。该方法的优点是采用非电气接触式测量，可大大减小干扰的影响，虽然它难以定量判断变压器内部声介质对超声波的影响，但是可以定性的判断有无放电信号。目前该方法作为一种辅助手段应用于变压器的检测中。

6. 光测法：该方法利用局部放电中产生的光现象进行测量：当电晕放电时，产生波长较短的光，通常来讲小于 400mm，属紫外线的范畴；但较强的火光放电时，产生波长较长的光，通常来讲将超过 700mm，属可见光的范畴。该方法具有很高的灵敏度及很好的抗干扰性；其缺点是由于变压器内部绝缘结构复杂，因此它的实际应用受到了很大的局限，即使如此，它可以作为其他测量方法的辅助手段从而应用于变压器的局部放电检测中。

7. 红外热像法：该方法是利用放电时设备内的电热转换，检测表面温度的变化的方法。该方法可定性测量局部放电，借助计算机可以得到一定的量化关系；其缺点是目前还很难进行定量研究。

8. 超高频检测法

超高频局部放电检测是通过超高频传感器接收局部放电所产生的超高频电磁波，实现局部放电的检测。这种方法的最大特点是，由于接收的是局部放电信号的超高频电磁波，因而抗干扰的能力很强，适合用于在线监测，而且灵敏度较高，能够对于缺陷源进行定位，发展前景很好。

超高频的检测方法最初应用于 GIS、电机、电缆的局部放电的检测，近年来超高频的方法已逐渐开始应用到了变压器中，最初是由荷兰 KEMA 实验室的 Rutgers 等人开始的，后来英国的 Judd 等人也对该方法应用在变压器中进行了实验室研究，这些都为超高频的检测方法应用于变压器中奠定了坚实的基础。

由于超高频检测法是通过传感器收到的超高频电磁波实现检测和定位的，因此与传统的局部放电检测方法相比，它的测量频率高（1GHz 以上）、频带（300~3000MHz）、信息量大、抗干扰性强。利用这种方法可以较全面地研究变压器绝缘系统中局部放电特性。

虽然该方法已经取得了较大进展，但变压器在局部放电时所激发的高频电磁波在变压器中的传播特性很复杂，而且由于变压器内部的结构可能会对电磁波的传播产生影响，还有变压器的箱壁对于电磁波的折反射等等，使得超高频传感器所接收的信号可能已经和变压器内部的局放源所发出的信号有所差异，因此，作为一种很有发展前景的局部放电的检测方法，还有很多方面的工作需要深入的研究。

（三）变压器绕组变形在线监测

绕组是发生故障较多的部件，从解体检查情况看，绝大部分是由绕组变形引起的。目前对变压器绕组变形检测的主要方法如下：

1. 频率响应分析：利用绕组变形前后电容、电感等值网络的变化，通过正弦波扫描，测量绕组的传递函数以反映绕组的状况。频率响应分析法是目前国际上较为先进的一种绕组变形诊断方法，能够检测到微弱的绕组变形，并且具有较强的抗干扰能力，适合现场使用的要求。但如何从量值上去判断短路实验结果，并与现行标准测量电抗值的变化统一起来，尚需积累经验。频率响应法具有很高的灵敏度，重复性好，但尚无明确的定量判断标准。

2. 短路电抗测试：利用在变压器一、二次侧的 TV，TA 信号，通过空载测试修正励磁电流影响后，在线求得变压器的短路电抗，并利用短路阻抗测量法中的判据进行诊断，从而实现对变压器绕组状况的在线监测。能够对绕组变形导致的电抗变化量进行较精确的测量，但互感器等的角差以及电压波动会对测量结果有影响。与变压器保护系统整合为一体后会有应用前景。

3. 振动信号分析：通过安装在变压器箱体上的振动传感器测量绕组与铁芯在运行时产生的振动信号，并通过比较其变化来反映绕组与铁芯的状况。测量系统与变压器无电气连接，可同时监测绕组变形以及铁芯等结构的松动等故障。积累经验、明确判据后应有应用前景，俄罗斯、美国和加拿大有较多应用。

（四）变压器铁芯接地电流在线监测

统计资料表明因铁芯问题造成的变压器故障，占变压器总事故中的第三位；而变压器铁芯多点接地是造成变压器铁芯故障的首要原因。铁心在单点接地和多点接地两种情况下流过接地线中的电流值相差较大，国标规定该电流不能超过 0.1A。通过监测铁心接地电流我们可以及时发现故障，目前其测量主要采用安装穿心电流传感器进行监测。

二、GIS 组合电器在线监测技术

以 SF_6 作为绝缘的全封闭组合电器（GIS）是由断路器、电流互感器、电压互感器、隔离开关、接地开关、母线及避雷器等设备依据变电站的电气主接线的要求组合在一起承担电能传递和切换任务的成套装置。GIS 的主要故障模式大致分为局部放电、载流导体局部过热、气体质量下降、机械故障等。

（一）局部放电监测技术

GIS 内部由于制造、安装、运行时可能出现各种缺陷，如导体表面毛刺、部件松动或金属接触不良、绝缘子表面附着污秽物或导电微粒、绝缘子内部有空穴 SF_6 气体质量变化、PT 和 CT 的绝缘劣化、接地开关和隔离开关的机械故障等。在 GIS 的运行中这些缺陷的存在都会导致不同程度的局部放电。长期的放电会使绝缘的缺陷逐渐扩大，造成整个绝缘的击穿。国内外多年来的 GIS 运行经验表明，GIS 内部局部放电的监测是发现故障的有效方法：

对局部放电的研究结果表明：GIS 中的局部放电具有非常快的上升前沿，局放脉冲激起的电磁波和声波；局部放电使得 SF_6 气体电离，伴随着发光和化学生成物。因此，局部放电发生时伴随着电、声、光等物理效应和一些化学效应。这些现象都可以揭示局部放电的存在。局部放电的监测手段可以分为电的方法和非电的方法两个大类，分述如下：

1. 非电的方法

包括光学方法、化学方法和机械 / 声学方法。

（1）光学方法：通过 GIS 上的观察窗用光电倍增管测量 GIS 内部放电点发出的光。应用表明，①局放电辐射的光子沿传播路径被 SF_6、绝缘子等吸收；②存在监测死角。监测灵敏度不高。

（2）化学方法：基于分析 GIS 局部放电引起的气体生成物。应用表明：① GIS 中的吸附剂、干燥剂影响测量；②断路器动作产生的电弧也会影响测量；③短脉冲放电产生的分解物很少，且生成物密度随着与放电点距离的增加减小得很快。方法灵敏度不高，但对于很小气室内的气体的监测有效，也有时与特高频法结合进行局部放电定位。

（3）机械 / 声学方法：导体外壳、绝缘子上的局部放电以及自由微粒引起的局部放电会引起外壳的震动，可采用加速度传感器或者超声波探头等来监测。

超声波监测 GIS 局部放电的基本原理是：当发生局部放电时，分子间剧烈碰撞并在瞬间形成一种压力波产生超声脉冲，类型包括纵波、横波和表面波。不同的电气设备，环境条件和绝缘状况产生的声波频谱都不相同。GIS 中沿 SF_6 气体传播的只有纵波。这种超声纵波以某种速度以球面波的形式向内部空间传播。由于超声波的波长较短，它的方向性较强，能量集中，通过压电传感器可以很好地对放电信号进行定性、定量、定位的分析。

由于信号衰减较快，该方法的监测范围受到限制，不适用于固定安装的永久性装置，因为这样的话需要安装较多的传感器。目前与特高频法结合进行局部放电定位，尤其是自由微粒的定位。

2. 电气的方法

包括常规的测量方法（外被电极法、测量地线脉冲电流法以及绝缘子内预埋电极法）和特高频（UHF）方法。

外被电极法：用贴在 GIS 外壳上的电容性电极来耦合和探测内部放电激起的电磁波在传播路径上引起的电压变化。传感器结构简单、易于实现，但灵敏度不高。

测量地线脉冲电流法：GIS 内部产生的局部放电脉冲在 GIS 内传播，在外壳接地线处会沿着接地线继续传播，因此可用高频电流互感器作为传感器来测量流过地线的脉冲电流。由于地线穿过线圈，传感器最好采用钳型的。该方法检测灵敏度较低，有的电力公司用它作为 GIS 普查 / 巡检的一种手段，有成功检测到案例的报道。

绝缘子内预埋电极法：利用制造时已经埋在绝缘子里的电极作为探头进行 GIS 内局部放电测量。方法抗干扰性好、灵敏度高，但需要在绝缘子制造时设计预埋电极，需考虑预埋电极对绝缘子性能的影响，增加了绝缘子制造的难度。

特高频法：SF_6 的绝缘强度很高，GIS 中局部放电能够辐射很高频率的电磁波，可达数 GHz（现比之下，空气中的电晕放电的辐射频率一般在 100MHz 以内）。多年的研究和应用证明在特高频段监测 GIS 的局部放电抗干扰性强、灵敏度高。经过近 20 年的研发，目前的监测系统不仅可以进行局部放电的监测，也可以进行局部放电定位。目前，特高频法已经是广为接受和认可的 GIS 局部放电监测方法。系统工作方式有在线的和离线的，将它与化学法和声学方法灵活地联合使用可以检测和定位一些设备（如 PT，CT、接地开关等）内部的局放。传感器有体外置式和内置式的两种：

（1）GIS 外置式传感器，GIS 上的很多盆式绝缘子置于连接法兰之间，法兰之间存在宽度约几个 cm 的间隙。局放激起的特高频电磁信号经过法兰传播时将通过这一缝隙辐射到 GIS 体外。外置传感器通过测量这个位置的电磁场来监测 GIS 内部的局部放电。这种方式的监测方式的一大优点是传感器独立于 GIS，监测时无须拆卸 GIS 的任何部件，整个测量系统可以移动且传感器很轻，便于携带，使用很方便。当然，体外传感有空间电磁干扰的问题。

（2）GIS 内置式传感器：内置式传感方法是把天线固定安装在 GIS 体内一些特定的位置。这些位置都是在 GIS 的设计和制造阶段确定好的，因此该方法不使用已经运行的GIS。这种传感方式的传感效率高，也有利于抗外部干扰。

然而由于特高频信号衰减较快，为了覆盖整个 GIS 各处可能出现的局部放电，需要每隔一段距离（5~10m）安装一个传感器，因此需要较多的传感器。

（二）SF$_6$ 微水密度监测

1. SF$_6$ 微水监测

（1）水分的来源

GIS 每个气室的 SF$_6$ 总是含有一定量的水分，这些水分的主要来源于：

气室内部的绝缘材料等挥发的水分；设备的渗漏，例如充气接口处、管路接头处、法兰处等；商品气体中含有少量水分。在给 SF$_6$ 补气或换气时，这部分水分直接计入气室。按照国标 GB12022 要求，新气体的湿度 $\mu g/g \leqslant 8$；吸附剂饱和，起不到除潮剂的作用。

（2）水分含量测试

测试 SF$_6$ 中水分的含量有多种方法，对检测仪器的准确度、精密度和灵敏度等有较高的要求。常用的库仑电解法的缺点是随着使用时间的延长，电解效率会下降，使用过程中需要对仪器进行定期校验。也有的直接进行 SF$_6$ 露点测试，SF$_6$ 水分结果用露点表示比用体积比相对值更能准确反应 SF$_6$ 种水分对设备的危害程度。

2. SF$_6$ 密度监测

由于 GIS 设备采用具有一定压力的 SF$_6$ 气体作为绝缘、灭弧介质，因此监测 GIS 设备的 SF$_6$ 气体密度是监视 GIS 设备、运行状态的必须手段。现有的 GIS 设备普遍采用密度继电器在设备就地监视 SF$_6$ 压力，依靠密度继电器上的压力接点向远方发出 SF$_6$ 压力低报警、压力低闭锁信号。由于没有在线监测系统，不能及时发现 SF$_6$ 气体漏泄及其发展趋势，容易出现由于 SF$_6$ 严重漏泄，危及主设备安全，造成主设备损坏及影响系统稳定运行的事故。

GIS 气体密度在线监测系统对 GIS 系统中各气室的 SF$_6$ 气体进行密度数据检测，直接指示密度参数，并进行超限报警。从而实现在生产过程中对 SF$_6$ 气体密度进行实时、远程监测以及历史数据分析，加强监测手段，更好地保证设备安全、稳定运行。

三、避雷器在线监测技术

受潮和电阻片老化是 Zn0 避雷器的一般故障特征，其表现是元件的整体都伴有发热现象。Zn0 避雷器受潮故障的过程大致如下：在受潮初期，通常是故障元件本身发热；当受潮严重后，非故障元件也开始发热，而且非故障元件发热量大于故障元件。这样整体表现为局部出现发热特征。Zn0 避雷器电阻片老化变现为多个元件都普遍发热，老化程度不同的电阻片，常常表现为电压分布不均和发热程度不同。

评价避雷器运行质量状况好坏的一个重要参数就是漏电流的大小，漏电流 i_x（简称全电流）由以下两个电流组成：阻性电流 i_r 和容性电流 i_c，i_r 与电压 u 相位相同，而 i_c 的相位超前电压 u 相位 90°。全电流基波相位取决于 i_r 与 i_c 分量的大小。氧化锌避雷器在线监测主要监测阻性泄漏电流，常用方法主要有：总泄漏电流法、阻性电流三次谐波法（将阻性电流经带通滤波器检出三次分量，根据它与阻性电流峰值的函数关系，得出阻性电流峰值）、基波法和常规补偿法（以去掉与母线电压成 90° 相位差的电流分量作为去掉容性电流，从而获取阻性电流）等。目前应用较多的测试方法是用补偿法测量阻性泄漏电流。

谐波分析法是采用数字化测量和谐波分析技术，从泄漏电流中分离出阻性电流基波值。该方法的优点是误差小，缺点是由于需要引入电压信号作为参考，电压互感器角差对测量结果有很大影响。而三次谐波法不需要引入电压信号作为参考，因此不受其影响，操作简单；其缺点是电网三次谐波对该方法的影响很大。

信号重建法的原理是依据所得到的采样数据重新构建电压波形和电流波形，并根据它们的相位差计算出阻性电流。该方法需要保证采样所得到的频率为电网频率的整数倍，并且需要同时对电压和电流进行采样。

相位补偿法是通过去掉与母线电压成 90° 的容性电流，从而获得阻性电流的一种方法。

四、电缆在线监测技术

（一）电缆局部放电监测

在生产过程中或在施工时，交联电可能会有气泡的残留或一些杂质的掺入，而气泡和杂质的击穿电压低于其平均电压，故这些区域会首先发生局部放电。

当电缆内部局部放电时通常伴有多种现象：例如产生电磁波，产生电脉冲，产生超声波或者产生光和热等，而且会产生新的生成物或者造成气压和化学变化等。由以上的这些局部放电特征，现在常用的检测方法包括超高频检测法、高频电流检测法、超声波检测法等多种方法：

1.超高频检测法（英文简称为 UHF）：该方法是的原理是电缆内部发生局部放电后会产生高频电磁波信号，这样通过 UFH 传感器可以检测到该信号，从而可以判断是否发生局部放电。

UHF 法优点是可以进行局部定位，并且 UFH 传感器可以移动，非常适用于在线检测；

其缺点是易受广播电视信号干扰，并且 UFH 传感器现场引起的局部放电也具有很强的灵敏性，当检测超高频信号时需要移动其传感器来进行检测。

2.高频电流法（英文简称为 HFCT）：该方法只需检测电缆本体和电缆接地线两个部分。电缆本体我们可以将其看成一个天线，根据以往的检测经验，应用 HFCT 法检测会受到大量干扰，需处理数据后分辨出电缆的局部放电脉冲；当发生电缆局部放电时，脉冲电流可以通过电缆接地线进入大地，故可以在电缆接地线上连接高频传感器，从而确定是否有局部放电现象发生。

HFCT 法优点是原理简单，安装方便，缺点是易受广播电视信号干扰。

3.超声波检测法（英文简称为 AE）：当电缆发生局部放电时，通常会产生声波，这样我们就可以利用超声波感应器来探出电缆中的局部放电现象。该方法的优点是不需要和高压电气直接相连，可以在不断电情况下对电缆进行检测；缺点是声波衰减比较大，需要提高其灵敏度和抗干扰性。

（二）电缆光纤测温

通过监测电缆外层温度，实时计算出电缆线芯温度，从而达到电缆输电能力在线监测的目的。

物理现象：当把一个激光脉冲射入光纤一端时，光脉冲就会沿着光纤向前传播。传播过程中光脉冲经过光纤的每一点时都会发生反（散）射。其中有一种叫拉曼散射的光波（反射光）会反向传播回入射端。这种反射光的强度与各反射点的温度有着密切关系。换言之，后向反射光携带着反射点的温度信息。

光纤光栅测温系统的原理是：利用光纤材料的光敏特性从而在光纤芯形成具有空间相位从而进行温度测定，其本质是利用具有纤芯折射率周期性变化的调制型光纤传感器来进行测量。光纤光栅可以将宽光谱光反射回一单色光，这样光纤光栅就相当于一个反射镜。反射光中心波长取决于纤芯有效折射率 n_{eff}。周围温度变化的时候，会导致 n_{eff} 发生变化，使光栅 Bragg 信号波长产生漂移 $\Delta\lambda_B$ 这样我们就可以监测 Bragg 信号和 λ_B 的变化，从而确定光纤光栅周围温度的变化。波长漂移 $\Delta\lambda_B$ 和温度有如下关系：

$$\frac{\Delta\lambda_B}{\lambda_B} = (\alpha + \xi) * \Delta T$$

其中，α 是热膨胀系数，通常取 $0.55 \times 10^{-6}/℃$，是热光系数，约为 $6.3 \times 10^{-6}/℃$，ΔT 是温度变化。由上可以看出，由我们所测得的 Bragg 波长，即可以确定物体本身的温度。

DTS 测温系统构成：DTS 系统主要包括工控电脑、测温主机、光路切换开关、光纤传感器。把光纤内置在电缆的内部或把光纤安装在电缆的外护层表面，通过光纤的热传感把电缆全长的表面温度或表层温度及其分布测量出来。

分布型光纤测温系统的优势：与传统的热电传感器测温相比，分布型光纤测温系统具有可连续多点，同时进行测温的特点，同时抗干扰性强、测距长、精度高、兼容性好、系统结构简单、无须维护与保养等优势。

第八章 电网运营管理

第一节 电网运营及其管理概述

一、电网运营

（一）电网运营情况的概述

我国电网的运营模式，历经一体化垄断的运营。然后又经历了集资办电开放电价的模式，而当前的运营模式为竞价上网。现阶段，我国电网公司从发电企业进行买电，再卖电于用户。输配售电实行一体化垄断，不但需要落实输电和配电的工作，同样需要实行电力方面的销售工作。此外，还应该承担一些电网方面建设的任务，但这样来讲也不能够使得销售电价下降。为更好地解决销售电价降低的部分，应通过电力体制方面整改后的计划，试行发电企业面向用户直供电试点的工作，通过计划的试行获得较好的效果。竞价上网，属于电网运营管理方面的改革内容，但是因为省市的发电企业非常多，使得经济发展的速度也在不断地提升，使得电力方面出现短缺的情况，而竞价上网也没有有效实行。现阶段，我国电力供求部分呈现出极大的矛盾。与此同时，电力行业资产负债率的相互攀比，导致投资方面不能够呈现积极。

（二）电网运营管理中的大数据

1. 数据来源

电网运营管理中的数据主要可以分为以下四类：

（1）基础数据

描述电力设备固有属性及相关参数的数据。

（2）运营数据

描述交易电价、售电量、用电量及客户信息等方面的数据。

（3）管理数据

描述协同办公、ERP、一体化平台等方面的管理数据。

（4）外部数据

这些数据存在于电力系统之外，包括气象、人口、地理、国民经济、法律法规等方面的数据信息。

2.数据特点

（1）数据量大：据估算，电力行业的生产、运行、管理等方面数据已达到 20PB，这个数字相当于 1000 个中国国家图书馆的数据量。

（2）实时性：数据采集监控系统 SCADA（Supervisory Control And Data Acquisition）通常都是按秒为单位对数据进行采集。

（3）数据类型以结构化数据为主，兼有半结构化数据和非结构化数据。结构化数据主要存储在数据库中；半结构化数据和非结构化数据大多出现在日志文件、视频文件和音频文件中。

（4）数据类型多。运营管理的大数据中涉及多种类型的数据，例如：用电量、售电量、95598 工单数据、报表数据、音频数据、视频数据等。

二、现代化电网运营管理体系

电网管理主要可分为：管础和电网建设方面的管理、电网调度和安全方面的管理，以及物资方面的管理等，管理的好坏直接影响到电网的运行勤快。由此可见，相关的工作人员应该按照电力企业的具体要求落实工作，进而达到全员参与、绩效导向，以及以人为本的原则，并可在闭环方面的管理下实行系统设计，使得管理的质量和水平可不短的提高。电网的运营管理体系，与基础管理有直接的管理。所谓的基础管理为整个电网管理体系的主要部分，基本的部分可分为：电力企业的体系、同业对标内容，以及班组建设内容的设定。其次为绩效考核体系方面的完善工作，应对工作的目标实行量化，并深化产权方面的管理体系。合理的设置电网运行的责任制，将管理的指标和工作落实到个人或班组，以更好地完成各项工作。

（一）电网调度部分管理的有效策略

1.电网调控中心的管理策略。调控一体化管理电力系统，以及一体化管理的时候，即为融合电网方面的调度和变电、配电方面的监控等，进而集成一体设置。而变电站方面的运行实行维护方面的操作站分散布点的过程，配网方面的运行、检修集中等均需要通过电网调控中心进行管理，并联合运维操作站实行管理。而这类型的管理模式，对调度通信中心组织结构方面同样会造成直接的影响。使得原有直线职能制方面的管理不断完善，然后再次实行调控班组的调控工作，并规范电网调度工作、变电站监控方面的工作等，以保证绩效考核的标准统一，并使得考核的周期适宜、合理。

2.变电站的管理策略。国内以往变电站的管理模式，工作量非常大，110kV 的变电站一般通过无人值守的管理模式进行管理。而工作量非常少，220kV 的变电站通常使用有人值守的模式进行管理，导致人力和物资方面的工作效率都不能够达到理想的效果。与此同时，因为变电站的间距离一般很远，这给值班的工作人员和抢修的人员造成了一定的困难和压力。随着调控一体化的试行，变电站管理体系也在改变。逐渐涌现了监控中心的管理、运维操作站的管理，以及调控中心的管理和运维操作站方面的管理。所有变电站，应结合实际的企业状况，改善电网运营管理的体系和管理的方法。

3.强化设备方面的管理和检修的水平。变电站监控系统越来越多的应用于线检测装置，以及很多新型的技术，而这也在一定程度降低了设备运维方的工作人员的负担和压力。电网设备能够有效地运行是确保电网效率的重点部分。所以，企业人员需根据国家制定的规定，对设备方面实行维护工作，并严格的进行检测，进而大力推广生产信息方面的管理系统，不断提高变电运行方面的管理力度和管理的水平。输电线路方面的管理，需要注意的是带点作业人员定期的培训和学习，并合理的设置作业的时间，确保所有的工作人员都能够持证上岗。此外，引入直升机开展巡检，可提高输电线路方面的管理和控制。电力设备实行检修，对于电网的运营管理同样非常重要。因此，定期实行状态检修工作也极其关键，其能够确保故障检修、周期检修，不断转化为状态检修。同时，需要总结状态方面的检修经验和不足，从根本上加强检修方面的水平和质量。

（二）电网电力交易方面管理的有效策略

能源和资源紧张，为现当今国内电力企业所面临的主要问题，实现节能的发展能够改善电力企业的建设水平。电网企业应做到电能调度方面的执行人员，同时对广大用户的需求、节电方面的潜力进行了解和分析，从而更好地开展电力需求方面的侧管理工作。保障调度顺利运行的基础上，更好地分配机组部分的启动和停止工作，以实现节能的目的。所以，必要的时候电网方面的运营管理体系，可提高电力方面的需求，进而更好地开展侧管理方面的工作。而企业方面能够推行节电方面的转移工作，通过负荷新技术编制用电的计划，达到错峰和避峰负荷的效果，从而实现负荷在线检测的目的，并配合差别电价的有效策略，确保高负荷的利用率。

（三）完善电网运营管理的有效策略

国内现已全面的掌握能够再生的能源，以及发电方面的技术，其包括：水力和风力发电、光伏发电，以及光热发电几个类型。水电和风电、光伏发电能够实行大规模的发电。因为风电和光伏发电，可实现间歇的效果。所以，以这类电源并网的过程，能够制定有效的策略，进而减少出力不准确方面影响，防止风电机组产生拖网的情况。现阶段，电网方面实现运营管理，应对可再生的能源方面的风险下降，进而制定可行的能够调度的计划。客观来讲，应通过更多的时间进行运营联合，以实现模型和可靠性报价的完善，以及发电权交易模式的管理，即可确保再生能源的发电不足的时候，由发电权交易寻取替代机组，进而使得电网运营风险降低。

（四）电网运营管理中的大数据应用

1. 客户用电行为

电力企业的客户有着多元化需求，如何通过对客户的行为分析，准确了解客户的差异化与个性化需求，进而制定差异化服务策略，对智能电网的建设具有重要意义。通过对客户用电量和负荷、用电政策、用户基础信息、用户投诉、用户缴费、用户报装等数据分析和挖掘，全面了解用户的用户行为、报装行为、缴费行为、投诉行为，准确掌握用户的用电特点与潜在需求，快速制定满足用户个性化需求的服务，从而有效提升用户的用电体验与用电满意度。

2. 用户信用度

电力客户巨额欠费使得电力公司每年都需要投入大量人力和物力进行电费催缴工作。如何准确掌握电力客户的信用状态，对有欠费迹象或即将出现欠费的电力客户事先及时采取措施，就能大大减少电力公司的经营风险和经济损失。通过对客户的用电量、滞后次数、滞后金额、滞后时长、欠费次数、欠费金额、欠费时长、违章和窃电等数据进行分析和挖掘，聚类用户的信用种类，设计能准确区分不同信用状况的客户信用评价模型，从而使得对电力客户的信用评价更具有客观性和科学性。

3. 用电量预测

用电量预测是指在满足一定精度要求下，通过建立过去电量与未来电量间的关系，以估算未来某时刻的电量数值。对电量进行准确预测，可以保证人民生活和生产有序，有效降低电力企业的运行成本，保证电网高效运行，提高社会和经济消息。电量预测的核心假设是用电量是关于时间的周期性函数，但影响电量的因数较多，如职业、地区、政策、经济、气候等，这些隐私中有确定性的，也有随机性的。这些不确定性的隐私在一定程度上无疑加大了电量预测的难度。

4. 客户意图

随着电力体制改革的逐步深化，电力销售市场竞争加剧，迫切需要供电企业迅速改变传统的思维方式和工作模式，进一步增强市场化服务意识，创新商业化服务模式，提升定制化、个性化服务水平，赢得客户的信任，确保市场份额。及时准确了解客户意图，并快速应对，是提升客户满意度、市场竞争力、市场占有率的必要手段。95598 系统记录了海量的结构化和非结构化数据。目前针对系统中的结构化数据，相关业务部门常态开展了统计分析，但仅限于时间、区域等维度，精细化程度不够；对 95598 系统的工单文本数据只是单纯地进行了存储，未加以利用。对 95598 系统各类工单的文本信息进行分析和挖掘，可以实现更加精准的根因分析，及时了解客户意图，进而提供更人性更个性化的服务、更好地指导和提升客服人员工作质量，具有很高的价值。

5. 电力设备状态评估

电力设备评估的结果可用于电网设备规划设计、物资采购、退役报废等资产生命周期环节的各项管理工作，以及故障预测、故障判断以及故障处理等环节。因此，电力设备评估可为电力设备的稳定、安全运行提供重要的技术保障。通过定期（以天为单位）对电力设备的运行记录数据、巡视记录参数、带电检测参数、在线监测册数、检修试验参数、缺陷/故障参数、温度、风力、降水等多元多维度的数据进行分析和挖掘，得到不同设备在不同的操作模式下正常运行的各种参数指标值，并对基于各种故障与缺陷状态的各种数据进行关联分析，构建设备中监测参与设备土工监控状态之间的对应关系。

6. 停电影响

停电事故发生后尽快恢复供电，减小因供电中断对用户造成的危害，对造成停电事故产生的影响进行分析，并根据分析结果实施恰当的现场处理方案就显得尤为重要。通过对调度信息、用电信息采集洗洗脑、GIS 信息、95598 信息、配电信息进行分析和挖掘，从停电范围、停电用户、停电时间和停电损失四个方面，建立停电影响评价指标体系，准确快速地计算得到停电影响，为电网公司了解和确定停电严重程度，采取合适的处理措施防止停电影响扩大化，具有重要的意义。

三、智能电网安全运营的问题及对策

（一）智能电网运营重点问题

智能电网涵盖电力生产的发电、输电、配电和用电全过程，主要包括点对点、点对多点区域网的电源侧、电网侧、需求侧及所涉的发电、输、变电、调度、配电、用电多个环节。在目前对智能电网有关的研究中，关注的重点问题主要集中在特高压电网联网、直流电网联网以及输变电系统的优质高效，智能调度与厂网兼容交互的协调集成，需求侧分布式智能负荷运行控制与用户用电管理开放、诊断及自愈，以及大数据预警信息高速处理的可靠质量等方面。

（二）智能电网运营策略

智能电网运用大数据、云计算、物联网及信息通信技术，通过广域参数动态量测与状态监测，电网协调防御、实时预警信息处理和控制，电力交互自我监测和分配，运用削峰、填谷，补偿校正，优化电网用电方式，来实现电网精益化运行与集中监控、电网负荷精细化调度与集中管理、电网智能化运行与集中维护。

1. 智能电网运行监控策略

通过采集监测各种扰动数据进行，进行现地 SCADA 以及快速的诊断与实时补偿，完成智能电网云平台数据的高速、双向、实时数据的获取、验证、分析，以及运维保护、远程控制与管理。通过先进的监测电网参数量测技术，对影响电能质量的脉冲跳（闪）变涌流、频率漂移、负荷谐波电流变化、电压峰谷突变、三相电网不平衡等影响电网电能运行、供电安全策略及电能质量标准的因素进行实时监测，评估电网设备控制及电网的完整性的电能质量状况，连接多种超值超限监测报警设备，以满足对智能电网工作运行参数监测监控管理要求。通过电能相位关系、功率因数补偿、输变电线路变压器负荷、电能消费数据进行在线分析及快速处理，实时预警可能影响电网安全运行、导致电网故障的系统状态，并由智能电网实时数据库准确按照所设定的技术与管理方案，快速恢复到运行的正常工作状态，从而能实现智能电网的自愈。

2. 智能电网安全策略

（1）智能电网安全设计

智能电网采用抵御电网安全风险、电网网络安全进行二次优化主站一体化网络结构设计，主要包括电网自动化系统与电网智能运营管理系统等，以实现数据采集、信息通信技术集成及馈线自动化等任务，同时结合智能电网应用软件，实现电网管理信息处理与运行监控、配网地理信息采集处理等功能。

智能电网通常应用连接多个电源的网络设计方式，实现故障状态下的自愈。当出现故障或发生其他的问题时，在电网设备中的先进的传感器确定故障并和附近的设备进行通信，以切除故障元件或将用户迅速地切换到另外的可靠的电源上，提升电网运行的安全可靠性。同时，传感器还有检测故障前兆的能力，在故障实际发生前，将设备状况告知系统，系统就会及时地发出预警信息。

（2）智能电网安全运行技术途径

通过接入电网系统的无线信息通信、大数据及物联网技术，对配网线路与配电终端，实时监测配电线路的电压、电流，监控设备运行管理所需的工作运行参数、当前设备参数、运行数据调变等。通过遥信、遥测、遥控，实现对配网及配电设备运营数据的数据信息分析、处理与运营情况的实时监控、远程控制故障信息的报警与负荷开关的自动控制，以集中化配网管理、智能化优化配电运行。对配网与配电设备运营过程中出现的数据超差、超限及其他故障，则通过配电自动故障报警、自动快速故障区域隔离、故障部位自动查找以等，配合电力运营调度管理人员有效监控电网工作运营，对确定的配网线路数据进行分析，查找并判明故障原因，采取最优的故障隔离，通过远程控制开关，按照事先确定的故障处置预案，运用电网重配及转移负荷等措施，有效控制可能出现的跳闸及断网故障，对已造成的故障尽可能通过远程自动化控制开关实现负荷的转移接续，保障电网线路及设备的高可靠、高质量运行。

3. 智能电网电能质量管控策略

（1）电能质量管控标准

依据《电能质量供电电压允许偏差》（GBT 12325—2003）《电能质量电力系统频率允许偏差》（GB/T 15945—1995）《电能质量三相电压允许不平衡度》（GBT15543—2008）《电能质量电压允许波动和闪变》（GB 12326—1990）和《电能质量公用电网谐波》（GB 14549—93）等 5 项标准，重要负荷的电能质量参数主要包括三个方面：①电压和电流偏差：过电压、欠电压；电压跌落、电压突升；电压波动和负序、闪变与电压暂降。②频率偏差：频率偏差；非线性负荷导致电网发生谐波、间谐波；三相不对称。③供电连续性：瞬时断电、暂时断电、持续断电。

（2）电能质量管控途径

智能电网通过监测和执行电能质量从"标准"到"优质"的电能质量等级划分，应用先进的感测设备技术和控制方法，优化决策支持系统技术，减少由于开关涌流、谐波源、闪电和线路故障引起的电能质量的扰动，限制用户负荷产生的谐波电流注入电网，降低潮流阻塞，有效解决不同发电形式的接入、用电侧和电网的智能化用电，以及不同用户对不同电能质量等级的需求，实现优化调度，改善电能质量，确保电网的电能质量等级，达到可靠、高效运行目标。

4. 智能电网供电服务策略

智能电网供电系统以保障用户对电力需求及安全运用为基本出发点，在实际运营中通过保障电网的可靠性、安全性、电能质量和效率，提升优质供电服务效能。主要采取以下策略。

（1）通过转移或减少电力高峰需求，实现电网供电能力与用户用电需求间的平衡。

（2）通过降低电网线损及提升调峰运营的效率，实现节能降耗，获得较高的效费比。

（3）通过对用户供电与电力使用制定优选预案，结合大数据、互联网、云计算，通过实时、双向、高速处理的通信系统，对当前的用户电力系统工作状况与电力使用服务管理情况以及电力消费的成本等按照预案进行有效可靠的平衡运行。

（4）通过对供电服务应用数据的实时获得及数据分析，在线自我评估并可靠预测正在发展可能导致电网供电中断的问题，执行决策支持控制算法，限制或调整电力供应可能造成的中断，确保可靠的供电服务运用。

第二节　电网企业运营绩效及预警管理

近年来，大数据的价值被深入发掘，其作用及价值都得到了社会和企业的认可，各国也都陆续从国家层面启动了大数据的相关研究工作。而电力大数据时代的到来，不仅改变了电网的发展，也改变了其运营管理模式。这里将分析电力大数据时代对我国电网企业管理方面的影响，并从运营评价和预警管理两方面分析其发展趋势。

一、大数据背景下电网企业运营管理

（一）电力大数据对电网企业运营管理的影响

对于电力行业来说，电力大数据主要来源于电力生产、电力企业运营和管理两方面。

电力生产是电力大数据产生的主要源头之一，主要涉及的是如发电量、电压稳定性、设备运行状态等实时数据，这些数据具有高时效性和海量存储的特征；电力企业运营和管理方面的数据来自人财物、营销、客户服务等方面，这些信息产生在电网企业经营管理活动的过程中，能够反映电网企业的运营管理水平，需要大量生产以及经营报表来支撑。

大数据的合理利用可以优化电网企业的管理模式，提升电网企业的运营管理水平。

1. 实现电网设备的状态监测和预警分析。大数据背景下可以基于电网设备的运行、环境等方面信息与历史故障信息的结合分析，对设备的运行状态进行预警以及故障率预测，从而形成准确、完善的电网设备故障判断方法，进一步提高电网设备的运行管理的水平。

2. 加强对客户的分析，提高客户服务的质量。基于营销及客服等方面的历史基础数据，可以分析用户的用电行为，识别不同客户的需求。在满足客户标准化服务的基础上，查找自身服务缺陷，有针对性地优化营销组织，改善服务模式，改进并提升服务质量。

3. 提升电网企业的协同管理水平。大数据时代，通过整合电网企业生产运行和运营管理方面的数据，可以实现发、输、配、用等所有环节数据共享，增强需求侧管理，协调电力生产、运维及销售，提高生产效率及资源利用率；同时，还可以通过如运监中心等部门，优化内部的信息沟通，提高电网企业精益化运营管理和管控水平。

（二）大数据背景下电网企业运营绩效评价管理的发展趋势

目前，学者们在电网企业运营绩效评价中运用了多种评价方法，但是在理论及应用方面都还存在一些不足：

1. 对电网企业的绩效评价主要针对的是人力资源管理和绩效管理，而专门对运营水平评价的研究较少。追其原因，主要是由于财务数据较敏感，电网企业的财务数据一般都会严格保密，如果要同时对几家电网企业的财务绩效进行实证研究则会变得很困难。因此，数据的保密性不利于专家学者对电网企业进行深入的研究。

2. 虽然对电网企业运营绩效评价的研究在不断深入，目前看来，大部分专家学者还都仅仅针对电网企业的某一问题建立一种评价方法，并举例验证其有效性。而这些研究大部分都只停留在理论层面，实际的应用性不佳。

3. 使用不同的评价方法对于电网企业进行运营绩效评价时产生的评价结果往往存在差异。由于不同学者对电网企业运营绩效评价的指标体系、赋权方法和评价方法不尽相同，即使是对相同的几家企业进行评价时也会出现不同的评价结果，往往与实际情况也难以一致。

电力大数据也具有大数据的普遍特征：一是数量大，电网企业在设备状态、生产调度、客户服务及资源利用等方面将产生大量的数据，这些数据增长速度快，数据量大。二是类型多，随着技术的发展，近年来视频、音频和文本等非结构化的数据快速增张，逐渐成为电力大数据的重要组成部分；三是处理速度快，由于电力产、供、销瞬时完成的特点，需要对电力调度及设备检修等数据及时处理。随着电网企业管理水平不断提高，资源管理、客户服务、营销等方面的数据也需要快速处理。四是准确性高，电力数据的准确性涉及电力生产、计量和营销等方面，都必须准确无误。五是价值高，合理挖掘电力数据的规律特征，可以正确指导电力的生产以及电力企业的经营管理。

因此，如何在种类繁多、数量巨大的指标数据中找出能够影响电网企业运营绩效的相关指标及数据，对于电网企业开展企业运营综合评价、创建综合评价体系具有重要指导意义；如何保证数据获取的及时性、完整性，提高数据质量和数据的管控能力对电网企业绩效评价结果具有直接影响。

在电力大数据背景下，运检中心应运而生。它是以提升电网公司运营效率和效益为目标，全面覆盖了国家电网公司"三集五大"的主营业务以及核心资源，实现了对公司运营重点领域的合法检测、对主要业务流程的检测、对计划执行以及工作开展情况的在线监测，并产生大量数据。因此，运营中心的成立和运行解决了目前电网企业运营绩效评价数据不全的问题；同时，专家学者可以利用运监中心这个数据平台，挖掘海量指标和数据，研究合理的评价模型，并将评价模型应用于实际分析工作中，辅助决策者对电网企业运营进行综合评价，从而解决目前电网企业运营绩效评价应用性不佳的问题，以及同一区域或省市指标体系不同、评价方法不同导致的评价结果不同的问题。

（三）大数据背景下电网企业预警管理的发展趋势

目前，电网企业的预警管理主要应用于电网安全运行、应急管理、财务风险、电费回收、经济风险等方面。研究视角的不用使得预警管理指标的分类和选取存在较大差异。电力大数据解决了电网企业预警管理的数据来源和数据量的问题，可以使大量历史数据和电网设备运营实时数据相结合，从而对设备的运营状态进行预警以及故障率的预测，进一步提高电网设备运行、维护和管理的水平。

电力大数据背景下，运监中心的成立可以实现电网公司对外部环境、运营状况、核心资源以及综合绩效进行全面的检测及预警。目前，一些运监中心在分析能力的构建过程中已经开展了对单个指标进行阈值的设置及运营预警的分析工作，能够对各指标的运营动态做出判断，并及时与相应业务部门协调，从而对出现预警异动的指标进行及时处置。但是，随着运监中心的不断发展和成熟，智能化以及信息化的不断发展，电网企业预警管理不再是分块管理，而是在整合资源与和大量数据的基础上探索出不同业务指标之间的逻辑关系以及业务指标对电网企业核心目标的支撑驱动关系，并基于指标逻辑关系的构建实现对企业运营动态的关联预警管理。只有这样电网企业运营分析人员才能更加有效地利用海量数据资源，挖掘出数据的内在价值，使得电网企业决策者能充分掌握并控制电网企业整体运营态势。

因此，在电力大数据背景下，电网企业的预警管理将是大规模、关联性的预警管理，预警管理的范围将会更加全面，时效性也将会更强。

二、电网企业运营绩效综合评价指标体系

（一）指标选取的原则

建立评价指标体系是开展电网企业运营绩效评价的重要基础及依据。鉴于此，我们需要建立一套科学、合理、系统、有效的综合评价指标体系。电网企业运营绩效综合评价指标的选取主要遵循以下原则：

1. 整体性原则

电网企业运营绩效综合评价体系应突出电网的系统特性，从而实现全面的评估，而不是片面评估。

2. 可操作性原则

选取的指标必须要从实际情况出发，数据采集方便，即可以直接从信息系统采集的数据。这样的数据来源可靠，能够有效用于实际分析，并提高实际应用过程中的可操作性。而考虑到评价模型的应用，指标统计频度应为月度频度。

3. 合理性原则

针对电网企业运营绩效综合评价工作的目的，选取的指标应该能够客观地反映电网企业各业务部门的运行状况。指标体系的覆盖面应该反映影响电网企业运营的各种特定因素。结构要明晰，从整体及局部等方面系统反映电网企业的运营效益和效率指标。

4. 相关性原则

指标体系不能是众多指标的堆砌，应是由许多具有相互联系的指标构成，评价体系中的各个指标间具有相关性。

5. 重点性原则

指标体系的构建应全面但不冗余，应突出影响电网运营绩效的重点指标。

总之，指标体系的建立是依据电网企业自身的特性。同时，评价指标体系应该在实践的过程中不断完善。

（二）指标体系设计思路及步骤

1. 指标体系设计思路

平衡计分卡（Balanced Score Card，BSC）采用了衡量企业未来绩效的驱动因素指标，保留了传统的财务指标，并弥补了过去绩效财务指标的不足，这些目标和指标从财务、客户、内部业务流程、学习与成长等四个方面来考察企业的绩效。

（1）财务层面关注的是如何满足所有者的相关利益。平衡计分卡要求企业层面的目标及所有指标都应同财务层面的目标相联系，争取改善经营流程，关注学习和成长，获得客户的满意。

（2）客户层面主要关注客户如何看待，公司应在多大的程度上提供让客户满意的产品及服务。电力企业也是在向其客户提供一种产品和服务，只是这种产品和服务具有其特殊性。

（3）内部流程层面关注的主要是公司实现战略目标需要优化哪些流程。电网企业经营者必须确认电力企业所面向的市场的特征，改进经营流程满足客户需求才能从市场中实现企业的效益最大化。通过分析电网企业传统的经营流程，电网企业应注重从生产、物资、规划、资产运营、电网运维和营销管理等角度进行完善。

（4）学习与成长层面关注的主要是公司要提升内部流程并达到客户以及财务的目标，需要具备或提高哪些关键能力。

企业的愿景和战略关系到平衡计分卡的目标和指标，这为评价指标体系与电网公司"两个价值最大化"的价值导向提供了一个有效的结合点。

在全面分析反映电网运营水平的各业务部门的价值导向和发展导向指标的基础上，以平衡计分卡四维度绩效考核评价体系为总体框架，以运监中心数据需求各指标关注点为区分依据，对某省运监中心指标进行了筛选。选取公司重点关注指标为分析对象，并对指标关注点进行了合理的删减、合并、转化处理，从而建立起初步的电网运营健康评价指标体系。

2. 指标体系设计步骤

（1）确定评价的对象。这里的评价对象为电网企业，对电网企业运营绩效的综合评价覆盖面广、因素众多且相关性较强、体系复杂。

（2）明确指标的范围。从影响电网企业运营的各个方面出发，筛选并明确电网企业运营综合评价的指标范围。

（3）对指标进行梳理。从价值维度、发展维度、效率维度及服务维度等四个方面出发，以之前已明确的指标范围为基础，将与四维度相关的评价指标进行梳理。

（4）对指标进行筛选。根据指标选取原则及专家意见，合并指标体系中的相似指标，删除或调整相关性强和操作性低的指标，形成一套科学、完整的指标体系。

（三）电网企业运营绩效综合评价指标体系的构建

电网企业的运营情况关系到国民经济的发展，良好的运营也是电网企业提高自身经营能力、发展能力，实现企业目标的重要保证。由于省、市、县级单位的统计口径有所不同，需要对不同等级的电网企业设计不同的指标体系。

这里在指标选取原则、指标体系设计思路的基础上，以平衡计分卡四维度绩效考核评价体系为总体框架，以电网运监中心数据需求各指标关注点为区分依据，对相关指标进行了筛选。选取公司重点关注指标为分析对象，并对指标关注点进行了合理的删减、合并、转化处理，从而初步建立了一套电网企业运营绩效综合评价指标体系方案。然后对初步选定后的指标体系，以信函、座谈等方式征求专家意见，结合专家意见进一步完善了指标体系。

1. 价值维度指标

企业经营的直接目的就是创造价值，因此评价电网运营水平的首要关注点应是价值创造维度。这里认为反映电网企业价值方面的指标属于反映电网企业创造价值的效率和效益的综合指标。因而，企业价值指数可以从获利能力和经营效益两个二级指标体现，获利能力体现公司价值创造的质，即效率；经营效益则体现公司价值创造的量，即效益。

（1）获利能力

这里将获利能力定义为电网企业通过对资产、业务的经营管理而获得利润、实现经济价值最大化的能力，或者是企业资金增值的能力。从这个角度出发获利能力方面选取了净资产收益率、资产负债率、流动资产周转率、主营业务利润率四个指标，分别从不同角度反映电网企业对资产的运营效率。

（2）经营效益

毫无疑问，利润始终是一个企业所追求的最终目标，因此，经营效益方面选取单位售电收入、单位购电成本、售电量、利润总额。

对于省级电网企业来说，可以从以上几方面指标综合考虑企业价值维度发展水平。但是，地市公司的财务不实行独立核算，由省公司统一核算、财务并管理，地市公司运营监测体系中无利润统计和购电环节的相关指标。因此，构建地市公司价值维度的指标时，选取反映单位固定资产的售电能力、负债经营能力、输配电业务成本情况、资产运营成本情况的速动比率和单位电量输配电成本作为获利能力的三级指标，选取反映售电单价水平、电力企业最终销售量的单位售电收入和售电量作为经营效益的三级指标。

2. 发展维度指标

这里将发展维度指标定义为反映电网企业为实现可持续发展和健康运营所需的关键能力投入的综合指标。对于电网企业，必须投资于人员、生产力、科技等电网运营的软实力和硬实力，此外，电网致力于开拓用电市场和承担社会责任也是企业健康成长的重要驱动和重要标志。因此，对省级电网企业发展维度从人员队伍发展、电网投资、科技创新、市场开拓、社会责任角度设置评价指标。但是，考虑地市级电网企业实际发展情况，仅保留人员队伍发展、电网发展和市场开拓三个二级指标。

（1）人员队伍发展

人才一资源被视为企业发展的第一资源，在人员队伍发展方面，国家电网以科学发展观和科学人才观为指导，大力开展全员培训，提高队伍整体素质。

人才当量密度是供电企业考核高级人才占其人力资源比例的一个重要指标；全员劳动生产率就是将企业的工业增加值除以同一时期全部从业人员的平均人数计算得来，两个指标分别从高级人才比例、人员效率两个角度对电网人员队伍发展进行评价。

（2）电网发展

电网基础设施投资是增强电网企业发展能力的重要支撑，是国民经济和社会发展的重要基础设施。在电网企业运营水平评价中，对电网基础设施的投资标志着电网发展阶段不断迈向新的台阶，是电网企业资源的重要流向。

线路在建规模和变电在建规模分别指报告期已开工未投产的 110（66）千伏及以上线路工程线路长度和变电工程变电容量，是电网基础设施建设的两个重要方面。

（3）市场开拓

经过市场化改革，电力市场逐步引入了竞争。市场化发展及市场开拓是促进电网公司发展的必要途径。电网公司致力于组织实施扩大内需的市场扩张投资项目，加快电力建设工程进展。设置衡量电网市场开拓层面的运营水平指标包括业扩新增容量和供用电合同签订率。

3. 效率维度指标

这里将效率维度的指标定义为反映电网企业内部运营管理水平的综合指标。企业的内部运营关注的主要是企业要实现其战略目标必须优化哪些流程，重视的是对实现客户服务及企业价值目标影响最大的内部流程。分析电网企业的特殊性质，认为其关键内部流程包括安全生产、电网系统运维以及企业管理三个方面，因此，指标设置包括了安全生产、系统效率、管理效率三个层面。

（1）安全生产

无论是计划经济时代，还是市场化改革之后，电网作为国有特大型企业，其独有的属性决定了安全管理的极端重要性，从而决定了安全生产水平成为完善企业内部流程的首要；从效率的角度讲，安全生产是保证企业生产效率提高的必要条件，是现代企业的基本标准。电网安全水平包括人员安全、运行安全、设备安全，因此，设置电网安全生产运营健康水平的评价指标为人身安全事件总次数、电网安全事件总次数、设备安全事件总次数。

（2）系统效率

电网是国家最重要的能源网架结构，也是保障能源供应安全的最大的管理系统。电网这一物理构架系统的运营维护效率是评价电网企业运营水平的重要依据，系统运维效率的提高是保障能源安全、提升企业价值创造能力、提高客户满意的基础。从电网运行维护水平、系统安全可靠性的角度设置系统效率的指标包括输电线路正常状态比例、变压器（电抗器）正常状态比例、中枢点电压合格率和电网系统可靠率。

（3）管理效率

管理效率分析可以研究企业的管理状况，管理效率高低的原因及对策，为企业的管理提供科学、有效的效率分析方法。省级电网企业指标体系在管理效率层面从电网企业的规划管理、资产管理、物资管理、线损管理、营销管理等角度设置了指标，包括投产计划完成率、流动资产周转率、库存周转率、综合线损率和当年电费回收率。

地市级电网企业运营效率维度仍然设置安全生产、系统效率、管理效率三个二级指标，其中安全水平包括人身安全事件总次数、电网安全事件总次数、设备安全事件总次数三个三级指标；系统效率包括电网系统可靠率、输电线路正常状态比例和变压器（电抗器）正常状态比例三个三级指标。管理效率选取物资计划变更率、综合线损率、当年电费回收率三个三级指标，三个指标从物资管理、购售电管理及营销管理的层面反映电网企业管理中的效率问题。

4. 服务维度指标

这里将服务维度指标定义为反映电网的产品和服务满足客户需求程度的指标，即评价电网企业对客户的行为表现如何。电网运营的客户服务体现在为客户提供的产品和服务是否满足客户要求，进而细分为基础服务和优质服务。

（1）基础服务

基础服务是电力用户对电网产品的基本特质所需求的电网企业服务水平。提高供电可靠性、保证电能质量是提升客户满意的重要途径，也是电力用户对电能产品的基本要求。根据国家电网《供电服务"十项承诺"》中第一条服务规范，在指标体系中将城市用户供电可靠性、农网用户供电可靠性、城网电压合格率、农网电压合格率，四个指标分别从两种用户体现用户对持续供电能力和供电电能质量的不同要求。

（2）优质服务

面临市场化经营环境，国家电网提出"你用电，我用心"的公司价值观。按照国网供电服务规范的要求，对公司经营范围内的营业场所、"95598"、现场等不同服务地点分别制定了相关考核指标，因此优质服务可从这些指标进行评价，包括客户业扩服务时限达标率、优质服务质量完成率、"95598"服务满意度、城市用户抢修到达现场平均时长、农村用户抢修到达现场平均时长。

地市级电网公司运营服务仍关注于评价电网企业面向其客户的行为表现，从产品生产和客户服务两个层面出发，沿用省公司基础服务和优质服务两个功能层。其中，基础服务功能层与省公司评价指标体系大致相同，包括城市用户平均停电时间、农网用户平均停电时间、城市综合供电电压合格率、农网综合供电电压合格率四个三级指标；优质服务功能层包括客户业扩服务时限达标率、95598及时处理的工单数、客户满意率、城区用户抢修到达现场平均时一长和农村用户抢修到达现场平均时长五个要素指标，新增加抢修到达现场时长。

三、电网企业运营预警管理系统

（一）系统动力学理论

系统动力学不仅是一门分析研究信息反馈系统的学科，还是一门认识系统问题和解决系统问题的交叉综合学科。系统动力学从系统的微观结构入手建模，以系统思考的理念挖掘系统内部的问题产生机制，并借助计算机模拟技术，构造系统的基本结构，定性与定量地分析研究系统，并模拟与分析系统的动态行为。

系统动力学的研究对象主要就是社会经济系统，其分析和解决问题的方法并不是建立一组微分方程去求解，而是通过分析系统的结构和系统变量之间的相互作用（驱动、反馈关系），并且在驱动关系中能够量化资源驱动的延迟效应，进而建立直观的模型并进行计算机模拟，从而解决问题。系统动力学是一种善于解决动态的、具有延迟效应的、复杂非线性系统问题的理论思想和分析工具。

这里应用系统动力学分析工具具有以下适用性：

1. 基于价值树模型分解的业务驱动逻辑与系统动力学分析模拟企业经营管理和社会经济系统的栈流图的逻辑相一致，二者均是以建立关键节点要素之间的因果关系为核心。

2. 系统动力学构建的指标关联关系栈流图能够量化出资源驱动的延迟、动态效应，这有利于适应预警指标的非线性性质，从而增加预警管理的合理性。

（二）电网运营预警管理系统框架

电网企业运营绩效评价四个维度，以价值维度在电网运营中的关键功能为依据，构建电网运营管控指标联动关系链。使电网公司能够通过构建电网运营预警管理系统及时有效地把握相关关键业务指标的发展趋势；通过汇总电网企业的业务计划数据，并结合科学的预测方法和预警逻辑，可以提供部分关键指标未来发展趋势的预测，为电网企业经营管控和辅助电网企业业务计划制定提供科学有效的支持。

在关键指标选取中，这里主要选取了价值维度的关键指标作为研究切入点和突破口，主要做法是利用系统动力学工具构建电网企业运营管控指标联动关系链。依托该关系链模型思路框架进行关键指标预警和驱动业务管控地图的功能分析，下面对总体思路介绍如下：

1. 电网企业运营管控指标联动关系链

构建指标联动关系链主要是借助系统动力学分析工具，从业务驱动和预警管理两条分析主线来构建从而实现预测预警系统的各项功能。

（1）业务驱动主线。首先，是按照价值树的理论思想，通过战略重点与目标转换得到对应的关键绩效指标，这里主要是对反映电网价值创造能力的关键绩效指标为重点进行分解；其次，对影响电网运营价值创造的关键绩效指标按照其计算因子和相应的业务流程进行逐层分解，在指标之间建立对应的逻辑关系；最终，将关键绩效指标分解到能够具体执行和进行指标管控的业务部门单元的相应业务明细指标。在业务驱动的价值链中实际被业务部门进行运营管控的是领先/驱动性的指标或业务明细指标，而最终反映电网企业战略目标的关键绩效指标一般为滞后/结果性的指标。

（2）预警管理主线。按照预警指标管控目标设定、目标驱动流程分解、业务绩效指标预测的思路，分别对应业务驱动逻辑中的关键绩效指标选择、价值树模型分解和业务绩效指标考核。通过业务驱动逻辑中的关键绩效指标分解，得到更能够为业务部门所实际管控的业务绩效指标，这些指标一般为领先/驱动性的指标。在这里的预警管理逻辑中，这些指标的获取是通过计划汇总和预测得来的模型输入。

2. 预警系统主要功能设定

预警系统的主要功能实现包括关键指标预警、驱动业务管控地图和预警管理闭环机制。

（1）关键指标预警

关键指标预警是向电网运营管理决策者展现其重点关注的关键指标的现状以及指标预警，在这里关键指标包括利润总额和净资产收益率。关键指标预警功能的实现是通过从各业务部门收集的业务绩效指标基础数据和指标预测数据作为系统模型的输入，然后将测算得到未来一定时期内的电网运营状况相关的关键绩效指标与根据历史经验设置的相应关键指标阈值进行比对分析，根据分析结果评估电网企业运营状况。

（2）关键指标管控地图

关键指标管控地图是向电网运营管理决策者提供反映电网运营系统业务逻辑驱动关系的管控工具。该管控工具借助系统动力学分析软件，从业务驱动和预警管理两个逻辑思路入手，搭建从电网运营业务部门指标管控到组织价值指标的驱动栈流图。通过价值树的方式对电网运营四维度的关键绩效指标进行层层分解，尽量查找出该指标的所有的主要影响因素，并分析关键绩效指标产生异动的驱动原因。通过管控地图的功能可以辅助电网企业对业务计划的优化和调整，进而提升企业事前的业务管控能力。这里只对该功能进行理论性的尝试和探索，提出其分析运用的思路，以期能够在实践中不断进行模型功能的完善。

（3）预警管理闭环机制

预警管理闭环机制是为电网运营管理人员提供对电网运营业务进行动态、闭环管理的操作流程。

在预警管理闭环机制中，驱动关键绩效指标的各业务部门在日常管理工作中根据预测预警系统发出的预警信号调整业务目标和业务流程或对业务指标异动进行处置，并及时将处置结果进行归档形成异动会商库。一方面在异动会商库日臻完备之后，业务部门可以更加迅速地对业务指标异动进行处置以增强预测预警系统的功能；另一方面也可以借助关键指标管控地图对指标异动的分析进一步完善业务管理流程，促进业务管理提高效率，进而提高电网运营水平。

第三节 智能电网互动用电运营管理

一、智能电网互动用电模式

智能电网是集传感器技术、通信技术、计算机技术以及数据分析和决策技术于一体的综合集成系统，通过采集电网节点中各层资源及设备的实时运行状态数据，进行分层的管理控制和电能调度，从而实现电力流、信息流以及资金流的高度集成，这将促进电力系统安全高效经济的运行，最大限度地提升电力设备利用率、用户供电质量、可再生能源利用效率等目标。坚强自愈、集成兼容、经济高效是智能电网的重要特征。智能电网的建设不是简单地升级和改造传统电网，更需要实现需方响应以及电网公司与电力用户积极的实时的双向互动。

智能电网双向互动实现的基础是系统开放和信息共享，这需要在电力用户与电网企业之间构建实时链接，形成信息互动，实现实时数据的高速传输和双向读取，从而整合电网运行状态和用电信息数据、优化电网运行和管理，将电网提升到互动运行的模式，形成新型的双向互动服务，提升电网的安全性、稳定性、经济性和供电效率。此外，智能电网双向互动要求电网公司满足电力消费用户多元化的用电需求，强调用户积极主动地参与电网运营，应用统一的互动业务信息系统。高级量测体系（Advanced Metering Infrastructure，简称 AMI）的建立将会彻底地改变传统电网中电能流和信息流的单向流动。从电力消费用户的角度考虑，通过智能交互终端和能源接入终端等与电网公司进行信息互动，电力消费用户将随时获取电网的运行参数和自身的用电信息如供电成本、电价信息、电网负荷、各种电器设备的用电量、用电时段等，从而主动地参与到电网的运行过程中。从电网公司的角度考虑，用户侧大规模电能存储装置和分布式可再生能源的接入将在分时电价等政策的引导下，缩小电网负荷峰谷差，提升电网设备利用率，此外，电网公司还能依据用电侧的实时用电信息建立更加精确的负荷预测模型，从而有效提高电网稳定性和供电效率。

电力消费用户一般可分为大用户、工商业用户和普通居民用户 3 类，不同种类的电力消费用户由于各自不同的用电方式而对互动用电有着各自不同的需求。基于业务流的互动业务包含用电信息采集、线损管理、业扩报装等传统业务和有序用电、多渠道缴纳电费、电力光纤入户等智能电网新式业务，智能家电控制、水电气集中抄表收费、能耗监测与能效诊断等增值互动业务。基于电力流的互动业务包含储能装置接入、分布式能源接入、电动汽车即插即用等用户侧互动业务和绿色电力认购、智能电力供需响应等电网侧互动业务。基于信息流的互动业务包含实时电价和用电信息查询、多渠道电费缴纳、能效分析等用电信息的互动业务以及智能小区、智能家居等非用电信息的互动业务。

二、智能电网信息流及信息安全风险

（一）信息流

信息流（Information Flow）是指信息的传播与流动，它伴随着物流过程而生成，包括信息的采集、信息的处理和信息的传递。评价一个企业是否成功的最简易方法就是看其物流、资金流和信息流"三流"的运行情况，对于电网公司来说就是看其电力流、资金流和信息流"三流"的运行情况。而信息流的数据质量、传递速度和覆盖范围，尤其能够反映公司在生产销售、经营管理和控制决策等方面的水平。因为物流、工作流在公司运营过程中最终都将以信息流的形式呈现，正如任何生物的活动均是在神经系统传递生物电讯号的基础上实现一样。信息的采集是信息流的出发点，它是分散各处的信息向采集者汇聚的过程。信息的采集者成为信息的信宿，其按照自身的需求集中相关信息。所采集信息的质量包括信息的准确性、真实性、及时性等决定着能否实现预定目标。采集到的信息通常是杂乱无章的，有些可能是失实的，只有经过一定的处理和过滤后才可以去伪存真，提升使用价值。信息的传递是信息由信息源发出，经过一定的信息媒介及信息渠道传输到信息接收者的过程。信息流与物流的不同之处在于，物流以正向或者单向活动为主，只有出现退货时才会有反向的物流。而信息流既有单向的，也有双向的甚至是多向的。

智能电网信息流是指整个电网上发—输—变—配—售—用六者之间的信息传递与信息互动，它是一种虚拟形态，包括了智能电网上的电能供需信息、电网管理信息、电力设备运行信息等，它们随着业务的开展和电能的流动而源源不断地产生。电网信息的收集：电网的自动化指挥调度需要通畅的信息流，电网信息收集是信息流的起点，负责将分散的各种电网电量信息向调度中心进行报文传输；电网信息的处理：由于信息收集获取的信息较为零乱，因此需要按照一定的标准或行业规范进行分类，例如可分为状态量信息处理、模拟量信息处理、控制量信息处理等；电网信息的传递：信息传递是指在各功能环节之间进行交互，各功能环节既是一个信息传递过程的源，也是另一个信息传递过程的宿，各功能环节互相传递信息和交互处理信息的过程即形成了电网信息流。

（二）信息安全风险的产生

信息安全风险是自然的或者人为的威胁利用信息系统中存在的脆弱性或漏洞发起恶意攻击而引起的安全事件，而且因为受损信息资产的重要性而对公司等组织造成的严重负面影响。智能电网信息安全风险是由于智能电网信息系统包括变电站自动化系统及配电管理系统（Distribution Management System，简称 DMS），能量管理系统（EMS）和广域监控系统（WAMS）等在业务执行过程中由于系统自身脆弱性导致所传递信息的完整性、实时性、可用性和保密性等遭受人为或自然威胁的破坏而对电网安全稳定经济高效的运行产生的影响或导致电网企业和电力消费用户的经济损失。

1. 智能电网的互动用电模式为威胁产生提供了客观条件

第一，AMI 需要增加大量的传感设备如智能电表等，智能电表将通过嵌入式系统技术实现，并且具有强大的网络功能，而用户网关则部署在电力消费用户的家庭电脑和智能电表上。由于任何电脑或软件都不可避免存在系统漏洞，而且 AMI 采用开放通一讯协议，这些均为恶意的网络攻击提供了可潜入的途径和可探测的空间。

第二，智能电网的互动用电模式将会产生巨大的公共信息流，它的特征是实时性强。而目前电网中的变配电所正在逐步进行自动化设备升级改造，量测点多、信息量大，使信道中传输的信息量增多，过量信息在信道中传输会造成处理设备任务繁重，致使信息通道阻塞、信息延迟增大，难以保证信息实时性。

第三，AMI 产生的海量测值存取信息流将带来大数据集压缩问题，信息压缩可能会破坏其完整性。例如当供电系统的负荷是大功率的冲击性负荷且大密度运行时会引起电压电流等模拟量变化频率加快、波动幅度加大。这些信息在电力调度控制监控系统的显示和处理中需要不断进行信息存取，长期运行将产生海量数据。

2. 智能电网的互动用电模式增强了人为威胁产生的主观动机

传统用电模式下，关键业务系统与控制系统通过物理隔离的方法封闭独立运转，威胁源可以操作的空间很小；此外，从普通电力用户的角度考虑，网络攻击并不会给自己带来任何直接的利益。因此，主观动机并不强烈。而在智能电网互动供用电模式下，用电终端及部分电网通信网络的开放性为威胁源提供了较大可操作空间；此外，用户侧电力负荷的采集和统计将通过网络的方式进行，若能通过网络攻击等手段篡改计量值，电力用户将获得直接经济利益。这两方面因素将导致人为威胁的主观动机增强。

从威胁形成的客观条件和主观动机两方面进行分析，互动用电模式下的智能电网信息安全风险包括安全性和经济性两方面的影响。安全性后果是指通过某种手段攻击电力调度自动化网络或者电网信息流的完整性和实时性等遭受破坏而使电力系统的安全稳定运行遭受影响。经济性后果是指通过网络攻击篡改计量值给电网企业带来的售电收入损失。

三、智能电网资金流及资金安全风险

（一）资金流

资金流（Fund Flow）是指供应链上的企业之间随着商品及其所有权转移而发生的资金流入和流出的过程。资金流是决定供应链中企业最终利润的关键，因为企业只有历经从原始资本投入直至最终资本回收过程中的所有节点，才能不断增加自身资产和收益。

智能电网资金流是指随着电能沿着发—输—变—配—售—用六者流动过程中产生的电网企业资金流入和流出，其中箭头方向表示资金流向。智能电网资金流与传统电网资金流的区别在于互动用电模式下大规模分布式能源和储能装置如插件式混合动力电动汽车的并网，例如居民或企事业单位安装太阳能光伏发电设备之后，产生的电能除能满足自身用电需求外，剩余电量可由电网公司统一收购上网，居民和企事业单位光伏发电接入系统及计量系统等相关配套设施均由电网公司统一建设，不收取或只收取部分建设费用，同时减免光伏发电设备并网的其他费用。其中分布式能源如光伏发电将会导致部分资金从电网企业流向电力用户，储能装置和需求侧实时电价也会导致部分资金在电网公司和电力用户之间的双向流动。

（二）资金安全风险的产生

电力市场环境下电网公司的经营活动并非独立开展的，而是同市场环境密切相关，它与发电企业、电力消费用户一同构成了一条电力生产供应链。电网公司不仅是电力供应链中的一环，还是核心企业，它将发电企业、输变电企业、配电企业和电力消费用户吸引在周围构成一个网链。实践表明，电网运行的好坏很大程度上取决于电网公司的运营。其中，电网公司资金流的运转状况将会影响电力供应，而且直接受其上游发电企业和下游电力消费用户的影响。上游发电企业和下游电力大用户的资金运转效率和动态优化程度将会直接关系到电网公司资金流的运转质量。上游发电企业资金流的成本上涨，例如煤炭价格上涨导致的发电成本上涨，将会导致电网公司资金流的成本上涨；下游电力大用户的资金流运转效率，例如是否能够按时按量支付购电款项，互动用电模式下大用户运用储能装置引起市场电价的波动，都会对电网公司资金流的畅通运转产生影响。因此，一旦上游发电企业以及下游电力大用户发生资金风险将会传递到电网公司，导致其产生资金安全风险，对电网安全稳定经济高效的运营产生重大影响，具体包括以下三个方面的风险：

1. 购电风险

电力公司的购电活动是基于电力负荷预测进行的，因此只有准确地进行负荷预测电网企业才能选择正确的购电策略。然而智能电网互动用电模式下的实时或分时电价以及用户需求价格弹性为电力负荷预测带来了新的不确定性，这将导致电网公司购电成本增加，而且可能间接造成整个智能电网建设的资源浪费。通常电网公司会提前与发电企业签订一定的购电合同，而合同购买量即基于电力负荷预测。智能电网互动用电模式下，大量用户不仅会使用储能装置，而且会进行分布式发电，这给电网企业进行用户负荷预测及购电带来更多不确定性。如果预测值高于实际发生值，电网企业可能会面临合约电量过高而无法完全销售的风险，这样，电网企业需要支付给发电企业一定的违约金，这将造成购电成本增加。如果预测值低于实际发生值，电网企业就可能面临严重的合约购电缺口，从而将大量资金投入电价高度波动的现货市场，进一步推高购电成本。

2. 售电风险

电网企业的负荷预测也会直接影响其售电量。电力市场条件下，电网企业对于电力销售价格仍有一些调控手段，例如峰谷分时电价、可中断电价等。而这些电价是电网企业根据对电力消费用户的用电需求预测而设计的。若预测值偏高，电网企业为了促使电力用户减少负荷可能会提高电价，而这将可能导致用户响应过度而使电网企业售电量遭受威胁，从而致使售电收入骤减。若预测值偏低，电网企业则会降低电价，这将可能得到电力消费用户的积极响应而导致已有合同电量无法满足需求而需要在现货市场购入大量电量从而导致现货市场电价暴涨的风险。

3. 投资风险

电网企业每年会为新建和改造输配电网投入大量资金，而在这之前需要进行电网投资规划，它是基于用电负荷预测进行的，如果对用户的用电负荷预测过高，则电网企业会在电网的投资建设上投入大量的资金，形成固定资产，这不仅会导致电网企业偿债能力不足，同时还会导致电网公司运营资金不足。

由此可知，智能电网互动用电模式为电网企业进行电力负荷预测带来新的不确定性，进而造成电网企业资金的可能占用和损失，同时导致电网企业增加投资和运行成本，这将对整个智能电网运营的资金流产生影响。

四、高效安全经济的智能电网互动用电运营机制

随着智能电网建设的稳步推进，电力消费用户的用电需求也越来越多样化，他们希望电网公司能够提供更加个性化和便捷化的服务，譬如可以自主选择的丰富的用电产品以及多种便捷的电费结算方式、分布式电源并网、电动汽车充放电等互动用电业务，这种电力

用户和供电公司的双向互动只有在成熟的电网运营机制的支撑下才能够成功。

电网公司作为智能电网投资、规划、建设、发展和运营的中心企业，应该紧密把握智能电网互动用电业务的技术特点和企业自身能力进行运营机制的创新。由于智能电网互动用电模式给电网公司的信息安全、资金安全等带来了新的风险，因此亟需针对智能电网互动用电模式的特点建立一套高效安全经济的运营机制。

（一）改进智能双向互动用电服务

1. 灵活便捷的信息定制服务

电力消费用户可以依据自身的不同需求，通过多种渠道和方式，例如电话、网络、邮箱等，灵活选择和定制关于电能供需状况、营业网点分布、电动汽车充电桩分布、停复电时间、用电高峰时段、电价政策、能效分析等信息服务，由电网公司通过营业网点、电话、短信、传真、邮件、即时通信工具、智能终端等方式，实时向用户提供定制信息。

2. 多种类多渠道的互动用电服务

电网公司应利用网上营业厅，为电力消费用户提供电网运行参数和自身用电信息查询、多种电费缴纳方式（例如自助缴费终端、电费充值卡、一卡通、支付宝等）、电动汽车充放电预约、用电变更、故障处理、快速抢修等互动用电服务。利用实体营业厅和网络平台，为电力消费用户提供自助查询和缴费、智能家居体验等服务。

3. 电力用户故障自动诊断与处理

电网公司应利用输电线路状态及视频监控平台、在建线路视频监控系统，以及能够利用已有电力通信网络对输变电网络进行远程实时视频监控。当出现电网故障导致供电中断等状况时，电网公司应自动判断故障范围和停电设备产权，及时告知电力用户故障状况，并采取自动搜寻可替代供电电路、开启应急电源等措施。同时实时定位电力工程抢修车辆，优化抢修派工，提供快速抢修服务。

（二）建立通信及安全保障体系

通信和安全是支持互动用电服务各部分安全可靠运转的关键环节，是互动用电服务的基础保障体系。

1. 通信保障

通信网络是支持互动用电环节各个系统进行信息传递和交换的载体，是实现用户互动的媒介。互动用电服务的通信网络覆盖智能用电的各类系统主站、智能终端、计量仪表和最终用户，分布广泛并且结构复杂。互动用电服务的通信网络应该优先采用专用通信网络，公用网络只能是补充。依据网络布局和用户，通信网可分为远程接入网和本地接入网。

远程接入网络提供系统主站、分布式能源接入终端等之间的远程通信服务。通过远程通信，系统主站及各类终端建立链接，发出数据和指令等，收集用电数据，形成与电力用户的双向互动。远程通信网要求较大的带宽和较高的传输速度以保证海量数据的双向、及时、安全和可靠传输。主要通讯方式包括：无源光纤专网、中压电力线载波、无线公网、有线公用通信网（有线电视网、电话网等）、互联网等。

本地接入网用于现场采集终端、用户智能终端、智能计量仪表、手持终端、用户间的短距离通信。本地通讯网需要一定的带宽和传输速度以保证数据双向、低延时和可靠的传递。主要通信方式有：低压电力线载波、无线传感网络、同轴电缆等。

2. 安全保障

智能互动用电服务的安全包括信息安全和用电安全两方面。用电安全可通过制定相关技术措施和管理办法加以保障；信息安全涉及的系统和环节繁多，应该首先充分评价和分析系统安全风险，然后制订相应的安全策略和措施，采取科学适用的安全技术对重点区域实施全面的安全防护和监控，借助于先进的技术方法和管理策略，构建动态而且可持续的解决办法。

智能互动用电服务是直接面向电力用户的窗口，牵涉的方面广，它的安全工作应该结合智能互动用电服务的特点和要求，整体规划、重点突出，通过完善的安全防护策略，保证电力用户安全便捷的享受互动用电服务。安全防护的内容涉及多方面：边界安全、网络安全、系统安全、应用安全、数据存储安全、数据传输安全、控制安全等。

电网公司应该实时在线管理重要电力消费用户的安全用电情况，自动识别用户重要性级别，依据用户用电方式、自备应急电源配备等信息，自动分析检测重要电力用户供用电安全隐患，生成供用电安全隐患处理方案。使用状态监控等技术，为电力用户提供设备状态数据，并通知可能潜伏的风险因素。根据智能互动用电服务的新形势，安全保障需要重点考虑：电力消费用户用电信息、隐私信息的安全；用户侧分布式能源并网安全；电动汽车充放电以及储能装置接入安全；智能用电设备控制运转安全。

（三）完善峰谷分时电价运行机制

1. 电网公司首先应提高实行峰谷分时电价的灵活性，改变原有"一经定价，较长时间不变"的模式，尽量缩短分时时段和电价变更时间，以迅速应对发供电成本不断变化的市场需求，实现灵活调控的目标。而且峰谷分时电价与季节性分时电价可以重合实施。中国的一些地区已经实行峰谷分时电价，但是实施季节性分时电价的地区较少。实际上在不同季节，每日峰谷出现的时间存在差异，并且系统供电成本也不同，因此峰谷分时电价和季节性分时电价可以综合实施，不同季节的峰谷时段的划分不同，并且应该确定最合理的峰谷分时电价差率和调整系数。

2. 其次应适当地扩大峰谷分时电价的实行用户范围。在我国执行峰谷分时电价的电力消费用户一般是工业和商业用户。而在国外，居民和其他类的用户也在执行峰谷分时电价。从我国 2007 年的电力消费量的统计数据来看，居民日常生活中的电力消费量达到了3623 亿千瓦时，占总电力消费量的 11%，其占比并不少。因此，对于居民用户实行分时电价，将促进电网的削峰填谷的实现。

3. 实际应用中由于电力交易的特殊性，非计划内的机组停止运转或者市场成员决定的更改，都会使发电量与实际负荷出现偏差。因此，为保证系统的供需平衡、维持系统的稳定，电网公司必须要参与现货市场的交易。在合约市场和现货市场并存的条件下，电网公司最优的购电策略应该是尽量提高合同市场的购电比例。

4. 峰、平、谷时段的设置应该遵循电网系统的峰值特征和规律。峰、平、谷时段的划分不仅仅局限于一天内的 24 个小时的时间段划分。非工作日的周末、春节等节假日的峰、平、谷时段的划分也应该与工作日的峰、平、谷划分应一致，应根据其特征合理划分，这样更有利于电网公司的合理供电。

5. 积极创造条件实现由峰谷分时电价升级到实时电价。实时电价是以电力市场的需求预测为基础并结合长期和短期边际成本通过电力市场决定价格的一种新型电价制度，本质上是分时电价发展的高级阶段。实时电价能随时段的改变而改版，迅速应对发供电成本的改变，引导电力用户合理安排用电。

（四）分布式电源的智能化管理

电网公司需要及时制定关于分布式电源接入、并网运行以及动态管理的相关标准和规范，并与电力消费用户签订分布式电源接入和并网运行的管理协议，明确双方的责任和义务，建立分布式电源智能管控平台，利用物联网、数据分析与数据挖掘、地理信息系统等先进的技术手段实现分布式电源灵活接入、实时监测以及柔性控制的目标，建立分布式电源潮流分析以及负荷预测的数学模型，增强对于分布式电源的控制，促进分布式电源的安全广泛便捷的应用。

分布式电源智能管控平台分为分布式电源接入管理系统、运行监测系统以及优化控制系统三部分：

1. 分布式电源接入系统通过在住宅小区安装太阳能发电、风能发电、储能设备等分布式能源，安装监控软件，能够实现分布式能源的即插即用、远程监控和自助结算等功能。

2. 分布式电源运行监测系统可以实现分布式电源的双向量测，用户侧分布式电源运行监视以及并网控制，以及分布式电源发电情况的实时分析预测以及运行状态信息的自动发布等功能。

3. 分布式电源优化控制系统可以综合住宅小区的电力需求量、电能价格、燃料消耗量、电能质量要求等，并结合储能设备实现住宅小区分布式电源的就地消化以及优化控制调度，分布式电源可以参加到电网的错峰避峰，实现依据电网潮流变化以及区域负荷平衡情况，自动接入及断开分布式电源，最大限度减少间歇性发电对电网的扰动。

（五）电动汽车充放电有序管理

对于城市主干道、中心商业区等区域的大型电动汽车充放电站，应该优化制定充放电策略，合理控制充放电时间，实现快速充放电、整组电池更换以及双向计量等功能，同时可以考虑电池的检测和维护等辅助功能，并满足电力用户自助充放电的需求。

对于居民住宅区、商业区和写字楼等地方的小型电动汽车充放电站，需要采用即插即用和随时随地充放电的方式。充电站可以接收电网公司的实时电价信息，自动避开高峰时段充电。

对于公交车充电站的电力负荷，通过分析其负荷特征可以知道它的充电时间相对固定，这种负荷能够视为纯充电负荷来对待。如果想有序管理这类负荷，应该在分析其负荷特征的前提下，尽量引导公交车充电站在负荷低谷时段充电，在负荷高峰时段，则采取换电模式加以辅助。因为公交车充电站的数目有限而且负荷特性相对稳定，所以可以针对具体的公交车充电站，分析出其负荷特征和电力需求，可以采取直接制定有序用电工作方案的方式，由电网公司、充电站运营方一起制定有关方案和充电电价标准并组织实施。

对于快速充电站的电力负荷，通过分析其负荷特征可得，这种负荷的随机性较大，可控制性较差，有序管理难度较大，因此对于这种负荷的有序管理措施，需要侧重于尽量减小其快速充电过程对于电网潮流的冲击，保证尽量降低对电网电能质量的恶化，综合考虑其他的充电方式，电网公司和充电站一起联合制定合适的充电电价，保证各参与方的合理利益。

对于换电站的电力负荷，通过分析其负荷特征可知，由于换电站能够达到规模化充放电的效果，因此如果管理得当的话换电站将可以对电网产生削峰填谷、频率调节等作用，这就相当于一个大规模的电能储备系统。因此这里建议将换电站的充放电管理也归入到电网的经济调度中来。

（六）推进互动用电的能效诊断

1. 智能化小区、楼宇和家居

电网公司应该实现住宅小区、写字楼以及家居等的用电数据和能效管理、实时用电负荷与异常用电状况的分析，提供智能电表服务、智能家电控制服务等。智能电表服务可以实现水电气抄表集中自动采集，电力负荷和异常用电监测、电网故障预防等功能。

智能家电控制服务可以依据不同时段电价情况或电力消费用户需要，本地与远程控制家用电器，促进科学合理用电；可以自动跟踪电网电压，依据电网电压情况，自动调整电压。

2. 智能化"虚拟电厂"

基于资源综合规划理念，通过电价激励或经济补偿等措施，在用电高峰时段，电网公司对自愿参与短时暂停用电的大工业、中央空调客户，进行编组并设定暂停时间，由电网公司直接控制其用电负荷申请，减少电网高峰负荷，节约电力用户的用电成本。同时，将电力用户暂停用电的负荷视为"虚拟电厂"，作为电网的备用容量，当电网需要时，提供给各级电力调控部门依据预定的规则调度，提升电网的供电效能及稳定性。

3. 智能有序用电响应

实现有序用电方案的辅助自动编制及优化；有序用电指标和指令的自动下达；有序用电措施的自动通知、执行、报警、反馈；实现分区、分片、分线以及区分客户的分级分层实时监控的有序用电的执行；实现有序用电效果自动统计评价，确保有序用电措施迅速执行到位，保障电网安全稳定运行。

4. 远程能耗监测与能效智能诊断

通过远程网络通信手段实时监测重点电力消费用户主要用电设备的用电数据，并将采集到的数据同预先规定的阈值或同类电力用户的数据做对比，分析用户的能耗情况，通过智能的能效诊断，自动编制报告，为用户节能改造提供依据，为能效工程实施效果评价提供验证，实现能效市场潜力分析、客户能效项目在线评估等功能。

结束语

    随着我国经济的不断发展，人们对于生活质量和水平的要求越来越高，智能化水平也将迅速发展，智能电网也将更加智能，高效。而要想让智能电网的智能型、安全型更好的发展，信息通信技术的应用意义重大。为此，在电力系统的未来发展中，电力信息通信技术必须不断地发展，才能更好满足智能电网的需要。在未来，基于智能电网下的电力信息通信技术将更加强大，使用更加方便和完善。